应用型本科 电子及通信工程专业"十二五"规划教材

数字信号处理

翁剑枫　编　著

徐鸿鹄　主　审

西安电子科技大学出版社

内 容 简 介

本书面向应用型高等院校通信电子类专业的本科学生,从信号的数字处理这一应用目的出发,围绕着离散时间信号通过离散时间系统这一基本问题,系统地阐述了数字信号处理的基本理论和方法,并注重各种分析方法所涉及的基本概念以及概念之间的联系与比较。为使理论与应用相结合,书中的一些实例结合了通信电子类专业的工程应用背景。

全书分为5章:第1章为离散时间信号与系统,第2章为傅里叶分析,第3章为Z变换与系统函数,第4章为离散傅里叶变换及其快速算法,第5章为数字滤波器。各章均配置有习题以及相应的MATLAB应用示例和上机练习题,以使读者进一步掌握数字信号处理的基本内容。

本书适合作为普通高等院校通信电子类专业本科生"数字信号处理"课程的教材,也可供从事数字信号处理工作的工程技术人员参考。

本书习题详解请与出版社联系获取。

图书在版编目(CIP)数据

数字信号处理/翁剑枫编著. 一西安:西安电子科技大学出版社,2016.2

应用型本科电子及通信工程专业"十二五"规划教材

ISBN 978 - 7 - 5606 - 3949 - 9

Ⅰ. ① 数… Ⅱ. ① 翁… Ⅲ. ① 数字信号处理-高等学校-教材 Ⅳ. ① TN911.72

中国版本图书馆 CIP 数据核字(2016)第 014450 号

策　　划　马晓娟
责任编辑　马晓娟
出版发行　西安电子科技大学出版社(西安市太白南路2号)
电　　话　(029)88242885　88201467　　邮　　编　710071
网　　址　www.xduph.com　　　　电子邮箱　xdupfxb001@163.com
经　　销　新华书店
印刷单位　陕西大江印务有限公司
版　　次　2016年2月第1版　2016年2月第1次印刷
开　　本　787毫米×1092毫米　1/16　印张15
字　　数　352千字
印　　数　1~3000册
定　　价　28.00元

ISBN 978 - 7 - 5606 - 3949 - 9/TN

XDUP　4241001 - 1

＊＊＊如有印装问题可调换＊＊＊

本社图书封面为激光防伪覆膜,谨防盗版。

应用型本科 电子及通信工程专业系列教材
编审专家委员会名单

前　言

随着集成电路技术和计算机科学技术的高速发展，用数字方法处理信息的思想和方法已经渗透到科学技术的各个领域，甚至渗透到社会科学的许多领域，成为与人类活动紧密相关的一门重要技术。"数字信号处理"是电子信息类专业的一门重要技术基础课程，是学生知识结构中的重要组成部分。通过本课程的学习，学生将能理解并掌握用数字方法进行信号处理的基本理论和方法，从而为后续课程及日后从事实际数字信号处理系统的应用与分析设计工作打下基础。

尽管数字信号处理技术自20世纪70年代后得到了飞速发展，但我们今天所使用的处理技术的基本原理和基本方法并没有发生变化，就本科生而言，数字信号处理的基本教学内容相对稳定。但国内外有影响力的数字信号处理教材通常以研究型大学的本科生为教学对象，因而选取的教学内容较深、较广、较难；另一方面，对于培养高等工程应用型本科人才的普通高校来说，"数字信号处理"课程的学时相对较少（仅一个学期），且需增加或加强课程的实践性教学环节，因此，直接选用这些教材就不适合了。

这样，对于高等工程应用型本科培养目标而言，就很有必要编写一本与之相适应的教材，这也就是本书的编写目的。本书是编者多年教学实践的总结，在选材上，本书精选了"数字信号处理"课程中的一些最核心的内容，适当减少了一些理论过深、难度较大的内容；在叙述上，特别注重各种分析方法所涉及的基本概念，并着重阐明了概念之间的联系与比较。同时，为使理论与应用相结合，书中的一些实例结合了电子信息类专业的工程应用背景。此外，为顺应计算机辅助教学工具普遍使用这一趋势，在每章的最后都配置了与该章主题相关的运用 MATLAB 实现数字信号处理的内容，并给出了应用示例以及配套上机练习题，以使读者通过计算机仿真实验，进一步掌握数字信号处理的基本原理及其应用。

全书共5章，始终围绕着对信号进行数字处理这一主线。第1章是离散时间信号与系统，介绍了数字信号与系统的基本概念和重要性质，给出了离散时间信号通过离散时间系统的时域分析方法。第2章是傅里叶分析，在给出序列的离散时间傅里叶变换及反变换的定义后，着重指出了离散时间反变换的物理意义是离散时间信号的频域分解，由此引入了系统的频率特性，给出了离散时间信号通过系统的频域分析方法。第 3 章是 Z 变换与系统函数，介绍了 Z 变换的定义及重要性质，引入了数字系统的系统函数定义，讨论了系统单位采样响应、系统频率特性与系统函数之间的关系，同时也讨论了系统函数、系统差分方程与系统实现结构之间的关系，给出了离散时间信号通过离散时间系统的系统分析方法。第 4 章是离散傅里叶变换及其快速算法，作为数字信号处理的重要内容，本章在引入了离散傅里叶变换即 DFT 的定义及快速傅里叶变换的算法原理后，结合工程应用背景，重点介绍了 DFT 的两个重要应用，即频谱分析和快速卷积。第 5 章是数字滤波器，首先给出了数字滤波器的基本概念、设计步骤、设计指标的给定等基本知识，随后结合工程实际应用需求，对 IIR 型与 FIR 型滤波器的几种常用设计方法进行了较为详细的介绍。

本书由翁剑枫编著，徐鸿鹄主审。另外，邱薇薇配置了第 1 章至第 3 章的 MATLAB 示例与上机练习题。

由于编者水平有限，书中难免存在不妥或疏漏之处，恳请读者批评指正。

编著者

2015 年 11 月

目　　录

第 1 章　离散时间信号与系统 …………… 1

1.1　引言 ……………………………… 1

1.2　模拟信号与数字信号 ………………… 2

　1.2.1　从模拟信号到数字信号 ……… 2

　1.2.2　采样及采样定理 …………… 4

　1.2.3　数字信号的表示 …………… 9

1.3　常用的数字信号及信号的基本操作 …… 10

　1.3.1　常用的数字信号（序列） …… 10

　1.3.2　序列的操作 ……………… 14

1.4　离散时间系统及重要性质 …………… 17

　1.4.1　系统的定义 ……………… 17

　1.4.2　系统的性质 ……………… 17

1.5　LSI 系统的时域分析：单位采样响应与

　　卷积和 …………………………… 18

　1.5.1　单位采样响应与卷积和 …… 18

　1.5.2　单位采样响应的再讨论 …… 21

1.6　用差分方程表示的 LSI 系统 ………… 22

1.7　本章小结与习题 ……………………… 24

　1.7.1　本章小结 ………………… 24

　1.7.2　本章习题 ………………… 24

1.8　MATLAB 应用 ……………………… 28

　1.8.1　MATLAB 应用示例 ……… 29

　1.8.2　MATLAB 应用练习 ……… 34

第 2 章　傅里叶分析 …………………… 35

2.1　离散时间傅立叶变换与反变换 ……… 35

　2.1.1　离散时间傅里叶变换（DTFT） …… 35

　2.1.2　离散时间傅里叶反变换（IDTFT）

　　　……………………………… 36

2.2　系统频率特性 ………………………… 38

　2.2.1　单频复正弦信号通过 LSI 系统

　　　……………………………… 38

　2.2.2　LSI 系统的频率特性

　　　……………………………… 38

2.3　信号通过 LSI 系统的频域分析 ……… 42

2.4　离散时间傅里叶变换的重要性质 …… 44

　2.4.1　线性性、时移与频移性质 … 44

　2.4.2　时域卷积定理 …………… 45

　2.4.3　频域卷积定理 …………… 46

　2.4.4　帕斯瓦尔（Parseval）定理 … 46

2.5　序列抽取与内插后的 DTFT ………… 47

　2.5.1　抽取后所得序列的 DTFT … 47

　2.5.2　内插后所得序列的 DTFT … 48

2.6　本章小结与习题 ……………………… 49

　2.6.1　本章小结 ………………… 49

　2.6.2　本章习题 ………………… 50

2.7　MATLAB 应用 ……………………… 52

　2.7.1　MATLAB 应用示例 ……… 52

　2.7.2　MATLAB 应用练习 ……… 57

第 3 章　Z 变换与系统函数 …………… 59

3.1　Z 变换 ……………………………… 59

　3.1.1　Z 变换概念的引入 ………… 59

　3.1.2　双边 Z 变换的定义 ……… 61

　3.1.3　双边 Z 变换与 DTFT 的关系 …… 66

3.2　双边 Z 变换的重要性质及常用序列的

　　Z 变换 …………………………… 67

　3.2.1　线性性 …………………… 67

　3.2.2　移位性质 ………………… 67

　3.2.3　时域卷积定理 …………… 68

　3.2.4　Z 变换的其它性质 ……… 68

　3.2.5　常用 Z 变换对 …………… 69

3.3　Z 反变换 …………………………… 70

　3.3.1　围线积分法（留数法） …… 71

　3.3.2　部分分式展开法 ………… 72

　3.3.3　幂级数展开法（长除法） … 74

3.4　单边 Z 变换 ………………………… 77

　3.4.1　定义 ……………………… 77

3.4.2　单边 Z 变换的移位性质 ……… 78

3.4.3　利用单边 Z 变换解 LCCDE ……… 78

3.5　LSI 系统函数与系统结构 ……… 80

3.5.1　系统函数的定义 ……… 81

3.5.2　系统函数的零极点 ……… 82

3.5.3　系统函数与单位采样响应的关系
………………………… 84

3.5.4　系统函数与系统频率特性的关系
………………………… 86

3.5.5　综合性的例子 ……… 88

3.6　系统结构与有限精度实现简介 ……… 92

3.6.1　系统结构 ……… 92

3.6.2　系统的有限精度实现简介 ……… 96

3.7　本章小结与习题 ……… 100

3.7.1　本章小结 ……… 100

3.7.2　本章习题 ……… 100

3.8　MATLAB 应用 ……… 104

3.8.1　MATLAB 应用示例 ……… 104

3.8.2　MATLAB 应用练习 ……… 110

第4章　离散傅里叶变换及其快速算法
………………………… 112

4.1　离散傅里叶变换与反变换的定义 …… 112

4.1.1　离散傅里叶变换的引入 ……… 112

4.1.2　关于 DFT 的进一步说明 ……… 114

4.1.3　DFT 与频率采样结构 ……… 120

4.2　离散傅里叶变换的快速算法 ……… 123

4.2.1　引言 ……… 123

4.2.2　基 2 时间抽取 FFT 算法原理 ……… 123

4.2.3　基 2 时间抽取 FFT 算法的进
一步说明 ……… 127

4.2.4　IDFT 的快速算法 ……… 129

4.3　离散傅里叶变换的应用——频谱分析
………………………… 130

4.3.1　频谱分析与时窗 ……… 131

4.3.2　频谱分析涉及的几个重要因素
………………………… 136

4.4　离散傅里叶变换的应用——快速卷积
………………………… 141

4.4.1　线性卷积与周期卷积 ……… 141

4.4.2　利用周期卷积计算线性卷积 …… 146

4.4.3　分段滤波简介 ……… 150

4.5　本章小结与习题 ……… 153

4.5.1　本章小结 ……… 153

4.5.2　本章习题 ……… 154

4.6　MATLAB 应用 ……… 157

4.6.1　MATLAB 应用示例 ……… 157

4.6.2　MATLAB 应用练习 ……… 169

第5章　数字滤波器 ……… 171

5.1　基本概念 ……… 171

5.1.1　引言 ……… 171

5.1.2　数字滤波器的设计步骤 ……… 173

5.1.3　数字滤波器的指标给定 ……… 173

5.2　模拟滤波器设计简介 ……… 176

5.2.1　引言 ……… 176

5.2.2　设计指标给定 ……… 177

5.2.3　三种常用的模拟滤波器 ……… 179

5.2.4　滤波器系统函数的求取 ……… 182

5.3　无限冲激响应滤波器的设计 ……… 186

5.3.1　冲激响应不变设计 ……… 187

5.3.2　双线性变换 ……… 192

5.4　有限冲激响应滤波器的设计 ……… 198

5.4.1　FIR 滤波器的线性相位性质 …… 198

5.4.2　线性相位 FIR 滤波器及其
$h(n)$ 的对称性 ……… 199

5.4.3　四种对称性下的频率特性 ……… 200

5.4.4　FIR 滤波器的傅里叶级数展
开加窗法设计 ……… 204

5.4.5　FIR 滤波器的频率采样设计 …… 210

5.5　本章小结与习题 ……… 216

5.5.1　本章小结 ……… 216

5.5.2　本章习题 ……… 216

5.6　MATLAB 应用 ……… 217

5.6.1　MATLAB 应用示例 ……… 218

5.6.2　MATLAB 应用练习 ……… 231

参考文献 ……… 232

第 1 章　离散时间信号与系统

本章要求：

1. 掌握从模拟信号转换为数字信号的基本概念，对采样与采样定理有深刻的理解。

2. 掌握数字信号的表达与基本运算，理解任意数字信号的时域分解表达式及其物理意义。

3. 理解系统的线性性、移不变性、因果性和稳定性；掌握线性时不变系统与因果稳定系统的概念。

4. 掌握线性时不变系统的单位采样响应与卷积和；基本掌握求解卷积和的解析方法和图解方法。

5. 对于用常系数线性差分方程表示的系统，基本掌握信号通过系统的时域响应求解方法。

1.1　引　　言

什么是信号？这是在"信号与系统"课程中已经学习过的一个概念，这里再回顾一下。

广义而言，任何携带信息的物理量都可以称为信号，也即信号是信息的物理载体。在科学与工程中，信号通常以连续时间函数或波形的形式出现，如电路中元件两端的电压信号或流过元件的电流信号等，这种可以表达为连续时间函数形式的信号称为连续时间信号，也称为模拟信号（Analog signal）。信号也可以是以空间位置等其它量作为自变量的函数，甚至还可以是同时以空间位置与时间作为自变量的函数。但由于在大多数应用中，使用最为广泛的是时间变量，同时为便于初学者学习，本书讨论的信号只涉及以时间为自变量的函数。以时间为自变量的信号中，根据时间变量是连续的或离散的，又可以将信号分为连续时间信号和离散时间信号两大类。即：自变量在整个时间连续区间都有定义的信号称为连续时间信号（Continuous time signal），而仅在一些离散点上才有定义的信号称为离散时间信号（Discrete time signal）。

20 世纪 70 年代之前，由于技术的限制，除了少数需要进行复杂信号处理的应用（如地球物理数据的分析已经使用数字计算机）外，在绝大多数应用中，仍是用模拟设备直接在连续时间域内对信号进行处理。近四十多年来，随着集成电路技术的发展，更小更快更便宜而功能强大的电子计算机和专用数字硬件得到了充分发展，基于这些数字器件构成的数字系统能够以数字方式完成复杂的信号处理任务，而且具有成本低廉、性能稳定、一致性好的优点，尤其是可编程器件的出现，更使这一处理手段具有了灵活性高的优点。因此，现在除了带宽极大的信号实时处理仍须使用模拟信号处理或光信号处理技术外，凡在能够使用数字信号处理技术且处理速度足敷应用的场合，用数字方式进行信号处理已成为首选。

用数字方式处理信号时，所涉及的信号是离散时间信号，相对应的信号处理系统称为离散时间系统。为此，本章从信号的数字处理这一应用目的出发，对离散时间信号与系统的基础知识做以介绍。

1.2 模拟信号与数字信号

1.2.1 从模拟信号到数字信号

现实世界中遇到的绝大多数信号(如语音、图像、视频等)都是模拟信号,信号在时间和幅度上都是连续的,所以模拟信号与连续时间信号这两个名称通常不加以区分,可以混用。

为了使用数字方式对这些模拟信号进行处理,首先需要把信号变换成为能为计算机及数字硬件识别和操作的信号形式,也即转换成用二进制数来表示信号幅值的信号形式。在离散的时间点上存在而其幅值以二进制数出现的信号称为数字信号(Digital signal)。由于用确定字长的二进制数所能表示的信号个数是有限的,因此,数字信号在信号幅度上不再是连续的。这里要提醒读者注意的是数字信号与离散时间信号之间的区别:离散时间信号也是只存在于离散的时间点上,但其幅值从理论上而言存在于整个实数域。

将模拟信号即连续时间信号变换成二进制形式的数字信号的过程称为采样与量化。采样将模拟信号变换成了离散时间信号,而量化则将离散时间信号转换为数字信号。这两个步骤通常用模/数转换器(A/D,Analog/Digital)一并完成。由此转换得到的数字信号通过滤波、频谱分析等各种数字处理后,可能还需要还原为模拟信号,因此,典型的数字信号处理系统框图如图1.2-1所示。

图 1.2-1 典型的数字信号处理系统框图

图 1.2-1 中的 ADC(Analog to Digital Converter)就是模/数转换器,而 DAC(Digital to Analog Converter)是数/模转换器(D/A,Digital/Analog),后者将处理好的数字信号还原成模拟信号。图中抗混叠滤波器和抗镜像滤波器的概念留待 1.2.2 节引入采样定理后再做以说明。这里先对采样和量化这两个概念做以介绍。

所谓采样,通常是指将模拟信号 $x(t)$ 以等间隔 T 对信号样本点取值,这称为均匀采样。也有非均匀采样,即采样后的各个样本点之间的间隔不相同的情况,但本书中不涉及。经过采样后所得到的是时间上不连续但幅度上仍然连续的离散时间信号 $x(nT)$ $(-\infty < n < +\infty)$,也即采样后的信号已经成为了一个离散时间信号。显然,只要默认各个样本点之间的时间间隔等于 T,$x(nT)$ 就可以进一步简化表示为一个序列 $x(n)$ $(-\infty < n < +\infty)$。$x(n)$ 的定义域为整数集(即在整数 n 上有定义,$n=0,\pm1,\pm2,\cdots$),而其值域为 $x(t)$ 动态范围内的任意值。这样表示后,时间变量 n 就是一个无量纲的量,这与连续时间信号的时间变量 t(秒)不同。

为了要用计算机或数字硬件对 $x(n)$ 进行操作处理,$x(n)$ 的幅值必须用二进制数来表达,也即须对序列 $x(n)$ 的每一个值按一定的规则分配一个二进制数。在存储器为 N 位也即字长为 N 时,可供使用的二进制数共有 2^N 个,因此,将 $x(n)$ 的取值转换成二进制数时,只能按规则选取这 2^N 个二进制数中的一个。例如,字长为 4 位的二进制数只能表示 16 个二进制数，它们是 0000，0001，0010，0011，…，1111。因此，经过量化后，$x(n)$ 的取值就不再是连续的，而只能取 2^N 个二进制数中的某一个。

通常使用的转换规则有"舍入"和"截尾"两种。所谓"舍入"，是指若 $x(n)$ 转换成二进制数后剩余的尾数大于存储器最小单位的一半，则予以进位，否则舍弃；所谓"截尾"，是指 $x(n)$ 转换成二进制数后的剩余尾数一律舍弃。

上述对离散时间信号序列分配二进制数的操作称为量化编码，简称为量化。量化得到的信号才能称为数字信号。数字信号与离散时间信号具有相同的定义域，但前者的值域是一个有限的离散集，而后者的取值范围是连续的。这样，量化得到的数字信号的取值 $x(n)$ 将不可能完全与 $x(nT)$ 相同，而是在其基础上引入了一个由量化引入的随机误差，即

$$Q[x(nT)] = x(nT) + \sigma(nT) \tag{1.2-1}$$

式中：$Q[x(n)]$ 是 $x(nT)$ 量化后的值 $x(n)$；$\sigma(nT)$ 是量化引入的随机误差，通常称为量化噪声。显然，存储器位数越多，量化噪声越小，表数精度就越高，但其代价是增加了数据长度，因而会增大处理和传输的负担。

图 1.2-2 是采样与量化的原理说明。实际应用中，采样与量化过程通常一并由 A/D 转换器完成。A/D 转换器的构成与工作原理这里不作展开介绍。

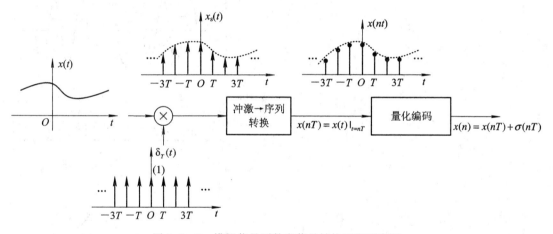

图 1.2-2　模拟信号到数字信号转换原理示意图

图 1.2-2 中，$x(nT)$ 是离散时间信号，在 $t=nT$ 时取值 $x(t)\big|_{t=nT}$，其值可以是 $x(t)$ 取值范围内的任意值。量化编码后的输出是数字信号 $x(n)$，其中包含了量化误差 $\sigma(nT)$，即 $x(n)=x(nT)+\sigma(nT)$。假设存储器位长足够大，以致量化精度可视为无限，则量化编码器输出的数字信号为

$$x(n) = x(nT) = x(t)\big|_{t=nT} \tag{1.2-2}$$

进行理论分析时，数字信号都是在式 (1.2-2) 这一假设条件下进行的，但在实际的数字信号处理过程中，无论是信号本身还是系统对信号所进行的操作运算，所用数据长度和所进行的数字操作精度都只能是有限的，这就引起了所谓的"有限字长效应"问题。第 3 章会对这一问题做一简介。

除了量化误差外，连续时间信号采样时可能发生的频谱混叠是另外一个误差源，1.2.2 节将针对这一问题进行分析。

1.2.2　采样及采样定理

实际使用中的采样可以通过定时控制的电子开关来实现，即让模拟信号 $x(t)$ 通过一个快速闭合和断开的电子开关 S，如图 1.2-3 所示。

假设电子开关 S 每隔时间 T 秒闭合一次，闭合时间 $\tau \to 0$，则此时电子开关的输出为 $x(nT) = x(t)\big|_{t=nT}$，T 是采样间隔，也称为采样周期。经此操作后，连续时间信号成为了离散时间信号，也就是，信号只在离散的时间点上才有值，而各个离散点之间的值被丢弃了。现在的问题是，这一操作是否会使原信号 $x(t)$ 中的信息受损？换言之，能否从这些采样后的离散样本点 $x(nT) = x(t)\big|_{t=nT}$ 中还原出原来的模拟信号 $x(t)$？

图 1.2-4(a)中，原信号 $x(t)$ 是一个单频正弦信号，如果按照图 1.2-4(b)所示间隔进行采样，那么根据图 1.2-4(b)的离散样本点重建信号，就出现了图 1.2-4(c)所示的情况，也即恢复出来的信号可以是原信号(曲线 1)，但也可以是与原信号完全不同的信号(曲线 2)。这就是通常所称的采样过程中的频谱混叠(aliasing)现象。

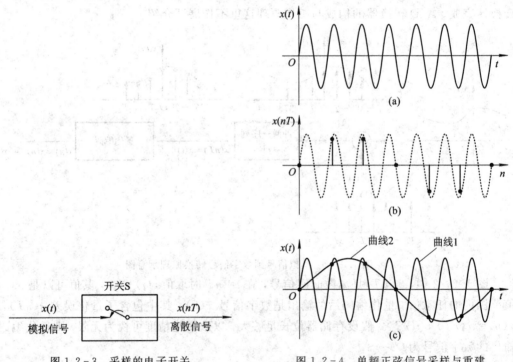

图 1.2-3　采样的电子开关　　　　图 1.2-4　单频正弦信号采样与重建

直观上，造成这种现象的原因是样本点不够密集，也即采样间隔过大。如果采样间隔足够小，也即采样频率足够高，则应该能够从采样后的离散样本点恢复出原信号。这样，图 1.2-4 以单频正弦信号的采样提示了频谱混叠现象及其克服方法。虽然实际应用中信号要复杂得多，但由傅里叶分析可知，任何实际存在的信号均可分解为无数个不同频率的正弦信号的线性叠加。只要最高频率不是无穷大，信号的最高频率分量与最低频率分量之差(也即信号的带宽)就是一个有限值。由图 1.2-4 的分析可推知，对于带宽有限的信号而言，只要采样时能够保证信号中最高频率成分不产生频谱混叠，就可以保证在采样后不产生频谱混叠。

下面对有限带宽信号的采样过程做进一步分析。

如图 1.2-5 所示(同时参看图 1.2-2),在采样间隔为 T 时,输入模拟信号 $x_a(t)$ 经理想冲激采样后的采样数据信号 $x_s(t)$ 可表示为

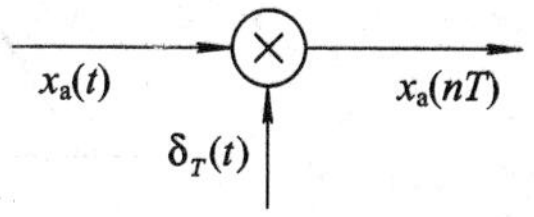

$$x_s(t) = x_a(t) \cdot \delta_T(t)$$

$$= x_a(t) \cdot \sum_{n=-\infty}^{\infty} \delta(t-nT)$$

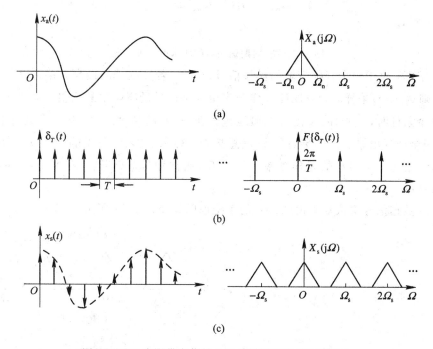

图 1.2-5 信号采样过程的等效数学运算

$$= \sum_{n=-\infty}^{\infty} x_a(nT)\delta(t-nT) \tag{1.2-3}$$

式中,$\delta_T(t) = \sum_{n=-\infty}^{\infty} \delta(t-nT)$ 是理想单位冲激信号脉冲串。从式(1.2-3)的右端可见,经过理想冲激采样后,原信号 $x_a(t)$ 所含信息应该由其样本点的数值 $x_a(nT)$ 所携带,而与样本点之间的信号取值无关。因此,只要能够从 $x_s(t)$ 中恢复出 $x_a(t)$,则 $x_a(t)$ 所携带的信息就不会受损。

图 1.2-6 是有限带宽信号 $x_a(t)$ 经过采样后所输出的理想采样数据信号 $x_s(t)$ 的频谱。鉴于这一内容已在"信号与系统"课程中学过,这里省略其推导过程,读者可自行查阅相关内容。

(a)

(b)

(c)

图 1.2-6 有限带宽信号经过采样过程后的频谱变化

由图 1.2-6 可知,采样数据信号的频谱是原信号频谱以 $\Omega_s = 2\pi/T$ 为周期的周期延拓。根据 Ω_s 的不同,周期延拓后的频谱有可能会出现三种情况,如图 1.2-7 所示。

从图 1.2-7 可见,为使采样后不产生频谱混叠,也即能够从 $x_s(t)$ 的频谱中得到 $x_a(t)$ 的频谱,从而在时域中可以从 $x_s(t)$ 恢复得到 $x_a(t)$,采样频率必须满足 $\Omega_s \geqslant 2\Omega_{max}$,即 $f_s \geqslant 2f_{max}$。这就是采样定理的基本内容。尽管以上推断是就理想冲激采样情况得出的,但对于实际采样而言,这一结论仍然成立。对于实际采样的分析,在"信号与系统"课程中已经学过,这里不予重述,有兴趣的读者可查阅相关书籍。

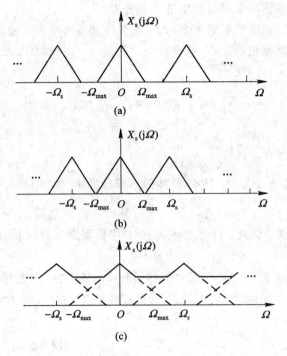

图 1.2-7　周期延拓后的频谱的三种情况

采样定理：对于一个有限带宽的模拟信号 $x_a(t)$，若其频谱的最高频率为 f_{max}，采样间隔为 T，则对 $x_a(t)$ 采样时，应保证采样频率至少是信号最高频率的两倍，也即 $f_s \geqslant 2f_{max}$。在满足这个条件时，$x_a(t)$ 的频谱将无损地包含在 $x_s(t)$ 的频谱之中，因此可由采样数据信号 $x_s(t)$ 完全恢复出原始信号 $x_a(t)$。这就意味着，对 $x_a(t)$ 采样所得的样本 $x_a(nT)$ 保留了 $x_a(t)$ 的全部信息。而最小的采样频率 $f_{sN} = 2f_{max}$ 通常称为奈奎斯特率（Nyquist Rate）或奈奎斯特采样率。

从采样数据信号中恢复原模拟信号的系统框图如图 1.2-8 所示。

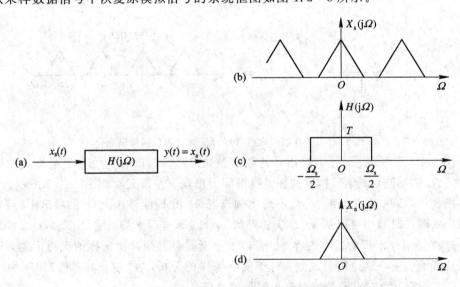

图 1.2-8　从采样数据信号中恢复原模拟信号的系统框图

图 1.2-8 中，$H(\mathrm{j}\Omega)$ 是在"信号与系统"课程中已熟识的理想低通滤波器的频率特性，可表示为

$$H(\mathrm{j}\Omega) = \begin{cases} T & |\Omega| < \dfrac{\Omega_\mathrm{s}}{2} \\ 0 & |\Omega| \geqslant \dfrac{\Omega_\mathrm{s}}{2} \end{cases} \tag{1.2-4}$$

相应的单位冲激响应 $h(t)$ 为

$$h(t) = \frac{\sin\left(\dfrac{\Omega_\mathrm{s} t}{2}\right)}{\dfrac{\Omega_\mathrm{s}}{2} t} = \frac{\sin\left(\dfrac{\pi}{T} t\right)}{\dfrac{\pi}{T} t} \tag{1.2-5}$$

由图 1.2-8 可知，经 $H(\mathrm{j}\Omega)$ 恢复出原模拟信号 $x_\mathrm{a}(t)$ 的频谱后，$x_\mathrm{a}(t)$ 可表示为

$$x_\mathrm{a}(t) = x_\mathrm{s}(t) * h(t) = \sum_{n=-\infty}^{+\infty} x_\mathrm{a}(nT)\delta(t-nT) * h(t) = \sum_{n=-\infty}^{+\infty} x_\mathrm{a}(nT)h(t-nT) \tag{1.2-6}$$

根据式(1.2-5)，有

$$h(t-nT) = \frac{\sin\left[\dfrac{\pi}{T}(t-nT)\right]}{\dfrac{\pi}{T}(t-nT)} \tag{1.2-7}$$

这是信号处理领域内常遇到的一种内插函数，其波形如图 1.2-9 所示。波形特点为：在采样点 nT 上函数值为 1，其余采样点上函数值为零。

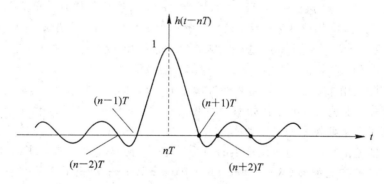

图 1.2-9　内插函数

引入此内插函数后，原模拟信号 $x_\mathrm{a}(t)$ 可表示为

$$x_\mathrm{a}(t) = \sum_{n=-\infty}^{+\infty} x_\mathrm{a}(nT) \frac{\sin\left[\dfrac{\pi}{T}(t-nT)\right]}{\dfrac{\pi}{T}(t-nT)} \tag{1.2-8}$$

式(1.2-8)表明，模拟信号 $x_\mathrm{a}(t)$ 可由采样后的样本点 $x_\mathrm{a}(nT)$ 经由内插函数内插得到。这说明，采样时只要满足采样定理的要求，则原模拟信号所包含的全部信息已由其样本点 $x_\mathrm{a}(nT)$ 所携带。

【例 1.2-1】　有一采样系统，采样频率为 $\Omega_\mathrm{s} = 6\pi$，信号采样后通过理想低通滤波器恢复，低通滤波器频率特性为

$$H(j\Omega) = \begin{cases} \dfrac{1}{2} & |\Omega| < 3\pi \\[2mm] 0 & |\Omega| \geqslant 3\pi \end{cases}$$

今有两个输入信号，$x_{a1}(t) = \cos 2\pi t$，$x_{a2}(t) = \cos 5\pi t$，问它们在理想冲激采样后经过此低通滤波器进行恢复后的输出 $y_{a1}(t)$、$y_{a2}(t)$ 是否有失真？

【解】 题目给出系统的采样频率为 $\Omega_s = 6\pi$，所以 $x_{a1}(t)$ 在采样时不会发生频谱混叠，而相应的信号频率成分位于理想低通滤波器的通带内，因此通过此低通滤波器进行恢复时，信号不失真；对 $x_{a2}(t)$ 而言，则由于采样频率小于信号频率的 2 倍，因此采样后一定会产生频谱混叠。在本例中，频率为 $\pm 5\pi$ 的谱线会由于周期延拓而折叠生成频率等于 $\pm \pi$ 的谱线。这样，相应的采样数据信号经过低通滤波器试图恢复出原模拟信号时，得到的不是频率为 5π 的正弦信号，而是频率为 π 的正弦信号，也即信号产生了失真。

【例 1.2 - 2】 考虑如下信号：

$$x_a(t) = 3\cos 50\pi t + 10\sin 300\pi t - \cos 100\pi t$$

问：(1) 该信号的奈奎斯特采样率为多少？

(2) 如果对此信号用 $f_s = 2f_{\max}$ 进行采样，会出现什么问题？

【解】 (1) 根据题意，信号中存在着三个频率成分，它们是 $f_1 = 25$ Hz，$f_2 = 150$ Hz，$f_3 = 50$ Hz，最高频率为

$$f_{\max} = 150 \text{ Hz}$$

所以该信号的奈奎斯特采样率为

$$f_{sN} = 2f_{\max} = 300 \text{ Hz}$$

(2) 当我们用 $f_s = 2f_{\max} = 300$ Hz 对题目给出的信号进行采样时，可以发现，由于采样周期 $T = 1/f_s = 1/300$，因此在采样后，信号中频率为 150 Hz 的这一部分(也即 $10\sin 300\pi t$ 的样本值)在理论上会等于 $10\sin \pi n$，这就意味着每次采样所采到的样本点都是 $10\sin 300\pi t$ 的零点。也即，采样后频率成分为 150 Hz 的这部分信号消失了，导致采样出现了错误。

虽然在实际应用中，出现上面这种情况属小概率事件，但仍应防止其发生。这样，此例提示了，尽管采样定理要求的采样频率为不低于信号最高频率的两倍，但是在实际应用中，通常应选择高于奈奎斯特率的采样频率。

为了尽可能地消除采样时可能产生的混叠误差，实际应用中通常采用的办法是让信号通过一个抗混叠保护滤波器(Anti - aliasing Guard Filter)来阻止不必要的高频分量通过，再用过采样(Over Sampling)技术(也即提高采样率方法)来进一步减小频谱混叠。例如，在数字电话中，抗混叠滤波器将允许 300～3000 Hz 的语音频率分量通过，而滤除 3000 Hz 以上的频率分量，采样率则取为 8 kHz。至于图 1.2 - 1 中的抗镜像滤波器(Image-reject Filter)，这是在采样时有时域内插，也即有频域压缩时使用的一种滤波器。时域内插与频域压缩的内容已超出了普通高校的本科教学要求，但第 2 章中我们仍会对此做以简介。在这里只需理解为这个滤波器也是一个低通滤波器，用于滤除多余的频谱，其目的是为了从数/模转换器的输出中正确地恢复得到(经过数字处理后的)模拟信号即可。

最后要说明的是，很多文献和书籍中，将采样间隔也即采样周期用符号 T_s 表示，为便于读者参阅其它书籍，本书将同时使用 T 和 T_s 这两个符号。在需要特别强调对模拟信号进行采样的时候，使用带有下标 s(用以强调表示 Sampling)的符号 T_s；而在绝大部分情况下，使用不带下标的符号 T。

1.2.3　数字信号的表示

如前所述，数字信号是指时间和幅值都是离散的一个序列，其自变量是整数 n，表示数字信号的存在时间是 nT_s，序列的数值则是一个有限位二进制数。但由于在对数字信号进行理论分析时，用字长为 N 位的二进制数表示信号幅值很不方便，因此仍用十进制数来表达。同时，为突出问题的主要方面，进行理论分析时也不考虑其量化误差。也即，在理论分析时，认定量化器具有无限字长，因而信号的表数精度为无限。在这样的前提条件下，数字信号与离散时间信号就可视为无区别了。这也是一些书籍中对数字信号与离散时间信号不加以区分的原因。基于这一前提，以下不再对数字信号与离散时间信号这两个名称加以区分。

综上所述，数字信号可写为

$$x(n) = x_a(nT_s) = x_a(t)\,\big|_{t=nT_s} \tag{1.2-9}$$

式中，T_s 为采样周期，n 为整数，下标 a 表示模拟信号。请初学者注意此式与式(1.2-2)的同一性。

数字信号 $x(n)$ 的时域表示方法有解析表达式、序列和图形法三种。

例如，若 $x(n)$ 的解析表达式为

$$x(n) = 5 - |n| \qquad -5 \leqslant n \leqslant 5 \tag{1.2-10}$$

由式可知，这个数字信号是一个长度为 11 点的序列，因此，离散时间信号通常也称序列。在本书中，凡涉及数字信号的，信号与序列这两个名称不加以区分。

如果直接用序列表示，也即直接表示成按一定次序排列的数值的集合，则 $x(n)$ 可写为

$$x(n) = \{0, 1, 2, 3, 4, \overset{\uparrow}{5}, 4, 3, 2, 1, 0\} \tag{1.2-11}$$

式(1.2-11)中，箭头所指的值表示 $n=0$ 时的 $x(n)$ 的值，此处 $x(0)=5$；n 值规定为自左向右逐一递增。这种表示方式常用于无法用解析式表达的 $x(n)$。

离散时间信号最直观的表示是图示法，图 1.2-10 是式(1.2-10)和式(1.2-11)所示的 $x(n)$ 的图示表示。

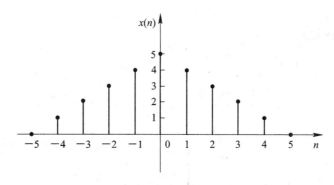

图 1.2-10　离散时间信号的图示法

图 1.2-10 中，横坐标为 n，纵坐标为 $x(n)$ 的值。这里要强调的是，虽然横坐标仍然用直线数轴表示，但 $x(n)$ 在数轴上只在 n 是整数的点上才有定义，对非整数 n 值，$x(n)$ 无定义，而不是等于零。

1.3 常用的数字信号及信号的基本操作

1.3.1 常用的数字信号(序列)

本节给出几个典型的数字信号(序列),同时说明一些相关概念。

1. 单位采样序列

单位采样序列的表达式为

$$\delta(n) = \begin{cases} 1 & n = 0 \\ 0 & n \neq 0 \end{cases} \tag{1.3-1}$$

其图形如图 1.3-1 所示。

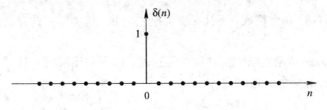

图 1.3-1 单位采样序列

$\delta(n)$ 的作用类似于连续时间域内的单位冲激函数 $\delta(t)$,但 $\delta(t)$ 是个广义函数,而 $\delta(n)$ 具有确切的定义。

推论:任一数字信号 $x(n)$ 均可分解为 $\delta(n)$ 的线性加权和,即

$$x(n) = \sum_{k=-\infty}^{+\infty} x(k)\delta(n-k) \qquad n=0, \pm1, \pm2, \cdots \tag{1.3-2}$$

根据 $\delta(n)$ 的定义,上式即可得到验证。

在连续时间域内,任一信号 $x(t)$ 也可分解为 $\delta(t)$ 的线性组合,但需用积分形式表示,两者相比,显然式(1.3-2)更易操作。式(1.3-2)亦可视为是任意数字信号 $x(n)$ 的时域分解。

2. 单位阶跃序列

单位阶跃序列的表达式为

$$u(n) = \begin{cases} 1 & n \geqslant 0 \\ 0 & n < 0 \end{cases} \tag{1.3-3}$$

其图形如图 1.3-2 所示。

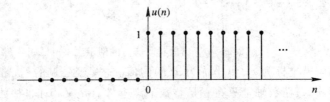

图 1.3-2 单位阶跃序列

$u(n)$ 可视为是连续时间信号 $u(t)$ 采样得到的样本序列 $u(nT)$。

3. 频率为 ω 的复正弦序列

频率为 ω 的复正弦序列的表达式为

$$x(n) = \mathrm{e}^{\mathrm{j}\omega n} \qquad n=0, \pm 1, \pm 2, \cdots \tag{1.3-4}$$

从形式上看，此信号与连续时间域的 $\mathrm{e}^{\mathrm{j}\Omega t}$ 很相似，实际上它也确实是对 $\mathrm{e}^{\mathrm{j}\Omega t}$ 进行采样后得到的样本序列，而在信号与系统分析中的作用和地位也很相似。但需强调的是，模拟域内的频率 Ω 与数字域内的频率 ω 有着极大的差异。下面对此做以说明。

对 $\mathrm{e}^{\mathrm{j}\Omega t}$ 采样得到其样本序列：

$$\mathrm{e}^{\mathrm{j}\Omega t}\big|_{t=nT} = \mathrm{e}^{\mathrm{j}\Omega nT} \tag{1.3-5}$$

比较式(1.3-4)和式(1.3-5)的右端项，令其相等得到

$$\mathrm{e}^{\mathrm{j}\omega n} = \mathrm{e}^{\mathrm{j}\Omega nT}$$

即

$$\omega = \Omega t \tag{1.3-6}$$

此式表明，ω 的量纲为弧度(rad/s·s=rad)。这完全不同于通常意义下的频率概念，故称 ω 为数字频率。注意到 $\omega = \Omega t = 2\pi f / f_s$，故 ω 实际上是通常意义下的角频率关于采样率 f_s 的归一化角频率。

下面考察数字频率 ω 的取值范围。

为在采样时不产生频谱混叠，采样频率 f_s 至少为 $2f_{max}=2\Omega_{max}/(2\pi)=\Omega_{max}/\pi$，也即采样间隔 T 的最大值为 $T=1/f_s=\pi/\Omega_{max}$，因此由式(1.3-6)可知，对实际信号来说，数字频率的最大值为

$$\omega_{max} = \Omega_{max} \cdot T = \Omega_{max} \cdot \frac{\pi}{\Omega_{max}} = \pi(\mathrm{rad}) \tag{1.3-7}$$

计入名义上的负频率，数字频率 ω 的取值范围为 $(-\pi, \pi)$。这也完全不同于连续时间域。事实上，上面的分析表明，不论连续时间信号的频率多高，只要是带限的，在奈奎斯特采样率下，其最高频率所对应的数字频率都是 π。

再次强调，这里引入的数字频率的概念，其意义完全不同于通常意义下的频率概念，初学者对此要特别注意。

4. 单边实指数序列

单边实指数序列表达式为

$$x(n)=a^n u(n) \qquad 0<a<1; n=0, \pm 1, \pm 2, \cdots \tag{1.3-8}$$

其图形如图 1.3-3 所示。

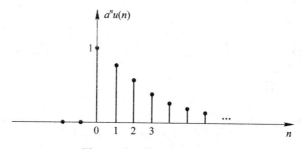

图 1.3-3　单边实指数序列

这也是一常见的信号。实际上，它是连续时间域内单边信号 $\mathrm{e}^{-\alpha t}u(t)(\alpha>0)$ 的采样序列：

$$e^{-at}u(t)\big|_{t-nT} = \begin{cases} e^{-anT} & n \geqslant 0 \\ 0 & n < 0 \end{cases}$$

令 $e^{-aT} = a$，即得到了 $a^n u(n)$。

5. 矩形序列

矩形序列的表达式为

$$R_N(n) = \begin{cases} 1 & 0 \leqslant n \leqslant N-1 \\ 0 & \text{其它} \end{cases} \tag{1.3-9}$$

其图形如图 1.3-4 所示。

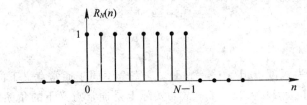

图 1.3-4 矩形序列 $R_N(n)$

这一信号又称为矩形窗，可以用单位阶跃序列表示为

$$R_N(n) = u(n) - u(n-N) \tag{1.3-10}$$

6. 实正弦序列

实正弦序列的表达式为

$$x(n) = A\cos(\omega n + \varphi) \tag{1.3-11}$$

式中，A、ω、φ 分别是正弦序列的幅度、频率和初始相位。注意，这里的 ω 是数字频率，单位为弧度。

【例 1.3-1】 模拟正弦信号 $x_1(t) = \cos(\Omega_1 t)$，其中 $\Omega_1 = 2\pi f_1$，$f_1 = 1500$ Hz，若取采样频率 $f_s = 5000$ Hz，即 $T = \dfrac{1}{5000}$ s，求对该信号采样后得到的数字序列的频率。

【解】 $x_1(t)$ 经采样频率 $f_s = 5000$ Hz 采样后得

$$x_1(n) = \cos(\Omega_1 t)\big|_{t=nT} = \cos\left(2\pi \times 1500 \times n \times \frac{1}{5000}\right)$$

$$= \cos\left(\frac{3}{5}n\pi\right) \triangleq \cos(\omega_1 n)$$

因此该序列的数字频率为 $\omega_1 = \dfrac{3}{5}\pi$。

若另有信号 $x(t) = \cos(\Omega_2 t)$，$\Omega_2 = 2\pi f_2$，$f_2 = 3000$ Hz，现取采样频率为 $f_s = 10\ 000$ Hz，也即 $T = \dfrac{1}{10\ 000}$ s，则类似可得

$$x_2(n) = \cos(\Omega_2 t)\big|_{t=nT} = \cos\left(2\pi \times 3000 \times n \times \frac{1}{10\ 000}\right)$$

$$= \cos\left(\frac{3}{5}n\pi\right) \triangleq \cos(\omega_2 n)$$

即 $\omega_2 = \dfrac{3}{5}\pi = \omega_1$。

此例说明，不同的模拟信号 $x_1(t)$、$x_2(t)$ 经不同的采样频率进行采样后可以得到相同的数字序列，这可能是初学者一时难以理解的。事实上，这正是数字信号处理技术的一个优越之处，也即，在很多应用情况下，如果对不同的模拟信号使用不同的采样频率，就可以用相同的数字信号处理器处理这些信号，而后只要将处理好的数字信号按不同的采样频率转换回模拟域即可。因此，此例显示了用数字技术处理信号的一个突出优点。

7. 周期序列

定义：如果存在正整数 N，使得对于所有的 n，恒有 $x(n)=x(n+N)$，则称 $x(n)$ 是周期序列。同时，称使式

$$x(n)=x(n+N) \tag{1.3-12}$$

成立的最小 N 值为 $x(n)$ 的基本周期，简称为周期。

与连续时间函数不同，数字序列中，正弦序列并不一定是周期序列。对于正弦序列 $A\sin(\omega n+\varphi)$，显然只有当 $\omega N=2k\pi$ 时才能使此序列是周期的。换言之，仅当 $2\pi/\omega$ 为有理数时，正弦序列才是周期的，而其周期是使式 $N=k2\pi/\omega$ 成立的最小 N 值。若这样的正整数 N 不存在，则该正弦序列就是非周期的。

【例 1.3 - 2】　试判断下列离散信号是否为周期信号，若为周期信号，确定其周期。

(1) $x(n)=A\sin\left(\dfrac{5\pi}{11}n-\dfrac{\pi}{7}\right)$;

(2) $x(n)=B\cos\left(\dfrac{1}{7}n-\dfrac{\pi}{3}\right)$;

(3) $x(n)=\mathrm{e}^{\mathrm{j}\left(\frac{2\pi}{9}n-\frac{\pi}{3}\right)}$。

(其中 A、B 为正的实常数。)

【解】　(1) 若 $x(n)$ 为周期信号，应有 $x(n+N)=x(n)$，其中 N 为某个正整数。由于正弦函数以 $2k\pi$ 为周期，k 为整数，于是有

$$\frac{5\pi(n+N)}{11}-\frac{\pi}{7}=\frac{5\pi n}{11}-\frac{\pi}{7}+2k\pi$$

从而

$$\frac{5\pi N}{11}=2k\pi \Rightarrow N=\frac{22k}{5}$$

为使 N 为正整数，应取 $k=5$，这样得到 $N=22$。也即 $x(n)$ 为周期信号，周期为 22。

(2) 若 $x(n)$ 是以 N 为周期的信号，由于余弦函数以 $2k\pi$ 为周期，于是有

$$\frac{n+N}{7}-\frac{\pi}{3}=\frac{n}{7}-\frac{\pi}{3}+2k\pi$$

从而

$$\frac{N}{7}=2k\pi \Rightarrow N=14k\pi$$

显然，由于 π 为无理数，不管整数 k 取何值，上面的 N 总为无理数。因此，$x(n)$ 不是周期信号。

(3) 由于 $\mathrm{e}^{\mathrm{j}\omega n}$ 也以 $2k\pi$ 为周期，由 $x(n+N)=x(n)$ 可得

$$\mathrm{e}^{\mathrm{j}\omega(n+N)}=\mathrm{e}^{\mathrm{j}\omega n+2k\pi}$$

因此有

$$\frac{2\pi(n+N)}{9} - \frac{\pi}{3} = \frac{2\pi n}{9} - \frac{\pi}{3} + 2k\pi$$

从而

$$\frac{2\pi N}{9} = 2k\pi \Rightarrow N = 9k$$

取 $k=1$，可知 $x(n)$ 为周期信号，周期为 9。

1.3.2 序列的操作

在数字信号处理中，对序列（信号）可以进行各种运算，其中相加、相减、相乘、移位、折叠（翻转）等是最基本最简单的信号操作，是构成其它复杂运算处理的基础，而抽取和内插操作则是在改变序列的采样频率时才会使用的操作。

1. 序列相加（或相减）

两个序列相加（或相减）的示意图如图 1.3-5 所示，其定义如下：

$$y(n) = x_1(n) + x_2(n) \quad 或 \quad y(n) = x_1(n) - x_2(n) \tag{1.3-13}$$

此式的意义是将 $x_1(n)$ 和 $x_2(n)$ 在相同的 n 时刻的值对应相加或相减。

图 1.3-5　两个序列相加减的示意图

2. 序列累加

序列累加的示意图如图 1.3-6 所示，其解析表达式为

$$y(n) = \sum_{k=n-m}^{n} x(k) \tag{1.3-14}$$

此式的意义是，输出信号在 n 时刻的数值 $y(n)$ 是输入信号从 n 时刻以前的 $n-m$ 时刻开始直到 n 时刻为止 $m+1$ 个数值的累加。注意，累加的起始时刻可以是 $-\infty$，而结束时间从理论上虽可以是 ∞，但在实时应用情况下，第 n 个时刻的输出不可能与此时刻以后的输入有关，因此根据因果性的约束，累加的结束时间最大为 n。

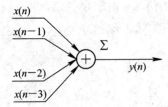

图 1.3-6　序列累加示意图

3. 序列相乘

两个序列相乘的解析表达式为

$$y(n) = x_1(n) \cdot x_2(n) = x_2(n) \cdot x_1(n) \tag{1.3-15}$$

此式的意义是，将 $x_1(n)$ 和 $x_2(n)$ 在相同时刻 n 时的值对应相乘。特别地，当 $x_2(n)$ 为一常

数时，序列的相乘就变成 $x_1(n)$ 乘上一个常数。数字信号处理中，相乘是用乘法器来完成的，如图 1.3 - 7 所示。

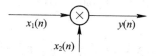

图 1.3 - 7　序列相乘示意图

4. 序列翻转（或折叠）

以纵坐标为对称轴，将整个信号沿水平方向翻转 $180°$，得到一个新信号

$$y(n) = x(-n) \qquad\qquad (1.3 - 16)$$

这一过程称为信号的翻转，也称为序列的折叠。

5. 序列移位

序列移位是指将整个序列沿横坐标平移若干个时间单位，其解析表达式为

$$y_1(n) = x(n-k) \quad\text{或}\quad y_2(n) = x(n+k) \qquad (1.3 - 17)$$

假设 $k > 0$，则 $y_1(n)$ 是原序列 $x(n)$ 沿横坐标向右（正方向）平移了 k 个单位，称右移。同理，$y_2(n)$ 是原序列 $x(n)$ 沿横坐标向左（负方向）平移了 k 个单位，称左移。如果从时间角度看，则序列右移相当于时间上滞后了 kT 个时间单位，序列左移相当于时间上超前了 kT 个时间单位。如图 1.3 - 8(a)、(b)、(c) 分别示出了序列 $x(n)$ 与其右移 $y_1(n) = x(n-2)$ 和其左移 $y_2(n) = x(n+2)$ 的示意图。

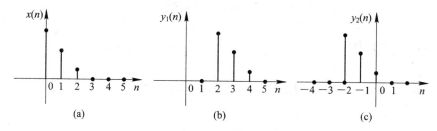

图 1.3 - 8　序列移位示意图

要特别注意折叠序列的移位，若 $x(-n)$ 移位后表示成 $x(-n+k)$，则由于 $x(-n+k) = x[-(n-k)]$，故在 $k > 0$ 时，表示折叠序列 $x(-n)$ 右移了 k；而 $x[-(n+k)]$ 则表示左移。初学者在这里很容易被困扰而产生错误判断。

6. 序列的抽取与内插

在对信号进行数字处理的实际应用中，往往会遇到用同一个系统处理采样频（采样率）率不同的多个信号的情况，或者同一个信号需要改变采样率的情况。从序列的操作角度而言，减小采样率是通过对序列的抽取（Decimation）实现的，而增大采样率则是通过对序列的内插（Interpolation）完成的。

设原序列为 $x(n)$，其相应的原始模拟信号为 $x_a(t)$，采样周期为 T，现要求将采样率减小到原来的 $1/M$，也即把采样周期增大为 MT。

如用 $x_D(n)$ 表示经抽取得到的序列，下标 D 表示"抽取（Decimation）"。在 M 为正整数时，有

$$x_{\mathrm{D}}(n) = x_{\mathrm{a}}(t)\big|_{t=MT} = x_{\mathrm{a}}(nMT) = x(nM) \qquad (1.3-18)$$

上式说明，要把采样率减小到原来的 $1/M$ 可以在数字域中通过对原序列 $x(n)$ 每 M 个抽取一个来完成。图 1.3-9(b) 示出了 $M=2$ 的抽取。抽取操作降低了采样率，所以在一些文献中，也把这种操作称为下采样。

如果需要增大采样率，也即把采样周期减小为 $\frac{1}{L}T$，可对原序列作内插。用 $x_{\mathrm{I}}(n)$ 表示内插得到的序列，下标 I 表示"内插（Interpolation）"。在 L 为正整数时，有

$$x_{\mathrm{I}}(n) = x_{\mathrm{a}}(t)\big|_{t=n\frac{T}{L}} = x_{\mathrm{a}}\left(n\frac{T}{L}\right) = x\left(\frac{n}{L}\right) \qquad (1.3-19)$$

上式说明，要把采样率增大到原来的 L 倍，只需对原序列 $x(n)$ 每两相邻点之间插入 $L-1$ 个零值点，也即构成

$$x_{\mathrm{I}}(n) = \begin{cases} x\left(\dfrac{n}{L}\right) & n = 0, \pm L, \pm 2L, \cdots \\ 0 & \text{其余} \end{cases} \qquad (1.3-20)$$

图 1.3-9(c) 示出了 $L=2$ 的内插。内插操作使采样率增大了 L 倍，故在一些文献中，也常常把它称为上采样。

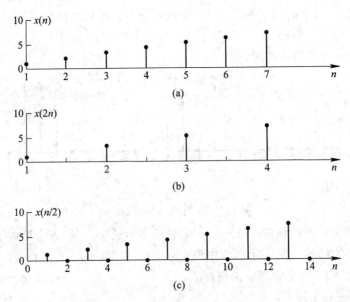

图 1.3-9　序列的抽取与内插示意图

7. 周期延拓

与模拟域类似，对任一非周期序列 $x(n)$ 以 N 为周期进行延拓，是指构成

$$\tilde{x}(n) = \sum_{r=-\infty}^{+\infty} x(n+rN) = \sum_{r=-\infty}^{+\infty} x(n-rN) \qquad (1.3-21)$$

式中，$x(n+rN)$ 是指将 $x(n)$ 左移 rN 个时间单位（超前），$x(n-rN)$ 是指将 $x(n)$ 右移（延迟）rN 个时间单位。无论是左移还是右移，所得的 $\tilde{x}(n)$ 结果相同，都是对原序列 $x(n)$ 以周期为 N 进行周期延拓后得到的周期序列。

1.4 离散时间系统及重要性质

1.4.1 系统的定义

离散时间系统的定义完全平行于连续时间系统，即系统可视为一个算子(operator)，对输入序列 $x(n)$ 进行规定的操作运算，使其变换为输出序列 $y(n)$。其符号表示为

$$y(n) = T[x(n)] \qquad (1.4-1)$$

其中，符号 $T[\cdot]$ 表示对操作对象的某种变换或算法，简称为系统。其框图表示如图 1.4-1 所示。

本书只涉及单输入单输出(SISO, Single In Single Out)系统。下面对离散时间系统的几个重要性质进行说明。

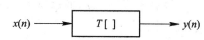

图 1.4-1 离散时间系统的框图示意

1.4.2 系统的性质

1. 线性性

线性性包含了齐次性和叠加性。若系统对于任意两个序列 $x_1(n)$ 和 $x_2(n)$ 及任意两个常数 a 和 b，有下式成立：

$$T[ax_1(n) + bx_2(n)] = aT[x_1(n)] + bT[x_2(n)] \qquad (1.4-2)$$

则称系统是线性的。

【例 1.4-1】 判断系统 $y(n) = T[x(n)] = Ax(n) + B$ 的线性性，其中 A、B 是常数。

【解】 在判断一个系统是否具有线性性时，只须验证系统是否同时满足齐次性和叠加性即可。此例中，因为

$$T[ax_1(n) + bx_2(n)] = A[ax_1(n) + bx_2(n)] + B$$

而

$$T[ax_1(n)] + T[bx_2(n)] = a[Ax_1(n) + B] + b[Ax_2(n) + B]$$
$$= A[ax_1(n) + bx_2(n)] + B(a+b)$$

很明显，在一般情况下，此例中

$$T[ax_1(n) + bx_2(n)] \neq T[ax_1(n)] + T[bx_2(n)]$$

因此该系统不满足线性性，故这个系统是非线性的。

2. 移不变性

设 $y(n) = T[x(n)]$，若对于任意整数 k，系统满足

$$T[x(n-k)] = y(n-k) \qquad (1.4-3)$$

则称系统是移不变的。

这一性质也称为时不变性。但由于序列仅对整数值有定义，故时间变化只能是整数个采样周期，因此式(1.4-3)中的 k 必须是整数。$y(n-k)$ 相应于将序列 $y(n)$ 在数轴上右移 k 个时间单位，故称"移不变性"更为确切。

同时满足线性和移不变性的系统称为线性移不变系统，简称为 LSI(Linear Shift Invariant) 系统。通常情况下的数字处理系统大多为 LSI 系统。

【例 1.4 - 2】 试说明系统 $y(n) = T[x(n)] = \sum_{k=-\infty}^{n} x(k)$ 的线性移不变性。

【解】 设 $x_1(n)$ 和 $x_2(n)$ 为两个输入信号，a 和 b 为两个常数。
由于

$$T[ax_1(n) + bx_2(n)] = \sum_{k=-\infty}^{n} [ax_1(k) + bx_2(k)] = a\sum_{k=-\infty}^{n} x_1(k) + b\sum_{k=-\infty}^{n} x_2(k)$$
$$= aT[x_1(n)] + bT[x_2(n)]$$

因此该系统是线性的。

设输入信号 $x(n)$ 的输出为 $y(n) = T[x(n)]$，考虑时移信号 $x(n-m)$，其中 m 为任意整数，则由

$$T[x(n-m)] = \sum_{k=-\infty}^{n} x(k-m) = \sum_{l=-\infty}^{n-m} x(l) = y(n-m)$$

可知该系统是移不变的。

3. 因果性

因果性是指系统输出不能先于系统输入产生。也即，对于任意时刻 n_0，系统在 n_0 时刻的输出仅取决于 $n \leqslant n_0$ 时的系统输入。

对于连续时间系统，因果性是其可实现的必要条件，但对离散时间系统而言，系统中的存储单元可以把所存放的当前时刻的输入用于构造系统在过去时刻的输出，因此在某些非实时应用场合下可以使用非因果系统。但对于实时应用，必须使用因果系统。

4. 稳定性

对一个系统而言，我们希望该系统是稳定的，即当输入信号为有限的时候，希望输出信号也是有限的。所谓信号是有限的，通常有两种含义：或者信号本身是有限的，或者信号的能量是有限的。

在有界输入—有界输出(BIBO，Bounded In Bounded Out)意义上，系统稳定是指系统对于任何有界输入 $x(n)$，其输出序列 $y(n)$ 的幅度也有界。

显然，只有稳定的系统才能真正用于实际。

1.5 LSI 系统的时域分析：单位采样响应与卷积和

1.5.1 单位采样响应与卷积和

在连续时间系统中，LTI 系统在系统初始松弛时对 $\delta(t)$ 的响应被称为系统的单位冲激响应，对于离散时间下的 LSI 系统，其对应概念是如图 1.5 - 1 所示的单位采样响应。

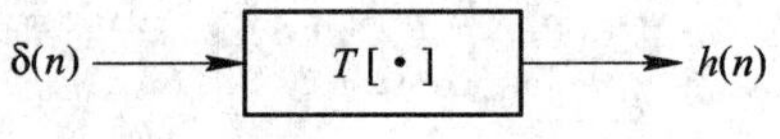

图 1.5 - 1 LSI 系统的单位采样响应

定义：LSI 系统对输入为 $\delta(n)$ 时引起的响应称为系统的单位采样响应(也有一些文献和书籍称之为脉冲响应或冲激响应)，记为 $h(n)$，即

$$h(n) = T[\delta(n)] \tag{1.5 - 1}$$

注意，此定义中已隐含了 $h(n)$ 中不包含由系统在 $\delta(n)$ 加入时系统初始状态引起的响应，也

即 $h(n)$ 是 LSI 系统在初始松弛状态，即零初始条件下对 $\delta(n)$ 的响应。

单位采样响应完全表征了 LSI 系统的性质。引入这一概念后，任意序列 $x(n)$ 输入系统后由这一输入引起的响应 $y(n)$ 容易求得，即

$$y(n) = T[x(n)] = T\Big[\sum_{k=-\infty}^{+\infty} x(k)\delta(n-k)\Big] = \sum_{k=-\infty}^{+\infty} x(k)T[\delta(n-k)]$$

$$= \sum_{k=-\infty}^{+\infty} x(k)h(n-k) \tag{1.5-2}$$

式(1.5-2)的形式非常类似于模拟域内卷积分的表达式，所不同的是以求和代替了积分，故称之为卷积和，其简称也是卷积，并用同样的符号"*"来表示参与卷积的两个信号的关系，即

$$y(n) = \sum_{k=-\infty}^{+\infty} x(k)h(n-k) = x(n) * h(n) \tag{1.5-3}$$

图 1.5-2 是引入 $h(n)$ 后系统的输入输出关系图。

当参与卷积的两个序列可以用简单的解析式表达时，利用式(1.5-3)可直接计算求得卷积和结果，这种直接计算法通常称为解析法。解析法一般会遇到有限或无限项的求和问题，其中包括形如 a^n 的等比级数项。

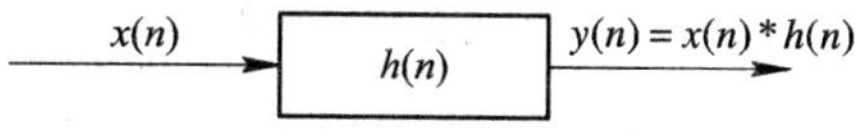

图 1.5-2 系统输入输出的时域关系

【例 1.5-1】 求信号

$$x(n) = a^n u(n) = \begin{cases} a^n & n \geqslant 0 \\ 0 & n < 0 \end{cases}$$

与 $h(n) = u(n)$ 的卷积。

【解】 直接计算法求解：

$$y(n) = x(n) * h(n) = \sum_{k=-\infty}^{+\infty} x(k)h(n-k) = \sum_{k=-\infty}^{+\infty} a^k u(k)u(n-k)$$

因为对于 $k < 0$，$u(k) = 0$，对于 $k > n$，$u(n-k) = 0$，则和式变量 k 的下限为 0，上限为 n。当 $n < 0$ 时，和式中无非零项，$y(n) = 0$，所以，只有当 $n > 0$ 时，有

$$y(n) = \sum_{k=0}^{n} a^k = \frac{1 - a^{n+1}}{1 - a} \qquad n > 0$$

故可写成

$$y(n) = \frac{1 - a^{n+1}}{1 - a} u(n)$$

除直接计算法外，卷积和还可以用图解法求解。使用图解法涉及的步骤与卷积分图解法步骤非常类似，可分为如下五个步骤：

(1) 将参与卷积的两个序列的变量由 n 改写为 k，得到 $x(k)$ 和 $h(k)$；

(2) 任选其中一个序列关于 $k = 0$ 进行折叠翻转，得到折叠时间序列，例如 $h(-k)$；

(3) 将 $h(-k)$ 右移 n 位(n 现在是参数，不是自变量)得 $h(n-k)$；

(4) 对所有 k 值求出乘积 $x(k)h(n-k)$ 并求和，得到相应 n 时刻的输出序列值 $y(n)$；

(5) 对所有可能的 n 值重复上述过程(如涉及 $n < 0$ 的情况，将 $h(-k)$ 左移 n 位)，得到全部的序列值 $y(n)$。

【例 1.5 - 2】 求图 1.5 - 3 所示的输入信号 $x(n)$ 通过单位采样响应 $h(n)$ 的 LSI 系统的输出 $y(n)$。

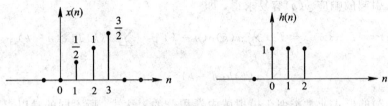

图 1.5 - 3 例 1.5 - 2 的图

【解】 此题采用图解法，以说明上述求解卷积和的五个步骤，如图 1.5 - 4 所示。

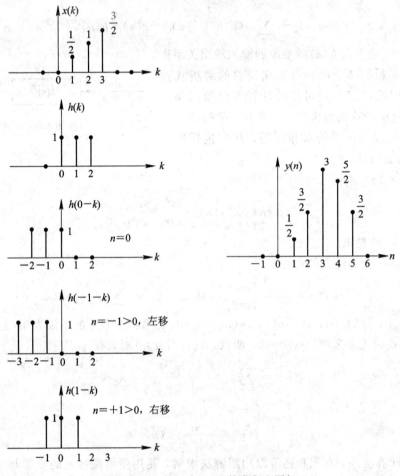

图 1.5 - 4 $x(n)$ 与 $h(n)$ 的卷积和图解

从上述步骤及例 1.5 - 2 可以推知，若参与卷积的两个序列为有限长序列，长度分别为 N_1、N_2，则卷积后形成的序列长度为 $N_1 + N_2 - 1$。对此，读者可自行图解验证或根据卷积和的定义验证。

容易证明，卷积和也与卷积分一样满足交换律(commutative law)、分配律(distributive law)和结合律(associative law)。在数字信号与系统中，线性卷积的这些性质反映了线性移不变系统在相互连接时的性质，如图 1.5 - 5 所示。

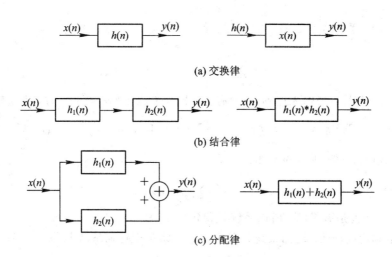

(a) 交换律

(b) 结合律

(c) 分配律

图 1.5-5 用系统的观点解释卷积性质

可以看出，与模拟域内的卷积分相比，除了理论分析意义外，卷积和还真正具备了计算意义，因此可以据此实现离散时间系统。在后面的章节将会见到，基于离散傅里叶变换(DFT)及其快速算法(FFT)，还存在着卷积和的快速算法，可以进一步减小求取卷积和的计算需要。

1.5.2 单位采样响应的再讨论

LSI 系统的单位采样响应完全表征了系统的性质，因此系统的稳定性与因果性也必然可以通过 $h(n)$ 得到反映。下面给出结论。

结论 1 LSI 系统为因果系统的充要条件是

$$h(n)=0 \qquad n<0 \tag{1.5-4}$$

【证明】 根据图 1.5-2 所示的 LSI 系统输入输出关系，将输出写成

$$y(n) = \sum_{k=-\infty}^{-1} h(k)x(n-k) + \sum_{k=0}^{+\infty} h(k)x(n-k) \tag{1.5-5}$$

充分条件：设式(1.5-4)条件满足，即 $n<0$ 时，系统单位采样响应 $h(n)=0$，则式(1.5-5)右端和式第一项为 0，于是

$$y(n) = \sum_{k=0}^{+\infty} h(k)x(n-k)$$

表明系统在 n 时刻的输出仅取决于 n 时刻及以前的输入，故系统是因果系统。

必要条件：若系统是因果系统，则它在 n 时刻的输出与 n 时刻以后(不含 n 时刻)的输入 $x(n+k)(k>0)$ 无关，即必须要求式(1.5-5)右端和式第一项为 0，即

$$\sum_{k=-\infty}^{-1} h(k)x(n-k) = 0$$

由此推得必要性条件：

$$h(n)=0 \qquad n<0$$

所以，LSI 系统因果的充要条件是 $h(n)=0$，$n<0$。

依照式(1.5-4)所示的条件，我们常把在 $n<0$ 时等于 0 的任何序列称为因果序列，表示这个因果序列可以视为一个因果系统的单位采样响应。

结论 2 LSI 系统为稳定系统的充要条件是

$$\sum_{n=-\infty}^{+\infty} |h(n)| < +\infty \tag{1.5-6}$$

【证明】 充分性：当输入序列 $x(n)$ 有界，即 $|x(n)| \leqslant M_x < +\infty$ 时，系统输出 $y(n)$ 有

$$|y(n)| = \left| \sum_{k=-\infty}^{+\infty} h(k)x(n-k) \right| \leqslant \left| \sum_{k=-\infty}^{+\infty} |h(k)| |x(n-k)| \right| \leqslant M_x \sum_{k=-\infty}^{+\infty} |h(k)|$$

因 $h(n)$ 满足式(1.5-6)所示的条件，所以

$$|y(n)| \leqslant M_x \sum_{k=-\infty}^{+\infty} |h(k)| < +\infty$$

即输出序列 $y(n)$ 也是有界的，所以系统是稳定的。

必要性：利用反证法。已知系统是稳定系统，即对于任何输入 $|x(n)| \leqslant M < +\infty$，必有 $|y(n)| \leqslant M_y < +\infty$。

现假设

$$\sum_{k=-\infty}^{+\infty} |h(k)| = \infty$$

设一个有界输入为

$$x(n) = \begin{cases} 1 & h(-n) \geqslant 0 \\ -1 & h(-n) < 0 \end{cases}$$

则

$$y(0) = \sum_{k=-\infty}^{+\infty} x(k)h(n-k) = \sum_{k=-\infty}^{+\infty} |h(-k)| = \sum_{k=-\infty}^{+\infty} |h(k)| = \infty$$

即可以求得当 $n=0$ 时的输出 $y(0)$ 为无界，与给定系统稳定的条件不符，因而假设不成立。

所以，$\sum_{n=-\infty}^{+\infty} |h(n)| < +\infty$ 是系统稳定的必要条件。

【例 1.5-3】 已知一个 LSI 系统的单位采样响应为

$$h(n) = -a^n u(-n-1)$$

讨论其因果性和稳定性。

【解】 (1) 因果性。因为在 $n < 0$ 时，$h(n) \neq 0$，故该系统是非因果系统。

(2) 稳定性。因为

$$\sum_{n=-\infty}^{+\infty} |h(n)| = \sum_{n=-\infty}^{+\infty} |-a^n u(-n-1)| = \sum_{n=-\infty}^{-1} |a^n| = \sum_{n=1}^{+\infty} |a|^{-n}$$

$$= \sum_{n=1}^{+\infty} \frac{1}{|a|^n} = \begin{cases} \dfrac{1}{|a|-1} & |a| > 1 \\ \infty & |a| \leqslant 1 \end{cases}$$

所以，$|a| > 1$ 时该系统稳定，$|a| \leqslant 1$ 时该系统不稳定。

1.6 用差分方程表示的 LSI 系统

在不少情况下，LSI 系统输出的卷积和形式可以得到进一步的改进，例如对于因果系统 $h(n) = a^n u(n)$，其输出为

$$y(n) = \sum_{k=-\infty}^{+\infty} h(k)x(n-k) = \sum_{k=0}^{+\infty} a^k x(n-k) \qquad (1.6-1)$$

经过简单的变量替换，上式可进一步写为下面的差分方程：

$$y(n) = ay(n-1) + x(n) \qquad (1.6-2)$$

从计算的角度说，式(1.6-2)显然比式(1.6-1)更为有效，因为由式(1.6-2)可知，系统的当前输出只须在前一个输出的基础上计入当前输入即可迭代求出，而无须对每个 n 值重新求取卷积和。

【例 1.6-1】　图 1.6-1 是一个由加法器、常数乘法器和单位延迟器构成的系统。其中，单位延迟器用 z^{-1} 表示，此符号的意义在学习第 3 章后便可自明。系统的输入输出关系可由下列常系数线性差分方程表示：

$$y(n) = x(n) - \frac{1}{2}y(n-1)$$

设输入为 $x(n) = \delta(n)$，初始条件为 $y(-1) = 0$，求系统的单位采样响应。

【解】　因为 $x(n) = \delta(n)$，又由于初始条件 $y(-1) = 0$，则由描述系统的差分方程即可迭代求得

$$\begin{cases} y(0) = x(0) - \dfrac{1}{2}y(-1) = 1 \\[2mm] y(1) = x(1) - \dfrac{1}{2}y(0) = -\dfrac{1}{2} \\[2mm] y(2) = x(2) - \dfrac{1}{2}y(1) = \left(-\dfrac{1}{2}\right)^2 \\[2mm] \qquad\qquad \vdots \\[2mm] y(n) = x(n) - \dfrac{1}{2}y(n-1) = \left(-\dfrac{1}{2}\right)^n \end{cases}$$

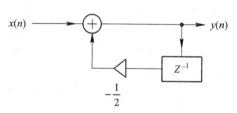

图 1.6-1　例 1.6-1 的数字系统框图

由此可以用归纳法得知系统的单位采样响应为

$$h(n) = \left(-\frac{1}{2}\right)^n u(n)$$

从此例还可看出，不同的系统初始条件 $y(-1)$ 会导致不同的输出 $y(n)$。$y(-1)$ 也称为系统的初始状态。

式(1.6-2)所示的形式是一个线性常系数差分方程，简称 LCCDE(Linear Constant Coefficient Difference Equation)，其一般形式为

$$y(n) = \sum_{k=1}^{N} a_k y(n-k) + \sum_{k=0}^{M} b_k x(n-k) \qquad (1.6-3)$$

式中，$y(-1)，\cdots，y(-N)$ 为系统的初始条件。实际应用中，式中的 a_k、b_k 通常为实常数。

与模拟域中描述系统行为的常系数微分方程一样，在给定了合适的初始条件后，式(1.6-3)这一线性常系数差分方程可以用于描述因果 LSI 系统的输入输出关系。它表明，系统的当前输出可以从 N 个过去的输出值以及 M 个过去的输入值和当前输入值计算得到，而所涉及的基本运算单元有下列三种：

(1) 延迟器(移位寄存器)，用于存储当前和过去时刻的序列值；

(2) 常数乘法器，用于对序列值乘以常数；

(3) 加法器，用于对序列值两两相加或相减。

从分析的角度讲，对于已知系统，从这一差分方程出发，在给定了初始条件后，就可在系统当前输出的基础上迭代求出下一时刻的输出；而从信号处理的角度讲，则是要根据给定的任务，确定出差分方程的两组参数 $a_k(k=1,2,\cdots,N)$ 和 $b_k(k=0,1,2,\cdots,M)$，再在差分方程所表达的所需运算基础上，寻求合适的系统结构，用软件或硬件予以实现。

式(1.6-3)中，若所有 $a_k=0$，就有

$$y(n)=\sum_{k=0}^{M}b_k x(n-k) \qquad n\geqslant 0 \qquad (1.6-4)$$

式(1.6-4)表明，系统的当前输出是 $x(n)$，$\cdots$，$x(n-M)$ 这 M 个输入的加权平均。由于这一加权平均值随 n 而变，故称之为滑动平均(MA，Moving Average)，如股票分析中的 5、10、20、60 天平均线，而系统差分方程中的相应项也就被称为 MA 项。

在系统差分方程中仅存在 MA 项时，如令 $x(n)=\delta(n)$，则系统输出就是单位采样响应，也即 $y(n)=h(n)$，于是

$$h(n)=\sum_{k=0}^{M}b_k\delta(n-k) \qquad (1.6-5)$$

显然，$h(n)$ 的长度为 $M+1$ 点，是有限长的，故称这样的系统为有限冲激响应(FIR，Finite Impulse Response)系统。注意，尽管数字系统中，$h(n)$ 更多被称为单位采样响应(Unit Sample Response)，但由于历史的原因，涉及系统时，仍延用了冲激响应(Unit Impulse Response)的提法。

方程(1.6-3)中，右端第一项 $\sum_{k=1}^{N}a_k y(n-k)$ 由系统前 N 个时刻的输出所构成，由于这个原因，这一项称为自回归项(AR，Auto-Recursive)，简称 AR 项。显然，只要有一个 $a_k\neq 0$，系统方程中就存在 AR 项，而由例 1.6-1 可知，此时系统的单位采样响应 $h(n)$ 不会是有限长而是无限长的。通常，称这样的系统为无限冲激响应(IIR，Infinite Impulse Response)系统。

关于 FIR 系统、IIR 系统在后面各章，尤其是第 4 章和第 5 章还将展开讨论。

1.7 本章小结与习题

1.7.1 本章小结

本章首先介绍了离散时间信号与数字信号的定义和表达，以及离散时间系统的一些重要性质，随后引入了离散时间信号通过离散时间系统的基本分析思路，着重讨论了离散时间系统的单位脉冲响应、线性移不变系统的性质，给出了离散时间信号通过线性移不变系统的时域分析方法，并给出了卷积和的运算步骤。同时，本章引入了系统差分方程及 FIR 和 IIR 系统的概念。

1.7.2 本章习题

1.1 序列 $x(n)$ 如图 1.7-1 所示，用延迟的单位采样序列加权和表示出这个序列。

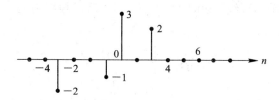

图 1.7-1　习题 1.1 图

1.2　分别绘出以下各序列的图形:

(1) $x_1(n) = 2^n u(n)$;

(2) $x_2(n) = \left(\dfrac{1}{2}\right)^n u(n)$;

(3) $x_3(n) = (-2)^n u(n)$;

(4) $x_4(n) = \left(-\dfrac{1}{2}\right)^n u(n)$。

1.3　判断下列每个序列是否是周期性的,若是周期性的,试确定其周期。

(1) $x(n) = A\cos\left(\dfrac{3\pi}{7}n - \dfrac{\pi}{8}\right)$;

(2) $x(n) = A\sin\left(\dfrac{13\pi}{3}n\right)$;

(3) $x(n) = \mathrm{e}^{\mathrm{j}\left(\frac{\pi}{6} - n\right)}$;

(4) $x(n) = \mathrm{Re}\left[\mathrm{e}^{\mathrm{j}n\pi/12}\right] + \mathrm{Im}\left[\mathrm{e}^{\mathrm{j}n\pi/18}\right]$;

(5) $x(n) = \mathrm{e}^{\mathrm{j}\frac{\pi}{16}n}\cos\left(n\,\dfrac{\pi}{17}\right)$。

1.4　已知序列 $x(n) = (6-n)[u(n) - u(n-6)]$,画出下列序列的示意图。

(1) $y_1(n) = x(4-n)$;

(2) $y_2(n) = x(2n-3)$;

(3) $y_3(n) = x(8-3n)$。

1.5　设有限带宽信号 $f(t)$ 的最高频率为 100 Hz,若对下列信号进行时域采样,求最小采样频率 f_s。

(1) $f(3t)$; (2) $f^2(t)$; (3) $f(t) * f(2t)$; (4) $f(t) + f^2(t)$。

1.6　已知有限带宽信号 $f(t) = 5 + 2\cos(2\pi f_1 t) + \cos(4\pi f_1 t)$,其中 $f_1 = 1$ kHz。现用 $f_\mathrm{s} = 5$ kHz 的冲激函数序列 $\delta_T(t)$ 对此信号进行采样。

(1) 画出 $f(t)$ 及采样信号 $f_\mathrm{s}(t)$ 在频率区间 $(-10\ \mathrm{kHz}, 10\ \mathrm{kHz})$ 的频谱图。

(2) 若由 $f_\mathrm{s}(t)$ 恢复原信号,理想低通滤波器的截止频率 f_c 应如何选择?

1.7　已知有限频带信号 $f(t) = 5 + 2\cos(2\pi f_1 t) + \cos(4\pi f_1 t)$,其中 $f_1 = 1$ kHz。现用 $f_\mathrm{s} = 1600$ Hz 的冲激函数序列 $\delta_T(t)$ 对此信号进行采样。

(1) 画出 $f(t)$ 及采样信号 $f_\mathrm{s}(t)$ 在频率区间 $(-2\ \mathrm{kHz}, 2\ \mathrm{kHz})$ 的频谱图。

(2) 若将采样信号 $f_\mathrm{s}(t)$ 输入到截止频率 $f_\mathrm{c} = 800$ Hz,幅度为 T 的理想低通滤波器 $H(\mathrm{j}\Omega)$ 为

$$H(\mathrm{j}\Omega) = H(\mathrm{j}2\pi f) = \begin{cases} T & |f| \leqslant 800\ \mathrm{Hz} \\ 0 & |f| > 800\ \mathrm{Hz} \end{cases}$$

画出滤波器的输出信号的频谱,并求出输出信号。

1.8　今对三个正弦信号 $x_{a1}(t) = \cos(2\pi t)$,$x_{a2}(t) = -\cos(6\pi t)$,$x_{a3}(t) = \cos(10\pi t)$ 进行理想采样,采样频率为 $\Omega_\mathrm{s} = 8\pi$,试求出三个采样输出序列,比较这三个结果,并说明有无频谱混淆现象发生。

1.9 一个理想的采样系统，如图 1.7-2 所示，采样频率为 $\Omega_s = 8\pi$，采样后用理想低通滤波器 $H(j\Omega)$ 还原。已知

$$H(j\Omega) = \begin{cases} \dfrac{1}{4} & |\Omega| < 4\pi \\ 0 & |\Omega| \geqslant 4\pi \end{cases}$$

今有两输入 $x_{a1}(t) = \cos(2\pi t)$，$x_{a2}(t) = \cos(5\pi t)$，问输出信号 $y_{a1}(t)$、$y_{a2}(t)$ 有没有失真？为什么？

1.10 若采样率满足奈奎斯特采样率的要求，问最大的数字频率为多少？

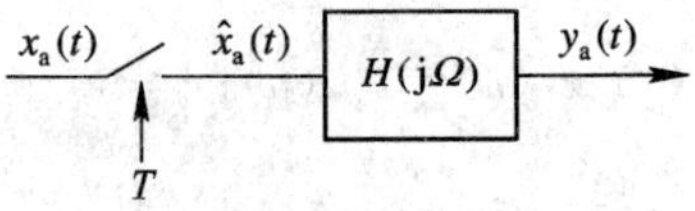

1.11 语音信号中 650 Hz 的正弦分量较强，数字电话中对语音信号的采样率为 $f_s = 8000$ Hz，求该正弦分量的数字频率及周期。

图 1.7-2 理想采样系统框图（习题 1.9 图）

1.12 已知模拟信号 $x_a(t) = 3\cos(2000\pi t) + 5\sin(6000\pi t) + 10\cos(12\,000\pi t)$，求：

(1) 该信号的奈奎斯特率；

(2) 若采样频率为 $f_s = 5$ kHz，求该采样频率下的离散时间信号 $x(n)$；

(3) 求出从 (2) 中获得的 $x(n)$ 中所理想恢复出的模拟信号 $x_r(t)$。

1.13 判断下列系统的线性性和时不变性。

(1) $y(n) = 2x(n) + 3$；

(2) $y(n) = x(n) \cdot \sin\left(\dfrac{2\pi}{7}n + \dfrac{\pi}{6}\right)$。

1.14 已知图 1.7-3 中系统 T 是时不变的，当系统输入是 $x_1(n)$、$x_2(n)$ 和 $x_3(n)$ 时，系统的响应分别为 $y_1(n)$、$y_2(n)$ 和 $y_3(n)$。

(1) 确定系统 T 能否是线性的；

(2) 如果系统 T 的输入 $x(n)$ 是 $\delta(n)$，则系统的响应 $y(n)$ 是什么？

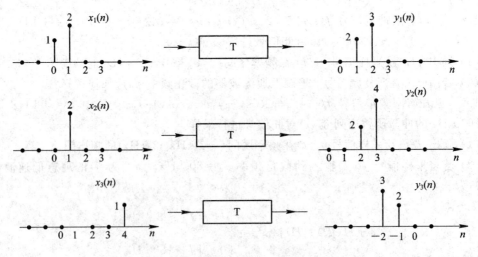

图 1.7-3 习题 1.14 图

1.15 已知图 1.7-4 中系统 L 是线性的，当系统输入是 $x_1(n)$、$x_2(n)$ 和 $x_3(n)$ 时，系统的响应分别为 $y_1(n)$、$y_2(n)$ 和 $y_3(n)$。

(1) 确定系统 L 能否是时不变的；

(2) 如果系统 L 的输入 $x(n)$ 是 $\delta(n)$，则系统的响应 $y(n)$ 是什么？

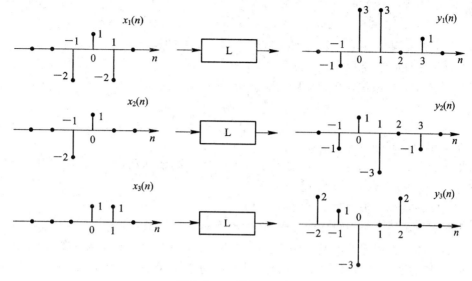

图 1.7-4 习题 1.15 图

1.16 对于下列每一个系统，判别它是否为：(a) 稳定系统；(b) 因果系统。

(1) $T[x(n)] = \sum_{k=n_0}^{n} x(k)$；

(2) $T[x(n)] = x(n-n_0)$；

(3) $T[x(n)] = e^{x(n)}$。

1.17 已知线性时不变系统的单位采样响应为

$$h(n) = \begin{cases} 1 & 0 \leqslant n \leqslant 6 \\ 0 & 其它 \end{cases}$$

输入序列为

$$x(n) = \begin{cases} a & 0 \leqslant n \leqslant 4 \\ 0 & 其它 \end{cases}$$

试求系统的输出 $y(n)$。

1.18 线性时不变系统的单位采样响应 $h(n)$ 和输入 $x(n)$ 分别有以下两种情况，分别求输出 $y(n)$。

(1) $h(n) = u(n)$，$x(n) = \delta(n) + 2\delta(n-1) + \delta(n-2)$；

(2) $h(n) = a^n u(n)$ ($0 < \alpha < 1$)，$x(n) = \beta^n u(n)$ ($0 < \beta < 1$)，$\alpha \neq \beta$。

1.19 已知

$$h(n) = \begin{cases} a^n & 0 \leqslant n < N \\ 0 & 其它 \end{cases}$$

$$x(n) = \begin{cases} \beta^{n-n_0} & n_0 \leqslant n \\ 0 & n < n_0 \end{cases}$$

试求 $y(n) = x(n) * h(n)$。

1.20 若 $h(n)$ 和 $x(n)$ 都是有限长序列，则响应 $y(n)$ 也必然是有限长序列。具体而言，若 $h(n)$ 和 $x(n)$ 的非零区间分别是 $N_0 \leqslant n \leqslant N_1$ 与 $N_2 \leqslant n \leqslant N_3$，则 $y(n)$ 必然对应着某个非零区间 $N_4 \leqslant n \leqslant N_5$。试用 N_0、N_1、N_2、N_3 表示 N_4 和 N_5。

1.21 已知某一线性时不变系统在输入为 $x(n) = -\delta(n) + \delta(n-1)$ 时的输出响应为

$$y(n) = \delta(n) + \delta(n-1) - \delta(n-2) - \delta(n-3)$$

求：(1) 系统对应输入序列 $x_2(n) = \delta(n) - \delta(n-5)$ 时的输出响应；

(2) 这个线性时不变系统的单位采样响应 $h(n)$。

1.22 已知 LSI 系统对单位阶跃的响应是

$$g(n) = n\left(\frac{1}{2}\right)^n u(n)$$

求该系统的单位采样响应 $h(n)$。

1.23 已知系统输入为 $x(n)$，输出为 $y(n)$，系统的输入输出关系由下列两个性质确定：① $y(n) - ay(n-1) = x(n)$；② $y(0) = 1$。

(1) 判断该系统是否为时不变的；

(2) 判断该系统是否为线性的；

(3) 假设差分方程保持不变，但规定 $y(0)$ 值为零，判断(1)和(2)的答案是否改变？

1.24 考虑如图 1.7-5 所示的三个 LSI 系统的互联，如果 $h_1(n) = u(n-2)$，$h_2(n) = nu(n)$，$h_3(n) = \delta(n-2)$，求出整个系统的单位采样响应。

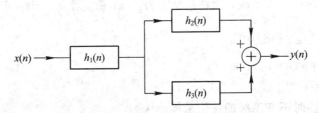

图 1.7-5 习题 1.24 图

1.25 列出图 1.7-6 所示系统的差分方程，并在初始条件 $y(-1) = 0$ 时求输入为 $x(n) = u(n)$ 时的输出序列 $y(n)$。

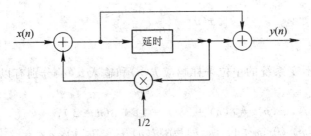

图 1.7-6 习题 1.25 图

1.8 MATLAB 应用

现在，大部分数字信号处理类的教材中都会涉及 MATLAB 软件，在信号处理方面，MATLAB 也已经成为国际信号处理界公认的数值计算和算法开发的标准平台。那么，什么是 MATLAB 软件呢？MATLAB 是"矩阵实验室(Matrix Laboratory)"的缩写，是美国 Mathworks 公司以矩阵运算为基础的、面向科学与工程中数值计算和绘图需求而开发的交互式程序语言。与其它计算机软件相比，这是一款其它语言无法比拟的、具有强大的计算功能且计算结果可视化的应用软件。除此以外，MATLAB 还有一个特点，它保留了科技专业人员的思维方式与书写习惯，用解释方式工作，键入程序可以立即得到结果。由于这些优点，MATLAB 的人机交互性非常好，又有一定的智能性，因而大大提高了编程与调试效率。

　　MATLAB 编程简单，并且本身自带了功能强大的工具箱，大部分数字信号处理的基本操作都可以通过直接调用函数来实现。因此，对初学者而言，MATLAB 软件非常容易上手，通过较短时间的自学，读者即可运用 MATLAB 软件，将信号处理的基本概念和方法转化为实际的代码，并通过具体的图形演示出来，在交互式的学习实践中提高对基本概念的理解。

　　然而，需要注意的是，虽然 MATLAB 是理解和应用数字信号处理的非常有效的工具，但如果有人据此产生"有了 MATLAB 再也无需深入了解基本的概念和方法"的观念，就可能走入歧途。一方面，如果没有对基本概念的理解和把握，使用 MATLAB 时可能会连参数是什么含义都会发生混淆；另一方面，如果没有对概念的理解和把握，更无法利用 MATLAB，尤其是其功能强大的工具箱来解决实际问题。总之，MATLAB 是一种工具，只有将基本概念的理解与 MATLAB 的实现联系起来，才能使得 MATLAB 在信号处理中真正发挥其强大的作用。

1.8.1　MATLAB 应用示例

1. 数字信号（序列）的图形表达

　　首先要注意的是，在 MATLAB 中，数字信号用有限维向量表示。也即，MATLAB 只能表达有限长度的序列。应用时还要注意的是，在 MATLAB 中，全部向量都是从 1 开始编号的。因此，如果这些编号与实际应用不能对应，则需创建另外一个标量向量以正确地与序列编号保持一致。例如，为了清楚地表示图 1.8-1 所示的$\{x(n)\}$，通常需要两个向量，其中一个向量 n 表示序列的位置，而另一个向量 x 表示序列值。图 1.8-1 中表示的序列可在 MATLAB 中通过如下程序产生：

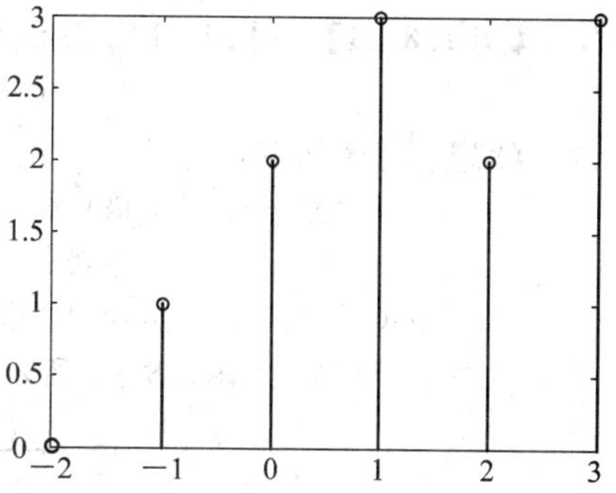

图 1.8-1　离散时间信号 $x(n)$ 波形

```
n=[-2, -1, 0, 1, 2, 3];
x=[0, 1, 2, 3, 2, 3];
stem(n, x);
```

　　在 MATLAB 中，1.3.1 节介绍过的常用数字序列大部分都可以通过调用 MATLAB 函数的方式在有限区间上得到表达。例如式(1.3-1)所示的单位采样信号 $\delta(n)$，在MATLAB 中，可以用 zeros(1, N)来产生一组由 N 个零组成的列向量。该函数可以在有限区间表示 $\delta(n)$，编程语言非常简单，直接调用即可：

```
delta=[1, zeros(1, N)]
```

　　若要表达 $\delta(n)$ 左移或右移 n_0 后在 $n_1 \leqslant n \leqslant n_2$ 范围内的信号：

$$\delta(n-n_0)=\begin{cases} 1 & n=n_0 \\ 0 & n\neq n_0 \end{cases}, \quad n_1\leqslant n\leqslant n_2$$

可用如下 MATLAB 函数：

```
function[x, n]=impseq(n0, n1, n2)
%Generates x(n)=delta(n−n0); n1<=n<=n2
%——————————————————————————————
%[x, n]=impseq(n0, n1, n2)
%
n=[n1: n2];
x=[(n−n0)==0];
```

同理，单位阶跃信号（序列）也可以用 ones(1，N)来产生一组由 N 个 1 组成的列向量。该函数可以实现有限区间的 $u(n)$，如：

```
u=[zeros(1, N), ones(1, M)]
```

对于在 $n_1 \leqslant n \leqslant n_2$ 区间内的位移后单位阶跃信号（序列）：

$$u(n-n_0) = \begin{cases} 1 & n \geqslant n_0 \\ 0 & n < n_0 \end{cases}$$

可用如下 MATLAB 函数产生：

```
function [x, n]=stepseq(n0, n1, n2)
%Generates x(n)=u(n−n0); n1<=n<=n2
%——————————————————————————————
%[x, n]=stepseq(n0, n1, n2)
%
n=[n1: n2]; x=[(n−n0)>=0];
```

【例 1.8 - 1】 用 MATLAB 编程产生并画出序列：

$$x(n) = (0.5)^n \qquad 0 \leqslant n \leqslant 10$$

【解】 程序如下：

```
n=[0: 10];        %横坐标
x=(0.5).^n;       %序列 x
stem(n, x);       %绘制波形
```

程序运行结果如图 1.8 - 2 所示。

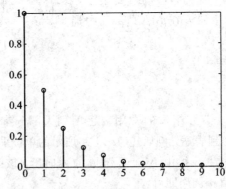

图 1.8 - 2 例 1.8 - 1 的波形

【例 1.8 - 2】 编写 MATLAB 程序产生序列：

$$x(n) = 2\delta(n+2) - \delta(n-4) \qquad -5 \leqslant n \leqslant 5$$

并画出该序列波形。

【解】 程序如下：

```
n＝[－5：5]；       %横坐标
x＝2*[zeros(1,3)，1，zeros(1,7)]－[zeros(1,9)，1，zeros(1,1)]；    %序列 x
stem(n，x)；%绘制波形
```

程序运行结果如图 1.8－3 所示。

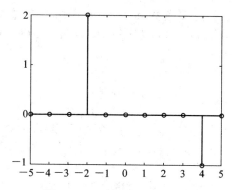

图 1.8－3　例 1.8－2 的波形

【例 1.8－3】　编写 MATLAB 程序产生序列：

$$x(n) = 2\sin(0.3\pi n + 0.2\pi) + 3\cos(0.6\pi n) \qquad 0 \leqslant n \leqslant 10$$

并画出该序列波形。

【解】　程序如下：

```
n1＝[0：10]；                            %横坐标间隔为1
n2＝[0：0.05：10]；                       %以 0.05 为间隔取横坐标
x1＝2*sin(0.3*pi*n1+0.2*pi)+3*cos(0.6*pi*n1)；     %序列 x1
x2＝2*sin(0.3*pi*n2+0.2*pi)+3*cos(0.6*pi*n2)；     %连续波形 x2
stem(n1，x1)；                          %绘制离散序列波形
hold on；
plot(n2，x2)；                          %绘制连续波形曲线
```

程序运行结果如图 1.8－4 所示。

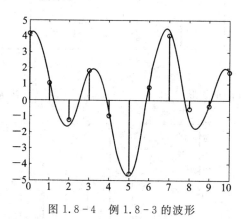

图 1.8－4　例 1.8－3 的波形

2. 信号通过 LSI 系统的时域分析：卷积和计算

在 MATLAB 中，如果要求解有限长数字信号 $x(n)$ 通过有限长单位采样响应 $h(n)$ 表征的 LSI 系统的响应 $y(n)=x(n)*h(n)$，只需调用 MATLAB 内部的 conv 函数求卷积和即可。

【例 1.8 - 4】 已知两个有限长序列：
$$x(n) = \delta(n) + 2\delta(n-1) + 3\delta(n-2) + 4\delta(n-3) + 5\delta(n-4)$$
$$h(n) = \delta(n) + 2\delta(n-1) + \delta(n-2) + 2\delta(n-3)$$
试用 MATLAB 分别画出序列图形并计算两个序列的线性卷积 $y(n) = x(n) * h(n)$。

【解】 MATLAB 提供了内部函数 conv 来实现两个有限长序列的卷积，因此此题 MATLAB 编程涉及产生序列 $x(n)$、$h(n)$ 及 $y(n) = x(n) * h(n)$。

程序如下：

```
n=[0:4];
x=[1,2,3,4,5];                %序列 x(n)
h=[1,2,1,2,0];                %序列 h(n)
y=conv(x,h);                  %由于两个序列起点一致，因此可直接调用内部函数
                               conv，对两个序列进行卷积

figure(1);                    %新建绘图窗口
stem(n,x);                    %绘制 x(n)的波形
xlabel('n');ylabel('x(n)')    %坐标轴设置
figure(2);                    %新建绘图窗口
stem(n,h);                    %绘制 h(n)的波形
xlabel('n');ylabel('h(n)')    %坐标轴设置
figure(3);                    %新建绘图窗口
stem(y);                      %绘制 y(n)的波形
xlabel('n');ylabel('y(n)')    %坐标轴设置
```

程序运行结果如图 1.8 - 5 所示。

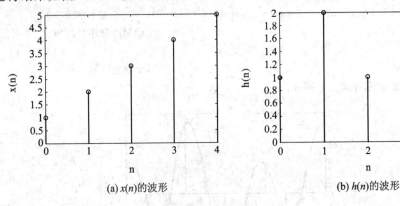

(a) $x(n)$的波形   (b) $h(n)$的波形

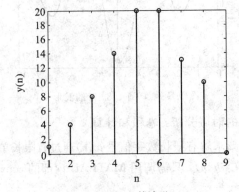

(c) $y(n)$的波形

图 1.8 - 5　例 1.8 - 4 的波形

例 1.8－4 中，参与卷积的 $x(n)$ 与 $h(n)$ 的 n 取值起点一致，得到的 $y(n)=x(n)*h(n)$ 的 n 起点也与 $x(n)$、$h(n)$ 的一致，因此可以直接调用 MATLAB 内部 conv 函数。但是，实际中，常常会遇到参与卷积的 $x(n)$ 与 $h(n)$ 的 n 取值起点不一致的情况，这时，就需要定义一个 $y(n)$ 的序列标号向量，以便确定 $y(n)=x(n)*h(n)$ 的起始点与结束点。在 MATLAB 中，这个自编的程序也可以作为一个定制的函数，进行两个具有不同起点信号的卷积和运算，供其它程序调用。

对于有限长序列 $x(n)$ 和 $h(n)$，设

$$\{x(n)：nxb \leqslant n \leqslant nxe\}, \{h(n)：nhb \leqslant n \leqslant nhe\}$$

则 $y(n)$ 的起始点和结束点分别为 nyb＝nxb＋nhb 和 nye＝nxe＋nhe，因此，需要定义 $y(n)$ 序列的标号向量：ny＝[nyb：nye]。

编写 conv_m() 函数完成上述两个任意位置的有限长序列的卷积：

```
function [y, ny]＝conv_m(x, nx, h, nh)
% Modified convolution result
% [y, ny]＝conv_m(x, nx, h, nh)
% [y, ny]＝convolution result，[x, nx]＝first signal，[h, nh]＝second signal
%
nyb＝nx(1)＋nh(1);
nye＝nx(length(x))＋nh(length(h));
ny＝[nyb：nye];
y＝conv(x, h);
```

3. 差分方程的求解

LSI 系统的输入与输出的关系除了可以用输入信号与单位采样响应卷积和表达外，还可以用式(1.6－3)所示的常系数差分方程(LCCDE)来表达。在 MATLAB 中，可用一个 filter 函数来求出给定输入和差分方程系数时的差分方程的数值解。对于式(1.6－3)表达的 LCCDE，函数调用的格式为

```
y＝filter(b, a, x)
```

其中，b，a 是由式(1.6－3)给出的差分方程(或系统函数)的系数组，b＝[b0, b1, b2, …, bM]，a＝[a0, a1, a2, …, aN]；x 是输入信号(序列)数组。

【例 1.8－5】　已知一个 LTI 离散时间系统可由差分方程描述：

$$y(n)-0.5y(n-1)=x(n)+0.5x(n-1)$$

编程求此系统的单位采样响应序列 $h(n)$，并画出其波形。

【解】　由单位采样响应的定义 $h(n)=T[\delta(n)]$ 知，当系统输入为单位采样序列 $\delta(n)$ 时，对应的系统输出 $y(n)=h(n)$ 即为该系统的单位采样响应。因此求解本题中系统单位脉冲响应序列可由如下程序实现：

```
b＝[1, 0.5];              %x 序列的系数
a＝[1, -0.5];             %y 序列的系数
x＝[1, zeros(1, 15)];     %x(n)表示长度为 16 的单位采样序列
h＝filter(b, a, x);       %调用 filter 函数计算出单位脉冲响应
n＝[0：15];
stem(n, h);              %绘制序列 h 的波形
```

xlabel($'n'$); ylabel($'h(n)'$);　　　％坐标轴设置

程序运行结果如图 1.8-6 所示。

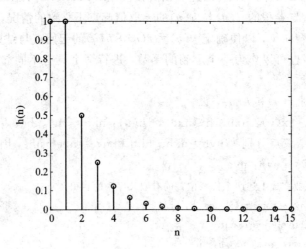

图 1.8-6　例 1.8-5 的波形

1.8.2　MATLAB 应用练习

1. 用 MATLAB 产生并画出如下序列：

(1) $x_1(n)=3\delta(n+3)+2\delta(n+1)+\delta(n-4)$, $-4\leqslant n\leqslant 4$；

(2) $x_2(n)=0.9^n\cos(2\pi n+0.3\pi)$, $0\leqslant n\leqslant 20$；

(3) $x_3(n)=R_{16}(n)$, $0\leqslant n\leqslant 20$；

(4) $x_4(n)=n[u(n)-u(n-10)]+10e^{-0.3(n-10)}[u(n)-u(n-10)]$, $0\leqslant n\leqslant 20$。

2. 已知某线性移不变(LSI)系统的单位采样响应 $h(n)=0.8^n\cdot u(n)$，系统的输入为 $x(n)=u(n)-u(n-10)$。求此 LSI 系统的输出 $y(n)$，并绘出 $x(n)$、$h(n)$ 和 $y(n)$ 的图形。

3. 已知一个 LTI 离散时间系统可由下列差分方程描述：

$$y(n)+0.75y(n-1)+0.125y(n-2)=x(n)-x(n-1)$$

(1) 试用 MATLAB 语言编程求该系统的单位采样响应序列，并画图。

(2) 若输入序列为 $x(n)=\delta(n)+2\delta(n-1)+3\delta(n-2)+4\delta(n-3)$，编程求此系统的输出序列 $y(n)$，并画出其波形。

4. 有一因果系统由下列差分方程定义：

$$y(n)=0.5x(n)-0.3x(n-1)$$

将正弦序列 $x(n)=\sin(2\pi n/9)u(n)$ 输入该系统，求系统的输出 $y(n)$ 前 30 个值 （$0\leqslant n\leqslant 29$），并画出 $x(n)$ 和 $y(n)$ 的图形。

第 2 章 傅 里 叶 分 析

本章要求：

1. 理解系统频率特性，系统频率响应和系统的正弦稳态响应概念。
2. 掌握信号通过线性移不变系统的频域分析方法。
3. 理解并基本掌握离散时间傅里叶变换的重要性质。

2.1 离散时间傅里叶变换与反变换

2.1.1 离散时间傅里叶变换（DTFT）

在连续时间信号与系统中，基于傅里叶分析的频域分析方法取得了极大的成功。在离散时间域中，也存在着类似的频域分析工具。

由于序列 $x(n)$ 定义于离散时间，其傅里叶变换需另行重新定义，并称之为离散时间傅里叶变换，简写为 DTFT(Discrete Time Fourier Transform)。

定义：序列 $x(n)$ 的 DTFT 定义为

$$X(\mathrm{e}^{\mathrm{j}\omega}) = \sum_{n=-\infty}^{\infty} x(n)\mathrm{e}^{-\mathrm{j}\omega n} \tag{2.1-1}$$

上式存在的条件是

$$\sum_{n=-\infty}^{\infty} |x(n)| < \infty \tag{2.1-2}$$

即 $x(n)$ 绝对可和。这也是 $x(n)$ 可进行变换的条件。

仿照连续时间域的提法，$X(\mathrm{e}^{\mathrm{j}\omega})$ 也常被称为是序列 $x(n)$ 的频谱。

从 DTFT 的定义首先可见，$X(\mathrm{e}^{\mathrm{j}\omega})$ 是一个自变量为 ω 的复函数，这与连续时间域内的傅里叶变换相同；但对定义做进一步分析可见，定义式中的 $\mathrm{e}^{-\mathrm{j}\omega n}$ 项是一个以 $\omega = 2\pi$ 为周期的周期函数，也即有 $\mathrm{e}^{-\mathrm{j}\omega n} = \mathrm{e}^{-\mathrm{j}(\omega+2\pi)n}$，因此 $X(\mathrm{e}^{\mathrm{j}\omega})$ 本身也是一个以 $\omega=2\pi$ 为周期的周期函数，从而只需在一个周期内了解 $X(\mathrm{e}^{\mathrm{j}\omega})$ 就已足够，这一点是与模拟域内的傅里叶变换完全不同的。通常，此周期取为 $[-\pi, \pi]$ 或 $[0, 2\pi]$。

为说明定义的合理性，或者更确切地说，为了说明 DTFT 的含义和意义，考察 $x(t)$ 的采样数据信号 $x_s(t) = \sum_{n=-\infty}^{+\infty} x(nT)\delta(t-nT)$ 的傅里叶变换 $X_s(\mathrm{j}\Omega)$。

根据模拟域内傅里叶变换的定义并利用 δ 函数的性质，可以得到 $x_s(t)$ 的傅里叶变换为

$$X_s(\mathrm{j}\Omega) = \sum_{n=-\infty}^{+\infty} x(nT)\mathrm{e}^{-\mathrm{j}n\Omega t} \tag{2.1-3}$$

在上式中将模拟域频率 Ω 关于采样率 f_s 归一化，也即令 $\Omega t=\omega$，将 Ω 转换为数字频率 ω，然后比较式(2.1-3)与式(2.1-1)，并注意到 $x(n)=x(t)\big|_{t=nT}$，即可看出

$$X(\mathrm{e}^{\mathrm{j}\omega}) = X_\mathrm{s}(\mathrm{j}\Omega)\big|_{\Omega=\frac{\omega}{T}} = \frac{1}{T}\sum_{k=-\infty}^{+\infty}X\left(\mathrm{j}\Omega+\mathrm{j}k\frac{2\pi}{T}\right)\Big|_{\Omega=\frac{\omega}{T}} \qquad (2.1-4)$$

式(2.1-4)表明，$X(\mathrm{e}^{\mathrm{j}\omega})$实际上源自于模拟信号$x(t)$的采样数据信号$x_\mathrm{s}(t)$的傅里叶变换。因此只要采样数据信号$x_\mathrm{s}(t)$的傅里叶变换$X_\mathrm{s}(\mathrm{j}\Omega)$中包含了$x(t)$的傅里叶变换$X(\mathrm{j}\Omega)$的正确信息，$X(\mathrm{e}^{\mathrm{j}\omega})$也就同样包含了$x(t)$的傅里叶变换$X(\mathrm{j}\Omega)$的正确信息。图 2.1-1 在$x(t)$为带限信号并且采样率足够高的条件下示意地画出了$X(\mathrm{j}\Omega)$、$X_\mathrm{s}(\mathrm{j}\Omega)$和$X(\mathrm{e}^{\mathrm{j}\omega})$。

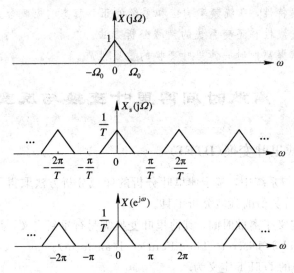

图 2.1-1　$X(\mathrm{j}\Omega)$、$X_\mathrm{s}(\mathrm{j}\Omega)$和$X(\mathrm{e}^{\mathrm{j}\omega})$的示意图

图 2.1-1 证实了$X(\mathrm{e}^{\mathrm{j}\omega})$是个自变量为$\omega$且以$2\pi$为周期的连续函数。由图并可进一步看出，在采样率大于等于奈奎斯特率时，将不会发生频谱混叠。因此，只要$x(t)$是带限信号并且采样率足够高，则经采样得到的样本序列$x(n)$的频谱$X(\mathrm{e}^{\mathrm{j}\omega})$在其周期$[-\pi,\pi]$内或$[0,2\pi]$内就已经完整地表达了连续时间信号$x(t)$的频谱结构。这样，对$x(t)$的时域或频域处理就可通过对$x(n)$进行处理得以实现。

$X(\mathrm{e}^{\mathrm{j}\omega})$是个复数，可以类似于模拟域内的傅里叶变换写成

$$X(\mathrm{e}^{\mathrm{j}\omega}) = |X(\mathrm{e}^{\mathrm{j}\omega})|\mathrm{e}^{\mathrm{j}\arg[X(\mathrm{e}^{\mathrm{j}\omega})]} = \mathrm{Re}[X(\mathrm{e}^{\mathrm{j}\omega})] + \mathrm{j}\mathrm{Im}[X(\mathrm{e}^{\mathrm{j}\omega})]$$

$X(\mathrm{e}^{\mathrm{j}\omega})$的各种性质，均类似于模拟域内的傅里叶变换，这里暂不介绍，随后会陆续展开，而在本章的最后部分将会进行全面介绍。

2.1.2　离散时间傅里叶反变换(IDTFT)

反变换 IDTFT 的表达式为

$$x(n) = \frac{1}{2\pi}\int_{-\pi}^{\pi}X(\mathrm{e}^{\mathrm{j}\omega})\mathrm{e}^{\mathrm{j}\omega n}\mathrm{d}\omega \qquad (2.1-5)$$

类似于模拟域，此反变换表达式很容易验证。读者可将$X(\mathrm{e}^{\mathrm{j}\omega})$的定义式代入上式自行验证。重要的是理解其物理意义：$x(n)$被分解为频率位于$[-\pi,\pi]$区间上的复正弦序列$\mathrm{e}^{\mathrm{j}\omega n}$的线性组合，相应的权重为$X(\mathrm{e}^{\mathrm{j}\omega})$。

需要提醒读者的是，反变换表达式中的积分限是$\pm\pi$，而不是$\pm\infty$。从数学角度而言，式(2.1-5)中的被积函数$X(\mathrm{e}^{\mathrm{j}\omega})\mathrm{e}^{\mathrm{j}\omega n}$是周期函数，积分区间为无穷大时是不可积的。

【例 2.1-1】　若 $X(e^{j\omega}) = \begin{cases} 1 & |\omega| \leqslant \omega_c \\ 0 & \pi > |\omega| > \omega_c \end{cases}$，求 $x(n)$。

【解】　利用 IDTFT 公式，可得

$$x(n) = \frac{1}{2\pi} \int_{-\omega_c}^{\omega_c} e^{j\omega n} d\omega = \frac{1}{\pi} \int_0^{\omega_c} \cos(\omega n) d\omega = \frac{\sin(\omega_c n)}{\pi n}$$

此例中 $x(n)$ 不满足绝对可积条件，因为

$$\sum_{n=-\infty}^{+\infty} \left| \frac{\sin(\omega_c n)}{\pi n} \right| = +\infty$$

但 $x(n)$ 是一个能量有限信号，即

$$\sum_{n=-\infty}^{+\infty} \left(\frac{\sin(\omega_c n)}{\pi n} \right)^2 < +\infty$$

因此，工程应用中仍将序列 $\frac{\sin(\omega_c n)}{\pi n}$ 视为是个可进行傅里叶变换的信号。

【例 2.1-2】　求信号 $\delta(n)$ 和 $\delta(n - n_0)$ 的 DTFT。

【解】
$$\delta(n) \leftrightarrow \sum_{n=-\infty}^{+\infty} \delta(n) e^{-j\omega n} = 1$$

$$\delta(n - n_0) \leftrightarrow \sum_{n=-\infty}^{+\infty} \delta(n - n_0) e^{-j\omega n} = e^{-j\omega n_0}$$

【例 2.1-3】　用 IDTFT 验证下列两对变换式，并说明其物理意义。

(1) $1 \leftrightarrow 2\pi\delta(\omega)$；(2) $e^{j\omega_0 n} \leftrightarrow 2\pi\delta(\omega - \omega_0)$

【解】　(1) 对变换式右边用 IDTFT 公式，得

$$\frac{1}{2\pi} \int_{-\pi}^{\pi} 2\pi\delta(\omega) e^{j\omega n} d\omega = 1$$

这就验证了

$$1 \leftrightarrow 2\pi\delta(\omega)$$

其物理意义是：直流分量的频谱集中于 $\omega = 0$。

(2) 类似于(1)，将 IDTFT 公式运用于变换对的右边得到

$$\frac{1}{2\pi} \int_{-\pi}^{\pi} 2\pi\delta(\omega - \omega_0) e^{j\omega n} d\omega = e^{j\omega_0 n}$$

其物理意义是：单频复正弦序列的频谱能量集中于 $\omega = \omega_0$ 处。

【例 2.1-4】　求下列序列的 DTFT：

(1) $x(n) = a^n u(n)$　$|a| < 1$；

(2) $\cos(\omega_0 n)$。

【解】　(1)
$$x(n) = a^n u(n)$$

$$|a| < 1 \leftrightarrow \sum_{n=-\infty}^{+\infty} a^n u(n) e^{-j\omega n} = \sum_{n=0}^{+\infty} a^n e^{-j\omega n} = \frac{1}{1 - a e^{-j\omega}}$$

(2) 利用欧拉公式 $\cos(\omega_0 n) = \frac{1}{2}(e^{j\omega_0 n} + e^{-j\omega_0 n})$，再利用(1)的结果，可得

$$\cos(\omega_0 n) = \frac{1}{2}(e^{j\omega_0 n} + e^{-j\omega_0 n}) \leftrightarrow \frac{1}{2}[2\pi\delta(\omega - \omega_0) + 2\pi(\omega + \omega_0)]$$

$$= \pi\delta(\omega - \omega_0) + \pi\delta(\omega + \omega_0)$$

上式说明，单频实正弦序列 $\cos(\omega_0 n)$ 的频谱能量集中于 $\omega = \pm\omega_0$ 处。注意负频率"$-\omega_0$"

是名义上的而非实际存在的，这跟模拟信号中的情况类似。

表 2.1-1 总结了一些常用的 DTFT 对。

表 2.1-1 常用序列的离散傅里叶变换

序列 $x(n)$	序列的离散傅里叶变换 $X(e^{j\omega})$
$\delta(n)$	1
$\delta(n-n_0)$	$e^{-j\omega n_0}$
1	$2\pi\delta(\omega)$
$e^{j\omega_0 n}$	$2\pi\delta(\omega-\omega_0)$
$a^n u(n),\ |a|<1$	$\dfrac{1}{1-ae^{-j\omega}}$
$-a^n u(-n-1),\ |a|>1$	$\dfrac{1}{1-ae^{-j\omega}}$
$(n+1)a^n u(n),\ |a|<1$	$\dfrac{1}{(1-ae^{-j\omega})^2}$
$\cos(\omega_0 n)$	$\pi\delta(\omega+\omega_0)+\pi\delta(\omega-\omega_0)$
$\dfrac{\sin(\omega_c n)}{\pi n}$	$X(e^{j\omega})=\begin{cases}1 & |\omega|\leqslant\omega_c\\0 & \pi>|\omega|>\omega_c\end{cases}$
$R_N(n)=\begin{cases}1 & 0\leqslant n\leqslant N-1\\0 & 其它\end{cases}$	$\dfrac{\sin(\omega N/2)}{\sin(\omega/2)}e^{-j\omega\frac{N-1}{2}}$

2.2　系统频率特性

2.2.1　单频复正弦信号通过 LSI 系统

系统频率特性概念也完全类似于连续时间域，用于表征信号通过系统时系统对输入信号所产生的作用。

对于单频复正弦信号 $x(n)=e^{j\omega n}(-\infty<n<+\infty)$，系统输出为 $e^{j\omega n}$ 与 $h(n)$ 的卷积和，即

$$y(n)=x(n)*h(n)=e^{j\omega n}*h(n)$$
$$=\sum_{k=-\infty}^{+\infty}h(k)e^{j\omega(n-k)}=e^{j\omega n}\sum_{k=-\infty}^{+\infty}h(k)e^{-j\omega k}\qquad -\infty<n<\infty \qquad(2.2-1)$$

这是一个与输入序列同频的复正弦序列。由于 $\sum_{k=-\infty}^{+\infty}h(k)e^{-j\omega k}$ 是一个复函数，故上式表明，系统会使输入 $x(n)=e^{j\omega n}$ 在幅度和相位上都产生变化。显然，随着输入复正弦序列频率的不同，系统对其所产生的作用也将随之不同。

2.2.2　LSI 系统的频率特性

式(2.2-1)表明，系统对频率等于 ω 的复正弦序列的作用是使其幅度和相位都发生了改变。由于任意一个存在 DTFT 的序列经 DTFT 变换后都被分解成了频率位于 $[-\pi,\pi]$ 内

的复正弦序列的线性组合，因此，此式中的 $\sum\limits_{k=-\infty}^{+\infty} h(k)\mathrm{e}^{-\mathrm{j}\omega k}$ 可用于表征系统对输入序列所含各个频率分量的作用。由此得到了系统频率特性的定义。

定义 系统频率特性为

$$H(\mathrm{e}^{\mathrm{j}\omega}) = \sum_{n=-\infty}^{\infty} h(n)\mathrm{e}^{-\mathrm{j}\omega n} \tag{2.2-2}$$

$H(\mathrm{e}^{\mathrm{j}\omega})$ 可进一步写为

$$H(\mathrm{e}^{\mathrm{j}\omega}) = |H(\mathrm{e}^{\mathrm{j}\omega})| \mathrm{e}^{\mathrm{jarg}[H(\mathrm{e}^{\mathrm{j}\omega})]} \tag{2.2-3}$$

其中，$|H(\mathrm{e}^{\mathrm{j}\omega})|$ 称为系统的幅度特性，$\arg[H(\mathrm{e}^{\mathrm{j}\omega})]$ 称为系统的相位特性。这样，序列通过系统 $h(n)$ 后，在系统的作用下，序列中的各个频率分量随其频率的不同，幅度将变化 $|H(\mathrm{e}^{\mathrm{j}\omega})|$ 倍，相位将变化 $\arg[H(\mathrm{e}^{\mathrm{j}\omega})]$。由于这一原因，$H(\mathrm{e}^{\mathrm{j}\omega})$ 也称为系统的频率响应。而式(2.2-1)所反映的则是，在系统输入为单频复正弦序列时，系统输出是一同频的但幅度与相位均发生了变化的复正弦序列，而这些变化随输入信号频率的不同通过 $H(\mathrm{e}^{\mathrm{j}\omega})$ 体现。因此，$H(\mathrm{e}^{\mathrm{j}\omega})$ 也被称为系统的正弦稳态响应。对初学者而言，"系统频率特性"、"系统频率响应"和"系统的正弦稳态响应"这几个名词的意义的理解十分重要，请务必领会！

由式(2.2-2)可知，系统频率特性 $H(\mathrm{e}^{\mathrm{j}\omega})$ 实际上就是系统单位采样响应 $h(n)$ 的 DTFT。因此，对于稳定的系统，其频率特性必定存在，必有意义。

$H(\mathrm{e}^{\mathrm{j}\omega})$ 具有如下重要性质：

(1) 周期性。$H(\mathrm{e}^{\mathrm{j}\omega})$ 是频率 ω 的周期函数，周期为 2π。即

$$H(\mathrm{e}^{\mathrm{j}\omega}) = \sum_{n=-\infty}^{\infty} h(n)\mathrm{e}^{-\mathrm{j}(\omega+2k\pi)n}$$

其中，k 为整数。由于 $H(\mathrm{e}^{\mathrm{j}\omega})$ 的周期性，只需考察其在区间 $[-\pi,\pi]$ 或 $[0,2\pi]$ 范围内的情况即可。

(2) 对称性。实际应用情况下，LSI 系统的 $h(n)$ 通常是实值序列，根据定义可知，$H(\mathrm{e}^{\mathrm{j}\omega})$ 此时是共轭对称的，也即有

$$H(\mathrm{e}^{-\mathrm{j}\omega}) = H^*(\mathrm{e}^{\mathrm{j}\omega})$$

因此，在 $[-\pi,\pi]$ 上，$|H(\mathrm{e}^{\mathrm{j}\omega})|$ 及 $\mathrm{Re}[H(\mathrm{e}^{\mathrm{j}\omega})]$ 关于 $\omega=0$ 偶对称，即

$$|H(\mathrm{e}^{\mathrm{j}\omega})| = |H(\mathrm{e}^{-\mathrm{j}\omega})|, \ \mathrm{Re}[H(\mathrm{e}^{\mathrm{j}\omega})] = \mathrm{Re}[H(\mathrm{e}^{-\mathrm{j}\omega})]$$

而 $\arg[H(\mathrm{e}^{\mathrm{j}\omega})]$ 及 $\mathrm{Im}[H(\mathrm{e}^{\mathrm{j}\omega})]$ 关于 $\omega=0$ 奇对称，即

$$\arg[H(\mathrm{e}^{\mathrm{j}\omega})] = -\arg[H(\mathrm{e}^{-\mathrm{j}\omega})], \ \mathrm{Im}[H(\mathrm{e}^{\mathrm{j}\omega})] = -\mathrm{Im}[H(\mathrm{e}^{-\mathrm{j}\omega})]$$

以上这些对称性质虽然是就实系统的频率特性 $H(\mathrm{e}^{\mathrm{j}\omega})$ 引入的，但其也适用于任意实序列的离散时间傅里叶变换。

注意，对于复序列，上述对称性质不成立。

【例 2.2-1】 求 LSI 系统 $h(n) = a^n u(n)(|a|<1)$ 的频率特性。

【解】 根据定义，有

$$H(\mathrm{e}^{\mathrm{j}\omega}) = \frac{1}{1 - a\mathrm{e}^{-\mathrm{j}\omega}}$$

其幅频特性为

$$|H(\mathrm{e}^{\mathrm{j}\omega})| = \frac{1}{\sqrt{1 + a^2 - 2a\cos\omega}}$$

相频特性为

$$\arg[H(e^{j\omega})] = -\arctan\left(\frac{a\sin\omega}{a\cos\omega - 1}\right)$$

图 2.2-1 绘出了 $a > 0$ 情况下的 $|H(e^{j\omega})|$ 与 $\arg[H(e^{j\omega})]$。

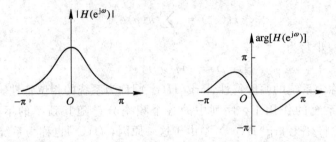

图 2.2-1 $a > 0$ 情况下的 $|H(e^{j\omega})|$ 与 $\arg[H(e^{j\omega})]$

由图中 $|H(e^{j\omega})|$ 可见，$a > 0$ 时，此系统对频率低的信号具有很好的通导能力，而对高频信号则不能很好地传输。通常称此类系统具有低通特性。

【例 2.2-2】 求单位采样响应如下式所示系统的频率特性：

$$h(n) = R_N(n) = \begin{cases} 1 & 0 \leqslant n \leqslant N-1 \\ 0 & \text{其它} \end{cases}$$

【解】 $H_R(e^{j\omega}) = \sum_{n=0}^{N-1} e^{-j\omega n} = \frac{1 - e^{-j\omega N}}{1 - e^{-j\omega}} = \frac{e^{-j\frac{\omega N}{2}}(e^{j\frac{\omega N}{2}} - e^{-j\frac{\omega N}{2}})}{e^{-j\frac{\omega}{2}}(e^{j\frac{\omega}{2}} - e^{-j\frac{\omega}{2}})} = \frac{\sin\left(\frac{\omega N}{2}\right)}{\sin\left(\frac{\omega}{2}\right)} e^{-j\omega\frac{N-1}{2}}$

设 $N = 4$，也即 N 为偶数，可绘出系统频率特性的幅度与相位如图 2.2-2 所示。

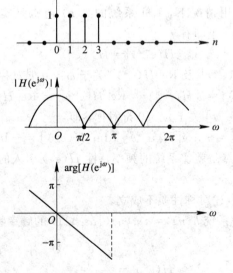

图 2.2-2 矩形窗函数的频率特性

对于 N 为奇数的情况，留待读者自行练习求解。

【例 2.2-3】 梳状滤波器的数字系统结构如图 2.2-3 所示，图中 z^{-N} 是 N 个单位延迟器 z^{-1} 的级联。求系统的频率特性，并绘出系统的幅频特性。

【解】　根据图 2.2 - 3 的系统结构，可以求得系统的 $h(n)$ 为

$$h(n) = \delta(n) - \delta(n - N)$$

所以，系统的频率特性为

$$H(\mathrm{e}^{\mathrm{j}\omega}) = 1 - \mathrm{e}^{-\mathrm{j}\omega N} = \mathrm{e}^{-\mathrm{j}\frac{\omega N}{2}} \cdot 2\mathrm{j}\sin\left(\frac{\omega N}{2}\right)$$

因此

$$\left| H(\mathrm{e}^{\mathrm{j}\omega}) \right| = \left| \sin\left(\frac{\omega N}{2}\right) \right|$$

图 2.2 - 4 绘出了 $N = 8$ 时的梳状滤波器的幅频特性图。

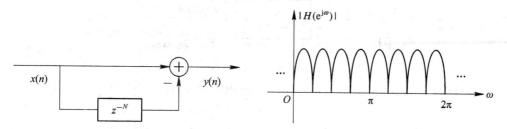

图 2.2 - 3　梳状滤波器的数字系统结构　　　图 2.2 - 4　$N = 8$ 的梳状滤波器的幅频特性

对于 N 为奇数的情况，也请读者自行练习求解。

【例 2.2 - 4】　已知 LCCDE 系统由

$$y(n) = x(n) + 2r\cos\omega_0 \cdot y(n-1) - r^2 y(n-2)$$

描述，求其频率特性。

【解】　图 2.2 - 5 示出了单频复正弦信号 $x(n) = \mathrm{e}^{\mathrm{j}\omega n}$ 通过 LSI 系统的情况。

此前已经知道，对于单频复正弦序列，系统输出就是系统频率特性与输入信号的乘积，即

$$y(n) = H(\mathrm{e}^{\mathrm{j}\omega}) \mathrm{e}^{\mathrm{j}\omega n}$$

因此有

$$H(\mathrm{e}^{\mathrm{j}\omega}) = \frac{y(n)}{x(n)} \Bigg|_{x(n) = \mathrm{e}^{\mathrm{j}\omega n}}$$

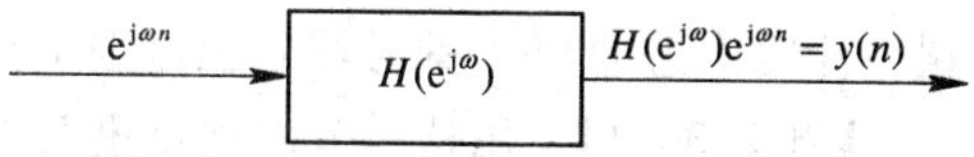

$$\mathrm{e}^{\mathrm{j}\omega n} \longrightarrow \boxed{H(\mathrm{e}^{\mathrm{j}\omega})} \longrightarrow H(\mathrm{e}^{\mathrm{j}\omega})\mathrm{e}^{\mathrm{j}\omega n} = y(n)$$

图 2.2 - 5　复正弦信号通过 $h(n)$ 系统

注意，上两个式子仅对 $x(n) = \mathrm{e}^{\mathrm{j}\omega n}$ 成立！这是初学者极容易犯错的地方。

令 LCCDE 系统中的 $x(n) = \mathrm{e}^{\mathrm{j}\omega n}$，则差分方程中的 $y(n) = \mathrm{e}^{\mathrm{j}\omega n} \cdot H(\mathrm{e}^{\mathrm{j}\omega})$，而 $y(n-1)$ 和 $y(n-2)$ 就是 $y(n)$ 延迟的结果，如图 2.2 - 6 所示，其中 z^{-1} 是单位延迟器。

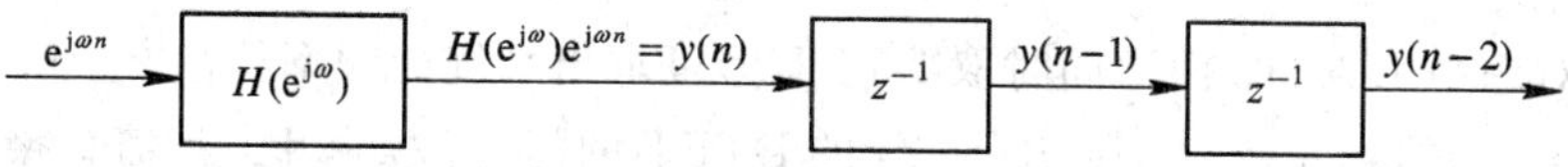

$$\mathrm{e}^{\mathrm{j}\omega n} \longrightarrow \boxed{H(\mathrm{e}^{\mathrm{j}\omega})} \xrightarrow{H(\mathrm{e}^{\mathrm{j}\omega})\mathrm{e}^{\mathrm{j}\omega n} = y(n)} \boxed{z^{-1}} \xrightarrow{y(n-1)} \boxed{z^{-1}} \xrightarrow{y(n-2)}$$

图 2.2 - 6　$y(n)$、$y(n-1)$、$y(n-2)$ 的关系示意图

于是，在 $x(n) = \mathrm{e}^{\mathrm{j}\omega n}$ 的情况下，$y(n) = \mathrm{e}^{\mathrm{j}\omega n} \cdot H(\mathrm{e}^{\mathrm{j}\omega})$，$y(n-1) = \mathrm{e}^{\mathrm{j}\omega(n-1)} \cdot H(\mathrm{e}^{\mathrm{j}\omega})$，$y(n-2) = \mathrm{e}^{\mathrm{j}\omega(n-2)} \cdot H(\mathrm{e}^{\mathrm{j}\omega})$，代入 LCCDE 可得

$$H(\mathrm{e}^{\mathrm{j}\omega})\mathrm{e}^{\mathrm{j}\omega n} = \mathrm{e}^{\mathrm{j}\omega n} + 2r\cos\omega_0 \cdot H(\mathrm{e}^{\mathrm{j}\omega})\mathrm{e}^{\mathrm{j}\omega(n-1)} - r^2 H(\mathrm{e}^{\mathrm{j}\omega})\mathrm{e}^{\mathrm{j}\omega(n-2)}$$

因此

$$H(\mathrm{e}^{\mathrm{j}\omega}) = \frac{1}{1 - 2r\cos\omega_0 \mathrm{e}^{-\mathrm{j}\omega} + r^2 \mathrm{e}^{-\mathrm{j}2\omega}}$$

此例中，根据系统频率特性就是系统的正弦稳态响应这一性质，用时域分析的方法求出了系统频率特性。

2.3 信号通过 LSI 系统的频域分析

系统频率特性从频域角度全面表征了系统对输入序列的作用，因此，系统现在已可用 $H(e^{j\omega})$ 来表示。利用 LSI 系统的线性特性，可以很容易地得到任意可傅里叶变换的序列 $x(n)$ 通过系统后的输出。图 2.3-1 给出了图解分析。

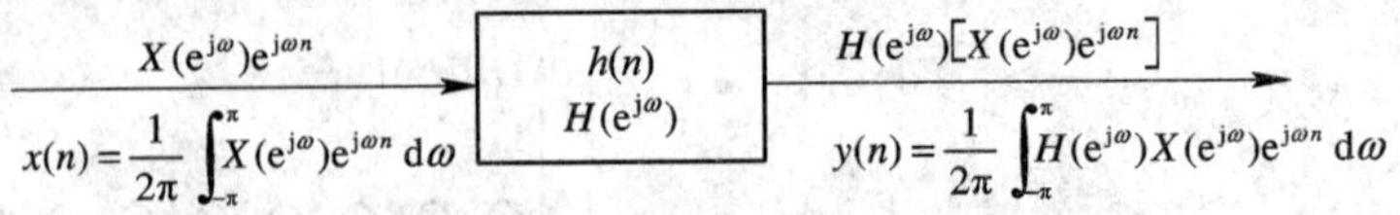

$$\xrightarrow{X(e^{j\omega})e^{j\omega n}} \boxed{\begin{array}{c} h(n) \\ H(e^{j\omega}) \end{array}} \xrightarrow{H(e^{j\omega})[X(e^{j\omega})e^{j\omega n}]}$$

$$x(n) = \frac{1}{2\pi}\int_{-\pi}^{\pi} X(e^{j\omega})e^{j\omega n}\,d\omega \qquad\qquad y(n) = \frac{1}{2\pi}\int_{-\pi}^{\pi} H(e^{j\omega})X(e^{j\omega})e^{j\omega n}\,d\omega$$

图 2.3-1 离散时间信号通过 LSI 系统的频域分析

根据 IDTFT 的定义，由图 2.3-1 可知，输出序列 $y(n)$ 的 DTFT 为

$$Y(e^{j\omega}) = X(e^{j\omega})H(e^{j\omega}) \tag{2.3-1}$$

也即，离散时间序列在经过 LSI 系统后，其频谱结构将在系统频率特性的作用下发生改变。因此，从傅里叶分析出发，就可根据应用需求形成对系统频率特性的指标要求，进而使用系统设计工具设计出符合频域性能指标要求的数字系统，实现信号的数字处理。

图 2.3-1 给出的是信号 $x(n)$ 通过系统 $h(n)$ 的频域分析，而在时域内有

$$y(n) = x(n) * h(n)$$

因此下列关系成立：

$$x(n) * h(n) \leftrightarrow X(e^{j\omega}) \cdot H(e^{j\omega}) \tag{2.3-2}$$

把式 (2.3-2) 的结果推广到任意两个可 DTFT 的信号 $x_1(n)$ 和 $x_2(n)$，得到

$$x_1(n) * x_2(n) \leftrightarrow X_1(e^{j\omega}) \cdot X_2(e^{j\omega})$$

这一性质称为 DTFT 的时域卷积定理。

【例 2.3-1】 用这一节的观点重新求解例 2.2-4。也即求解由 LCCDE：

$$y(n) = x(n) + 2r\cos\omega_0 \cdot y(n-1) - r^2 y(n-2)$$

所描述系统的频率特性。

【解】 利用式 (2.3-1) 可得

$$H(e^{j\omega}) = \frac{Y(e^{j\omega})}{X(e^{j\omega})}$$

因此，只需对题中 LCCDE 两边同时取 DTFT 即可求出系统的频率特性。

这里遇到了求取 $y(n-1)$ 和 $y(n-2)$ 的 DTFT 的问题。实际上，只需直接从 DTFT 的定义出发即可解决这个问题。

由定义

$$y(n) \leftrightarrow \sum_{n=-\infty}^{\infty} y(n)e^{-j\omega n} = Y(e^{j\omega})$$

则

$$y(n-1) \leftrightarrow \sum_{n=-\infty}^{\infty} y(n-1)e^{-j\omega n} = \sum_{m=-\infty}^{\infty} y(m)e^{-j\omega(m+1)} = e^{-j\omega}\sum_{m=-\infty}^{\infty} y(m)e^{-j\omega m} = e^{-j\omega}Y(e^{j\omega})$$

同理

$$y(n-2) \leftrightarrow \sum_{n=-\infty}^{\infty} y(n-2) e^{-j\omega n} = \sum_{m=-\infty}^{\infty} y(m) e^{-j\omega(m+2)}$$

$$= e^{-j2\omega} \sum_{m=-\infty}^{\infty} y(m) e^{-j\omega m} = e^{-j2\omega} Y(e^{j\omega})$$

推论：

$$y(n-k) \leftrightarrow e^{-jk\omega} Y(e^{j\omega})$$

上式被称为 DTFT 的延迟（移位）特性。式中，$e^{-jk\omega}$ 的含义是指当序列移位了 K 个时间单位（即原始信号延迟了 KT 秒）时，构成此序列的所有正弦分量的相位随其频率 ω 的不同，分别延迟了 $-k\omega$。

利用 DTFT 延迟特性，对此例 LCCDE 两边同时取 DTFT 得

$$Y(e^{j\omega}) = X(e^{j\omega}) + 2r\cos\omega_0 \cdot e^{-j\omega} Y(e^{j\omega}) - r^2 e^{-j2\omega} Y(e^{j\omega})$$

整理后得到

$$H(e^{j\omega}) = \frac{1}{1 - 2r\cos\omega_0 e^{-j\omega} + r^2 e^{-j2\omega}}$$

所得结果与例 2.2-4 所得一致，但解题的思路与出发点不同。例 2.2-4 采用的是时域分析方法，而这里采用了频域分析方法，并可推广至任何用差分方程描述的系统。

【例 2.3-2】　设频率为 $\frac{\pi}{2}$ 的数字载波信号被噪声玷污，现用下面的简单系统：

$$y(n) = x(n) + ay(n-2) \quad |a| < 1$$

去除部分噪声，以使数字载波信号得到增强，其中

$$x(n) = \cos\left(\frac{\pi}{2}n\right) + w(n)$$

式中，$\cos\left(\frac{\pi}{2}n\right)$ 为载波；$w(n)$ 为噪声，其能量均匀分布于 $(-\pi, \pi)$ 频率范围内。求系统差分方程中 a 的取值范围。

【解】　数字载波信号的 DTFT 为

$$\cos\left(\frac{\pi}{2}n\right) \leftrightarrow \pi\delta\left(\omega - \frac{\pi}{2}\right) + \pi\delta\left(\omega + \frac{\pi}{2}\right)$$

频谱如图 2.3-2 所示。

根据要求，系统的 $|H(e^{j\omega})|$ 应在 $\omega = \frac{\pi}{2}$ 时取得最大值，且不应引进相移。也即应有

$$|H(e^{j\omega})|_{\max} = |H(e^{j\omega})|\big|_{\omega=\frac{\pi}{2}}$$

$$\arg[H(e^{j\frac{\pi}{2}})] = 0$$

系统的频率特性可求得为

$$H(e^{j\omega}) = \frac{1}{1 - ae^{-j2\omega}}$$

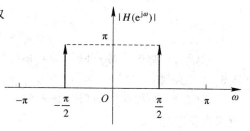

图 2.3-2　$\cos\left(\frac{\pi}{2}n\right)$ 的频谱

因此

$$H(\mathrm{e}^{\mathrm{j}\omega})\big|_{\omega=\frac{\pi}{2}} = \frac{1}{1-a\mathrm{e}^{-\mathrm{j}\pi}} = \frac{1}{1+a}$$

由题给出的条件知 $|a| < 1$，为使上式右端取最大值，a 的取值范围应为 $-1 < a < 0$。事实上

$$|H(\mathrm{e}^{\mathrm{j}\omega})| = \frac{1}{\sqrt{1 - 2a\cos(2\omega) + a^2}}$$

$$= \begin{cases} \dfrac{1}{1-a} & \omega = 0,\ \pi \\[2mm] \dfrac{1}{1+a} & \omega = \dfrac{\pi}{2} \end{cases}$$

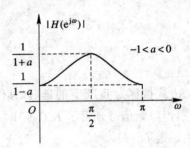

图 2.3 - 3 示出了 $-1 < a < 0$ 时的 $|H(\mathrm{e}^{\mathrm{j}\omega})|$，由图可见，此系统在取 $-1 < a < 0$ 时，可以滤除部分均匀分布于 $(-\pi, \pi)$ 的噪声而使数字载波信号得到增强。

图 2.3 - 3 $-1 < a < 0$ 时系统
幅频特性示意图

2.4 离散时间傅里叶变换的重要性质

我们在前面的例题中已经接触了 DTFT 的一些常用的重要性质，如周期性、对称性和延迟特性：

$$x(n - n_0) \leftrightarrow \mathrm{e}^{-\mathrm{j}\omega n_0} X(\mathrm{e}^{\mathrm{j}\omega})$$

以及时域卷积定理：

$$x(n) * y(n) \leftrightarrow X(\mathrm{e}^{\mathrm{j}\omega}) \cdot Y(\mathrm{e}^{\mathrm{j}\omega})$$

本节对 DTFT 的另外一些重要性质进行说明。

2.4.1 线性性、时移与频移性质

1. 线性性

设 $x_1(n) \leftrightarrow X_1(\mathrm{e}^{\mathrm{j}\omega})$，$x_2(n) \leftrightarrow X_2(\mathrm{e}^{\mathrm{j}\omega})$，则对于常数 a, b 有

$$ax_1(n) + bx_2(n) \leftrightarrow aX_1(\mathrm{e}^{\mathrm{j}\omega}) + bX_2(\mathrm{e}^{\mathrm{j}\omega}) \tag{2.4-1}$$

此性质根据 DTFT 的定义很容易验证。

2. 时移与频移性质

设 $x(n) \leftrightarrow X(\mathrm{e}^{\mathrm{j}\omega})$，则有

$$x(n - n_0) \leftrightarrow \mathrm{e}^{-\mathrm{j}\omega n_0} X(\mathrm{e}^{\mathrm{j}\omega}) \tag{2.4-2}$$

$$x(n) \cdot \mathrm{e}^{\mathrm{j}\omega_0 n} \leftrightarrow X[\mathrm{e}^{\mathrm{j}(\omega - \omega_0)}] \tag{2.4-3}$$

式 (2.4-2) 被称为 DTFT 的时移特性，也称为延迟特性，其正确性已在例 2.2-4 及例 2.3-1 中验证。

式 (2.4-3) 被称为 DTFT 的频移特性，也称为调制特性。验证也很容易，由 DTFT 的定义出发即得

$$x(n) \cdot \mathrm{e}^{\mathrm{j}\omega_0 n} \leftrightarrow \sum_{n=-\infty}^{+\infty} (x(n) \cdot \mathrm{e}^{\mathrm{j}\omega_0 n}) \mathrm{e}^{-\mathrm{j}\omega n} = \sum_{n=-\infty}^{+\infty} x(n) \cdot \mathrm{e}^{-\mathrm{j}(\omega - \omega_0)n} = X[\mathrm{e}^{\mathrm{j}(\omega - \omega_0)}]$$

【例 2.4-1】　假设 $y(n)$ 满足零初始条件，且 $x(n) = \delta(n)$，求解下式的 LCCDE：

$$y(n) - 0.25y(n-1) = x(n) - x(n-2)$$

【解】　首先对 LCCDE 两边各项同时作 DTFT：

$$Y(e^{j\omega}) - 0.25e^{-j\omega}Y(e^{j\omega}) = X(e^{j\omega}) - e^{-j2\omega}X(e^{j\omega})$$

因为

$$x(n) = \delta(n) \leftrightarrow X(e^{j\omega}) = 1$$

所以

$$Y(e^{j\omega}) = \frac{1 - e^{-j2\omega}}{1 - 0.25e^{-j\omega}} = \frac{1}{1 - 0.25e^{-j\omega}} - \frac{e^{-j2\omega}}{1 - 0.25e^{-j\omega}}$$

利用 DTFT 有

$$(0.25)^n u(n) \leftrightarrow \frac{1}{1 - 0.25e^{-j\omega}}$$

利用线性性与时移性质不难求得 $Y(e^{j\omega})$ 的 IDTFT 为

$$y(n) = (0.25)^n u(n) - (0.25)^{n-2} u(n-2)$$

2.4.2　时域卷积定理

设 $y(n) = x(n) * h(n)$，则

$$Y(e^{j\omega}) = X(e^{j\omega}) \cdot H(e^{j\omega})$$

即

$$x(n) * h(n) \leftrightarrow X(e^{j\omega}) \cdot H(e^{j\omega}) \qquad (2.4-4)$$

【证明】　因为

$$y(n) = x(n) * h(n) = \sum_{k=-\infty}^{\infty} x(k)h(n-k)$$

$$Y(e^{j\omega}) = \sum_{n=-\infty}^{\infty} \left[\sum_{k=-\infty}^{\infty} x(k)h(n-k) \right] e^{-j\omega n}$$

令 $m = n - k$，则

$$Y(e^{j\omega}) = \sum_{m=-\infty}^{\infty} \sum_{k=-\infty}^{\infty} h(m)x(k)e^{-j\omega m} e^{-j\omega k} = \sum_{m=-\infty}^{\infty} h(m)e^{-j\omega m} \sum_{k=-\infty}^{\infty} x(k)e^{-j\omega k}$$

$$= H(e^{j\omega}) \cdot X(e^{j\omega})$$

此定理表明，时域中两序列相卷积，转换到频域中是两者的频谱相乘。

【例 2.4-2】　利用时域卷积定理求解 $a^n u(n) * b^n u(n)$，$|a| < 1$，$|b| < 1$。

【解】　因为

$$a^n u(n) * b^n u(n) \leftrightarrow \frac{1}{1 - ae^{-j\omega}} \cdot \frac{1}{1 - be^{-j\omega}}$$

对上式右端所示的 DTFT 作部分分式展开：

$$\frac{1}{1 - ae^{-j\omega}} \cdot \frac{1}{1 - be^{-j\omega}} = \frac{A}{1 - ae^{-j\omega}} + \frac{B}{1 - be^{-j\omega}}$$

用待定系数法可求出

$$A = \frac{1}{1 - be^{-j\omega}} \bigg|_{1 - ae^{-j\omega} = 0} = \frac{1}{1 - \dfrac{b}{a}} = \frac{a}{a - b}$$

以及

$$B = \frac{1}{1 - a\mathrm{e}^{-\mathrm{j}\omega}}\bigg|_{1-b\mathrm{e}^{-\mathrm{j}\omega}=0} = \frac{1}{1 - \dfrac{a}{b}} = \frac{-b}{a-b}$$

再作 IDTFT，可得

$$a^n u(n) * b^n u(n) = \left(\frac{a}{a-b}a^n - \frac{b}{a-b}b^n\right)u(n)$$

与使用卷积和公式直接计算相比，利用时域卷积定理求解要更为方便一些。

2.4.3 频域卷积定理

设 $w(n) = x(n) \cdot y(n)$，则

$$W(\mathrm{e}^{\mathrm{j}\omega}) = \frac{1}{2\pi}X(\mathrm{e}^{\mathrm{j}\omega}) * Y(\mathrm{e}^{\mathrm{j}\omega}) = \frac{1}{2\pi}\int_{-\pi}^{\pi}X(\mathrm{e}^{\mathrm{j}\theta}) \cdot Y[\mathrm{e}^{\mathrm{j}(\omega-\theta)}]\mathrm{d}\theta \qquad (2.4-5)$$

【证明】 $W(\mathrm{e}^{\mathrm{j}\omega}) = \displaystyle\sum_{n=-\infty}^{\infty} x(n)y(n)\mathrm{e}^{-\mathrm{j}\omega n} = \sum_{n=-\infty}^{\infty} x(n)\left[\frac{1}{2\pi}\int_{-\pi}^{\pi}Y(\mathrm{e}^{\mathrm{j}\theta})\mathrm{e}^{\mathrm{j}\theta n}\mathrm{d}\theta\right]\mathrm{e}^{-\mathrm{j}\omega n}$

交换积分与求和的次序，得到

$$W(\mathrm{e}^{\mathrm{j}\omega}) = \frac{1}{2\pi}\int_{-\pi}^{\pi}Y(\mathrm{e}^{\mathrm{j}\theta})\Big[\sum_{n=-\infty}^{\infty} x(n)\mathrm{e}^{-\mathrm{j}(\omega-\theta)n}\Big]\mathrm{d}\theta = \frac{1}{2\pi}\int_{-\pi}^{\pi}Y(\mathrm{e}^{\mathrm{j}\theta})X(\mathrm{e}^{-\mathrm{j}(\omega-\theta)})\mathrm{d}\theta$$

$$= \frac{1}{2\pi}X(\mathrm{e}^{\mathrm{j}\omega}) * Y(\mathrm{e}^{\mathrm{j}\omega})$$

此定理表明，在时域中两序列相乘，转换到频域则是两者的频谱服从卷积关系。

【例 2.4-3】 利用频域卷积定理验证 DTFT 调制（频移）特性，即验证：

$$x(n) \cdot \mathrm{e}^{\mathrm{j}\omega_0 n} \leftrightarrow X[\mathrm{e}^{\mathrm{j}(\omega-\omega_0)}]$$

的正确性。

【证明】 设 $x(n) \leftrightarrow X(\mathrm{e}^{\mathrm{j}\omega})$，而 $\mathrm{e}^{\mathrm{j}\omega_0 n} \leftrightarrow 2\pi\delta(\omega-\omega_0)$，对 $x(n) \cdot \mathrm{e}^{\mathrm{j}\omega_0 n}$ 使用频域卷积定理求其 DTFT，并根据 δ 函数的定义与性质，即得

$$\frac{1}{2\pi}X(\mathrm{e}^{\mathrm{j}\omega}) * Y(\mathrm{e}^{\mathrm{j}\omega}) = \frac{1}{2\pi}X(\mathrm{e}^{\mathrm{j}\omega}) * 2\pi\delta(\omega-\omega_0)$$

$$= \int_{-\pi}^{\pi}X(\mathrm{e}^{\mathrm{j}(\omega-\theta)}) \cdot \delta(\theta-\omega_0)\mathrm{d}\theta$$

$$= X[\mathrm{e}^{\mathrm{j}(\omega-\omega_0)}]$$

2.4.4 帕斯瓦尔(Parseval)定理

帕斯瓦尔定理：

$$\sum_{n=-\infty}^{\infty} |x(n)|^2 = \frac{1}{2\pi}\int_{-\pi}^{\pi}|X(\mathrm{e}^{\mathrm{j}\omega})|^2\mathrm{d}\omega \qquad (2.4-6)$$

【证明】 $\displaystyle\sum_{n=-\infty}^{\infty} |x(n)|^2 = \sum_{n=-\infty}^{\infty} x(n)x^*(n) = \sum_{n=-\infty}^{\infty} x^*(n)\left[\frac{1}{2\pi}\int_{-\pi}^{\pi}X(\mathrm{e}^{\mathrm{j}\omega})\mathrm{e}^{\mathrm{j}\omega n}\mathrm{d}\omega\right]$

$$= \frac{1}{2\pi}\int_{-\pi}^{\pi}X(\mathrm{e}^{\mathrm{j}\omega})\sum_{n=-\infty}^{\infty} x^*(n)\mathrm{e}^{\mathrm{j}\omega n}\mathrm{d}\omega$$

$$= \frac{1}{2\pi}\int_{-\pi}^{\pi}X(\mathrm{e}^{\mathrm{j}\omega})X^*(\mathrm{e}^{\mathrm{j}\omega})\mathrm{d}\omega = \frac{1}{2\pi}\int_{-\pi}^{\pi}|X(\mathrm{e}^{\mathrm{j}\omega})|^2\mathrm{d}\omega$$

式(2.4-6)左端是序列 $x(n)$ 的时域能量，右端是其频域能量。式中，$\frac{1}{2\pi}|X(e^{j\omega})|^2$ 表示了信号在单位带宽(rad)上的能量，因而 $\frac{1}{2\pi}|X(e^{j\omega})|^2$ 在周期 $[-\pi,\pi]$ 上的积分就是信号在频域中的总能量。

帕斯瓦尔定理说明了离散时间傅里叶变换符合能量守恒定律，也即信号的时域总能量等于频域总能量。

表 2.4-1 给出了 DTFT 性质的总结。

表 2.4-1 DTFT 的性质

性　质	序　列	离散时间傅里叶变换
线性性	$ax(n)+by(n)$	$aX(e^{j\omega})+bY(e^{j\omega})$
时移	$x(n-n_0)$	$e^{-j\omega n_0}X(e^{j\omega})$
时间翻转	$x(-n)$	$X(e^{-j\omega})$
调制(频移)	$x(n)\cdot e^{j\omega_0 n}$	$X[e^{j(\omega-\omega_0)}]$
时域卷积	$x(n)*h(n)$	$X(e^{j\omega})\cdot H(e^{j\omega})$
频域卷积	$x(n)\cdot y(n)$	$\frac{1}{2\pi}X(e^{j\omega})*Y(e^{j\omega})$
共轭	$x^*(n)$	$X^*(e^{-j\omega})$
微分	$nx(n)$	$j\dfrac{dX(e^{j\omega})}{d\omega}$

2.5　序列抽取与内插后的 DTFT

在序列的操作一节中已经知道，从序列操作的角度而言，采样率的转换可以通过对数字序列的抽取或内插来实现。本节对抽取或内插后的序列的 DTFT 进行考察与分析。

2.5.1　抽取后所得序列的 DTFT

当 M 为正整数时，对序列 $x(n)$ 作 M 点中取 1 点的抽取操作后，所得序列为

$$x_D(n)=x(Mn) \tag{2.5-1}$$

由于序列 $x(n)$ 的 DTFT 为

$$X(e^{j\omega})=\frac{1}{T}\sum_{k=-\infty}^{+\infty}X_a\left(j\frac{\omega}{T}-j\frac{2k\pi}{T}\right) \tag{2.5-2}$$

而序列 $x_D(n)$ 所对应的采样数据信号的采样周期为 MT，故其 DTFT 为

$$X_D(e^{j\omega})=\frac{1}{MT}\sum_{k=-\infty}^{+\infty}X_a\left(j\frac{\omega}{MT}-j\frac{2k\pi}{MT}\right) \tag{2.5-3}$$

将式(2.5-3)中的 k 写成以 M 为模的形式，即

$$k=l+rM \qquad l=0,1,\cdots,M-1,\ -\infty<r<+\infty$$

则可得到

$$X_{\mathrm{D}}(\mathrm{e}^{\mathrm{j}\omega}) = \frac{1}{M}\sum_{l=0}^{M-1}\left[\frac{1}{T}\sum_{r=-\infty}^{+\infty}X_{\mathrm{a}}\left(\mathrm{j}\frac{\omega}{MT} - \mathrm{j}\frac{2rM\pi}{MT} - \mathrm{j}\frac{2l\pi}{MT}\right)\right]$$

$$= \frac{1}{M}\sum_{l=0}^{M-1}\left[\frac{1}{T}\sum_{r=-\infty}^{+\infty}X_{\mathrm{a}}\left(\mathrm{j}\frac{\omega-2l\pi}{MT} - \mathrm{j}\frac{2r\pi}{T}\right)\right]$$

$$= \frac{1}{M}\sum_{l=0}^{M-1}X(\mathrm{e}^{\mathrm{j}\frac{\omega-2l\pi}{M}}) = \frac{1}{M}\sum_{k=0}^{M-1}X(\mathrm{e}^{\mathrm{j}\frac{\omega-2k\pi}{M}}) \qquad (2.5-4)$$

式(2.5-4)表明，对序列作 M 取 1 抽取后，所得序列 $x_{\mathrm{D}}(n)$ 的 DTFT 是原序列 $x(n)$ 的频谱在频域上先作 M 倍频谱扩展，得到 $X(\mathrm{e}^{\mathrm{j}\frac{\omega}{M}})$，注意其周期为 $2\pi M$；再在 ω 轴上分别平移 $2k\pi/M$（ $k = 0, 1, \cdots, M-1$）；然后迭加，乘以因子 $1/M$ 后即得。

要注意的是，这里对序列的抽取操作不能视为是时间轴的扩展。对连续时间信号来说，时间轴的压缩或扩展只是使信号波形在时间轴上造成压缩或扩展，并不造成信号在某些范围中的缺失。但对序列作 M 取 1 抽取时则在原序列的每 M 个样本点中丢弃了 $M-1$ 个样本点，因此离散时间域内序列的抽取操作并不等同于在连续时间域内对信号作时间轴压缩。

实际上，对序列的抽取操作意味着对原始信号进行采样时采样周期的增大，也即采样率的降低。因此，如果原序列的最高数字域频率 π 所对应的模拟域最高频率是 $\Omega_{\mathrm{s}}/2$，则在采样率降低 M 倍后，所能允许的模拟域最高频率就降低为 $\Omega_{\mathrm{s}}/(2M)$，所以在一般情况下，直接进行抽取操作通常会引入频谱混叠。由于这一原因，在作 M 取 1 的抽取操作前，通常需要先对原序列作限带处理，把相应于模拟域频率大于 $\Omega_{\mathrm{s}}/(2M)$ 的频率成分滤除，然后再进行抽取操作。也即，在对序列作抽取操作前，需在数字域中作抗混叠滤波，用低通滤波器把频率大于 π/M 的频率成分滤除。这样，抽取后的序列已不能保留原序列的全部信息。因此，只有在有信息冗余或需要减少信息量的应用场合下，才会对序列单独进行抽取操作。

2.5.2　内插后所得序列的 DTFT

与抽取不同，序列内插不会丢失原序列的样本，因此内插后的序列仍然含有原序列的完整频谱。求取内插序列的 DTFT 比较容易，根据内插序列的定义：

$$x_I(n) = \begin{cases} x\left(\dfrac{n}{L}\right) & n = 0, \pm L, \pm 2L, \cdots \\ 0 & \text{其余} \end{cases} \qquad (2.5-5)$$

有

$$X_I(\mathrm{e}^{\mathrm{j}\omega}) = \sum_{n=-\infty}^{+\infty}x_I(n)\mathrm{e}^{-\mathrm{j}\omega n} = \sum_{n=-\infty}^{+\infty}x\left(\frac{n}{L}\right)\mathrm{e}^{-\mathrm{j}\omega n} = \sum_{n=-\infty}^{+\infty}x(n)\mathrm{e}^{-\mathrm{j}L\omega n} \qquad (2.5-6)$$

从而得到

$$X_I(\mathrm{e}^{\mathrm{j}\omega}) = X(\mathrm{e}^{\mathrm{j}\omega L}) \qquad (2.5-7)$$

式(2.5-7)表明，内插后所得序列的 DTFT 是原序列的 DTFT 在频率轴上压缩了 L 倍后的结果，其周期为 $2\pi/L$。图 2.5-1 示出了 $L=3$ 时内插序列的频谱。

由 $X_I(\mathrm{e}^{\mathrm{j}\omega})$ 的表达式及图 2.5-1 可以看出，原序列的 DTFT 在频率轴上被压缩了 L 倍，频率 π 被压缩为 π/L，而周期为 $2\pi/L$，所以，在 $(-\pi, \pi)$ 区间内会出现 L 个被压缩的原序列频谱样本。因此，为了保证内插序列的 DTFT 能够正确地反映原序列的频谱结构，须用一个截止频率等于 π/L 的理想低通滤波器对其进行滤波，滤除多余的 $L-1$ 个频谱样本，仅留下包含 $\omega=0$ 的那个压缩频谱。

图 2.5-2 示出了这一滤波过程。实际上，这一滤波就是第 1 章图 1.2-1 中所示的抗镜像滤波，那些多余的 $L-1$ 个压缩频谱样本就是内插后产生的镜像频谱。

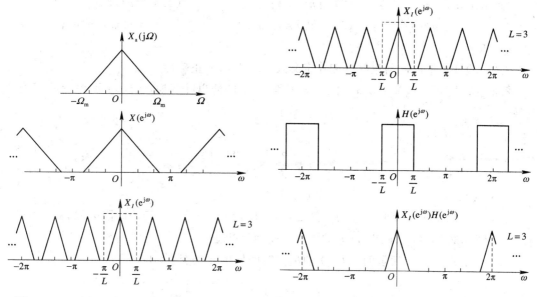

图 2.5-1　内插后序列 DTFT 的频谱($L=3$)　　　图 2.5-2　对内插后序列($L=3$)进行低通滤波

由图 2.5-2 可见，经过这一滤波处理去除 $L-1$ 个镜像频谱后，内插序列的 DTFT 就相当于原模拟信号采样时的采样率提高了 L 倍后的结果。

序列的内插与抽取操作组合在一起，加上相应的抗镜像滤波及抗混叠滤波，可以实现任意有理非整数倍数的采样率转换，但由于采样率转换的内容已超出了普通高校的本科教学范围，这里不作展开介绍。

2.6　本章小结与习题

2.6.1　本章小结

本章首先给出了序列(离散时间信号)的离散时间傅里叶变换及反变换的定义，着重指出了反变换的物理意义是离散时间信号的频域分解，也即任意离散时间信号可以由频率为 $[-\pi，\pi]$ 区间内不同频率的复正弦序列的线性组合表达。随后考察单频复正弦序列通过 LSI 系统的响应，引入离散时间系统的频率特性。而从系统对复正弦序列输入的响应角度看，系统的频率特性就是系统的频率响应，也是系统的正弦稳态响应。基于 DTFT 和频率特性这两个概念，结合 LSI 系统的性质，本章给出了离散时间信号通过系统的频域分析方法。

同时，本章也通过一些实例讨论了离散时间傅里叶变换的重要性质。

本章的最后求取了序列抽取与内插后的 DTFT，并对相关的采样率转换知识作了初步的介绍。

2.6.2 本章习题

2.1 求以下序列 $x(n)$ 的离散时间傅里叶变换 $X(e^{j\omega})$：

(1) $\delta(n)$；   (2) $\delta(n-n_0)$；   (3) $e^{-an}u(n)$；

(4) $e^{-(a+j\omega_0)n}u(n)$；   (5) $e^{-an}\cos\omega_0 nu(n)$；   (6) $e^{-an}\sin\omega_0 nu(n)$；

(7) $R_N(n)$。

2.2 验证离散时间傅里叶反变换定义式(IDTFT)的正确性。

2.3 设 $X(e^{j\omega})$ 和 $Y(e^{j\omega})$ 分别是 $x(n)$ 和 $y(n)$ 的傅里叶变换，试求下面序列的傅里叶变换：

(1) $x(n-n_0)$；   (2) $x^*(n)$；

(3) $x(-n)$；   (4) $x(n) * y(n)$；

(5) $x(n) \cdot y(n)$；   (6) $x(n/2)$；

(7) $x(2n)$；   (8) $x^2(n)$。

2.4 已知 $x_a(t)$ 的傅里叶变换如图 2.6-1 所示，对 $x_a(t)$ 进行等间隔采样得到 $x(n)$，采样周期为 0.25 ms，试画出 $x(n)$ 的离散时间傅里叶变换 $X(e^{j\omega})$ 的幅频特性。

2.5 求图 2.6-2 所示的 $H(e^{j\omega})$ 的离散时间傅里叶反变换(IDTFT)。

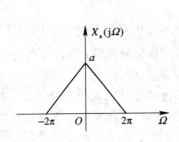

图 2.6-1 习题 2.4 图

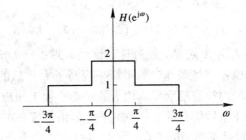

图 2.6-2 习题 2.5 图

2.6 已知 LSI 系统由线性常系数差分方程(LCCDE)表达为

$$y(n) = x(n) + 2r\cos\omega_0 y(n-1) - r^2 y(n-2)$$

例 2.2-4 及例 2.3-1 中已求得该系统的频率特性为

$$H(e^{j\omega}) = \frac{1}{1 - 2r\cos\omega_0 e^{-j\omega} + r^2 e^{-j2\omega}} = \frac{A}{1 - re^{j\omega_0} e^{-j\omega}} + \frac{B}{1 - re^{-j\omega_0} e^{-j\omega}}$$

试求出实常数 A，B 及 $h(n)$ 的表达式。

2.7 求例 2.3-2 中 $H(e^{j\omega}) = \dfrac{1}{1 - ae^{-j2\omega}}$ 的 $h(n)$。

2.8 已知系统的单位脉冲响应 $h(n) = a^n u(n)$，$0 < a < 1$，输入序列为

$$x(n) = \delta(n) + 2\delta(n-2)$$

(1) 求出系统输出序列 $y(n)$；

(2) 分别求出 $x(n)$、$h(n)$ 和 $y(n)$ 的傅里叶变换。

2.9 证明 Parseval 定理。设 $x(n)$ 序列的傅里叶变换为 $X(e^{j\omega})$，试证明

$$\sum_{n=-\infty}^{+\infty} x(n)x^*(n) = \frac{1}{2\pi}\int_{-\pi}^{\pi} X(e^{j\omega})X^*(e^{j\omega})d\omega$$

2.10　一个线性时不变系统的单位脉冲响应是

$$h(n) = \left(\frac{1}{3}\right)^n u(n)$$

试求这个系统对复正弦序列 $x(n) = \exp(jn\pi/4)$ 的响应。

2.11　线性时不变系统的频率响应 $H(e^{j\omega}) = |H(e^{j\omega})| e^{j\theta(\omega)}$，在单位采样响应 $h(n)$ 为实序列的条件下，证明系统输入 $x(n) = A\cos(\omega_0 n + \phi)$ 时的稳态响应为

$$y(n) = A|H(e^{j\omega_0})|\cos[\omega_0 n + \phi + \theta(\omega_0)]$$

2.12　若系统差分方程为 $y(n) = x(n) + x(n-4)$

(1) 计算并画出它的幅频特性；

(2) 计算系统对以下输入的响应：

$$x(n) = \cos\left(\frac{\pi}{2}n\right) + \cos\left(\frac{\pi}{4}n\right) \qquad -\infty < n < \infty$$

(3) 利用(1)的幅频特性解释得到的结论。

2.13　设 $x(n)$ 为序列

$$x(n) = 2\delta(n+2) - \delta(n+1) + 3\delta(n) - \delta(n-1) + 2\delta(n-2)$$

不通过直接求解 $X(e^{j\omega})$ 来计算下列各式的值：

(1) $X(e^{j\omega})\big|_{\omega=0}$；　　　　　　　　(2) $X(e^{j\omega})\big|_{\omega=\pi}$；

(3) $\displaystyle\int_{-\pi}^{\pi} X(e^{j\omega})\,\mathrm{d}\omega$；　　　　　　(4) $\displaystyle\int_{-\pi}^{\pi} |X(e^{j\omega})|^2\,\mathrm{d}\omega$。

2.14　一个 LSI 系统的输入是

$$x(n) = 2\cos\left(\frac{\pi}{4}n\right) + 3\sin\left(\frac{3\pi}{4}n + \frac{\pi}{8}\right)$$

如果这个系统的单位采样响应是

$$h(n) = 2\frac{\sin[(n-1)\pi/2]}{(n-1)\pi}$$

求该系统的输出 $y(n)$。

2.15　系统框图如图 2.6 - 3 所示。

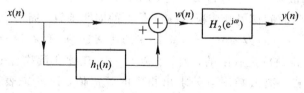

图 2.6 - 3　习题 2.15 图

其中

$$h_1(n) = \delta(n-1), \quad H_2(e^{j\omega}) = \begin{cases} 1 & |\omega| \leqslant \dfrac{\pi}{2} \\ 0 & \dfrac{\pi}{2} < |\omega| \leqslant \pi \end{cases}$$

求这个系统的频率响应 $H(e^{j\omega})$ 和单位采样响应 $h(n)$。

2.16　图 2.6 - 4 示出了一个 LSI 系统的互联。

(1) 用 $H_1(e^{j\omega})$，$H_2(e^{j\omega})$，$H_3(e^{j\omega})$ 和 $H_4(e^{j\omega})$ 表示整个系统的频率响应。

（2）若

$$h_1(n) = \delta(n) + 2\delta(n-2) + \delta(n-4)$$
$$h_2(n) = h_3(n) = (0.2)nu(n)$$
$$h_4(n) = \delta(n-2)$$

求系统的频率响应。

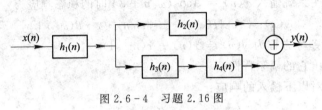

图 2.6 - 4 习题 2.16 图

2.7 MATLAB 应 用

2.7.1 MATLAB 应用示例

1. 离散时间傅里叶变换（DTFT）的求解与表达

序列 $x(n)$ 的离散时间傅里叶变换（DTFT）及离散时间傅里叶反变换（IDTFT）定义式如式（2.1-1）、式（2.1-5）所示，这里重写于下：

$$X(e^{j\omega}) = \sum_{n=-\infty}^{\infty} x(n)e^{-j\omega n} \tag{2.7-1}$$

$$x(n) = \frac{1}{2\pi} \int_{-\pi}^{\pi} X(e^{j\omega})e^{j\omega n} \, d\omega \tag{2.7-2}$$

式中，$X(e^{j\omega})$ 是数字频率 ω 的复值连续函数，ω 是在 $-\infty$ 和 ∞ 之间变化的实变量，以 rad（弧度）计。

利用离散时间傅里叶变换的周期性和对称性两个重要性质，MATLAB 就能对实值序列在 $[0, \pi]$ 区间的离散频率点上进行 DTFT 的求值计算。

（1）周期性。离散时间傅里叶变换 $X(e^{j\omega})$ 是 ω 的周期函数，周期为 2π，故只需在一个周期中，也即在 $\omega \in [0, 2\pi]$ 或 $\omega \in [-\pi, \pi]$ 中来表达 $X(e^{j\omega})$。但在涉及数值计算及图形显示时，可进行的运算次数总是有限的，因而无法对一个连续变量执行上述操作。因此，在MATLAB 中，是在若干离散频率点处求出相应的频谱值，以此来表达出一个周期内的 $X(e^{j\omega})$。显然，只要这些离散频率点足够密集，相应的离散频谱就可以足够精确地表达 $X(e^{j\omega})$。

通常情况下，离散频率点按下式选取：

$$\omega_k = \frac{2\pi}{M}k \qquad k = 0, 1, 2, \cdots, M$$

这相当于将数字频率的 2π 周期区间等分成 M 等份，每两个相邻点之间的频率间隔为 $\Delta\omega = 2\pi/M$。M 越大，等分点越密集。

（2）对称性。对于实值 $x(n)$，$X(e^{j\omega})$ 是共轭对称的，即 $X(e^{-j\omega}) = X^*(e^{j\omega})$，因此幅值关于 $\omega = 0$ 偶对称，即 $|X(e^{-j\omega})| = |X(e^{j\omega})|$；而相位关于 $\omega = 0$ 奇对称，即 $\angle X(e^{-j\omega}) = -\angle X(e^{j\omega})$。

这样，在 MATLAB 中，在对 $X(e^{j\omega})$ 进行数值计算时，不必对 $\omega \in [-\pi, \pi]$ 或 $\omega \in [0, 2\pi]$ 进行，而仅需考虑 $X(e^{j\omega})$ 的一半周期即可。通常，取 $\omega \in [0, \pi]$ 为表达区间，而这时的离散频率点由 $[0, \pi]$ 区间等分成 M 份得到。

【例 2.7 - 1】 求 $x(n) = 0.5^n u(n)$ 的离散时间傅里叶变换。

【解】 由于 $x(n)$ 为无限长序列，不能用 MATLAB 从 $x(n)$ 求取 $X(e^{j\omega})$。但在已经得到 $X(e^{j\omega})$ 的表达式后，就可以用 MATLAB 求出 $X(e^{j\omega})$ 在 $\omega \in [0, \pi]$ 的若干个离散频率点上的取值，并画出它的幅频特性与相频特性。

MATLAB 程序如下：

```
w＝[0：1：500]＊pi/500;                    %[0, pi]之间等分 501 点。
X＝exp(j＊w)./exp(j＊w)－0.5＊ones(1, 501);
magX＝abs(X); angX＝angle(X);
subplot(2, 1, 1); plot(w/pi, magX); grid;
xlabel('frequency in pi units'); title('Magnitude Part'); ylabel('Magnitude')
subplot(2, 1, 2); plot(w/pi, angX); grid
xlabel('frequency in pi units');
title('Angle Part'); ylabel('Radians')
```

运行结果如图 2.7 - 1 所示。

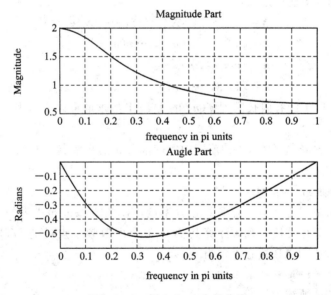

图 2.7 - 1   例 2.7 - 1 中的曲线

在 $x(n)$ 是有限长序列的情况下，可不必求出 $X(e^{j\omega})$ 的表达式，而在任意频率 ω 处用 MATLAB 直接按式(2.7 - 1)所示的 $X(e^{j\omega})$ 进行数值计算。同样，由于 $X(e^{j\omega})$ 的周期性，可只考察 $[0, \pi]$ 区间上的 $X(e^{j\omega})$。

需要特别说明的是，在 MATLAB 中，实际求值时，是将式(2.7 - 1)用矩阵向量乘法运算来实现的。下面对此进行说明。

假设序列 $x(n)$ 的长度为 N，在 $n_1 \leqslant n \leqslant n_N$ 之间有 N 个样本，为要在

$$\omega_k = \frac{\pi}{M} k \qquad k = 0, 1, 2, \cdots, M \qquad (2.7 - 3)$$

这些离散频率点上对 $X(e^{j\omega})$ 求值，也即在 $[0, \pi]$ 之间的 $M+1$ 个等分频率点上求取 $X(e^{j\omega})$，

则因为式(2.7-1)可改写成

$$X(e^{j\omega_k}) = \sum_{l=1}^{N} x(n_l) \cdot e^{-j\frac{\pi}{M}kn_l} \qquad k = 0, 1, 2, \cdots, M \qquad (2.7-4)$$

因此，只要将 $\{x(n_l)\}$ 和 $\{X(e^{j\omega_k})\}$ 分别安排成列向量 $\boldsymbol{x}$ 和 $\boldsymbol{X}$，就可以将上式表示为矩阵形式：

$$\boldsymbol{X} = \boldsymbol{W}\boldsymbol{x} \qquad (2.7-5)$$

式中，$\boldsymbol{W}$ 是一个 $(M+1) \times N$ 维的矩阵

$$\boldsymbol{W} \triangleq \{e^{-j\frac{\pi}{M}kn_l}\} \qquad n_1 \leqslant n_l \leqslant n_N \qquad k = 0, 1, 2, \cdots, M \qquad (2.7-6)$$

进一步，分别将 $\{k\}$ 和 $\{n_l\}$ 安排成行向量 $\boldsymbol{k}$ 和 $\boldsymbol{n}$，则有

$$\boldsymbol{W} = \left[\exp\left(-j\frac{\pi}{M}\boldsymbol{k}^{\mathrm{T}}\boldsymbol{n}\right) \right] \qquad (2.7-7)$$

在 MATLAB 中，习惯将序列 $\{x(n_l)\}$ 和序号 $\{n_l\}$ 表示成行向量。因此，取 $\boldsymbol{X} = \boldsymbol{W}\boldsymbol{x}$ 的转置得到：

$$\boldsymbol{X}^{\mathrm{T}} = \boldsymbol{x}^{\mathrm{T}} \cdot \left[\exp\left(-j\frac{\pi}{M}\boldsymbol{n}^{\mathrm{T}}\boldsymbol{k}\right) \right] \qquad (2.7-8)$$

式中，$\boldsymbol{n}^{\mathrm{T}}\boldsymbol{k}$ 是一个 $N \times (M+1)$ 维的矩阵。

在 MATLAB 中，通常定义：

$$\boldsymbol{X} = \left[X(e^{j\Delta\omega}), X(e^{j2\Delta\omega}), \cdots, X(e^{jN\Delta\omega}) \right]$$
$$\boldsymbol{x} = \left[x(n_1), x(n_2), \cdots x(n_N) \right]$$
$$\boldsymbol{n} = \left[n_1, n_2, \cdots, n_N \right]$$
$$\boldsymbol{k} = \left[1, 2, \cdots, M \right]$$

于是，式(2.7-8)所示的有限长序列 $x(n)$ 的 DTFT 的求取可以表示为

$$\boldsymbol{X} = \boldsymbol{x} \cdot e^{-j\Delta\omega n'k} \qquad (2.7-9)$$

式中，指数项中的 $\Delta\omega k$ 是在 $(0, 2\pi)$ 范围内等间隔分布的频率点。在 MATLAB 中，可以将其表示成一个频率矢量

    w = linspace(wb, we, M);

其中，wb 和 we 分别是起始频率点和终止频率点，M 是 $(0, 2\pi]$ 范围内的总频率点数。

综上所述，对于有限长序列，计算其 $N+1$ 个离散频率点处的 DTFT 值，也即计算 $\boldsymbol{X} = \boldsymbol{x} \cdot e^{-j\Delta\omega n'k}$ 的 MATLAB 核心语句为

    X = x * exp(-j * n' * w)

式中各量的意义如前所述。

理解以上说明需要具有一定的矩阵和向量乘法运算的相关知识，有困难的读者请自行查阅相关书籍。

【例 2.7-2】 利用 MATLAB，计算有限长序列 $x(n) = 0.5^{|n|}$ $(-20 \leqslant n \leqslant 20)$ 的 DTFT，并绘出序列 $x(n)$ 及其 DTFT 的幅频特性与相频特性。

【解】 MATLAB 程序如下：

    n=[-20:20]; x=0.5.^abs(n);   % 输入序列
    w=linspace(-pi, pi, 500);   %设定频率等分间隔
    X=x * exp(-j * n' * w);   %计算 DTFT
    subplot(3,1,1); stem(n, x, 'fill', 'MarkerSize', 2);   %绘图 x(n)

subplot(3, 1, 2); plot(w, abs(X));　　　　　　　　　　　　%绘图幅值谱

subplot(3, 1, 3); plot(w, angle(X));　　　　　　　　　　　　%绘图相位谱

运行结果如图 2.7 - 2 所示。

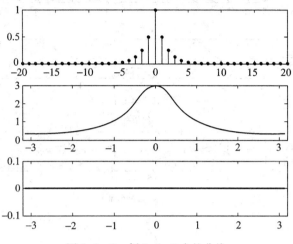

图 2.7 - 2　例 2.7 - 2 中的曲线

为了便于在 MATLAB 中进行有限长序列的离散时间傅里叶变换的计算，可将上述基于
DTFT 定义式的数值计算过程编写一个 MATLAB 函数 dtft()。此函数留给读者自行编写。

【例 2.7 - 3】　重求例 2.2 - 2 中单位采样响应为矩形序列 $h(n) = R_N(n)$ 这一系统的频率特性，并绘出 $h(n)$ 以及 $H(e^{j\omega})$ 的幅频特性和相频特性。

【解】　MATLAB 程序如下：

```
%求序列 x(n)＝RN(n)的 DTFT，并画出序列、幅值谱、相位谱。
%k＝500；N＝4；
%矩形序列：起点 n0，终点 nh，在 ns～nf 之间为非零区间，n0＜＝ns＜nf＜＝nh
clear;
n0＝input('n0＝'); nf＝input('nf＝'); ns＝input('ns＝'); nh＝input('nh＝');
%n1＝n0；nf；x1＝[(n1－ns)＝＝0] %用逻辑式表示矩形序列。
n2＝n0：nh；x2＝[zeros(1, ns－n0), ones(1, nf－ns＋1)]；%单位阶跃序列的产生
x2(1, nh－n0＋1)＝0；%矩形序列的产生
subplot(3, 1, 1), stem(n2, x2); title('矩形序列')
axis([－5.1, 10.1, －0.1, 1.1])
line([－5, 10.1], [0, 0])
line([0, 0], [0, 1.1])
k＝－500：1200；w＝(pi/500) * k;
X＝x2 * (exp(－j * pi/500)).^(n2' * k);
magX＝abs(X)；angX＝angle(X);
subplot(3, 1, 2); plot(w/pi, magX); grid
xlabel('以 pi 为单位的频率'); title('幅值部分'); ylabel('幅值')
subplot(3, 1, 3); plot(w/pi, angX); grid
xlabel('以 pi 为单位的频率'); title('相位部分'); ylabel('弧度')
```

运行结果如图 2.7 - 3 所示。

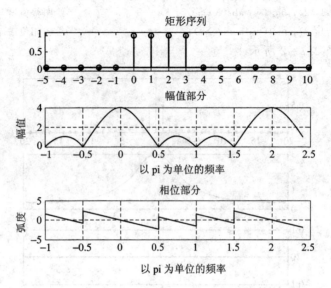

图 2.7 - 3　例 2.7 - 3 中的曲线

2. 系统频率特性的计算

系统的频率特性，或称系统的频率响应与系统的单位采样响应是一对 DTFT 变换对，因此如果知道系统的单位采样响应 $h(n)$，就可以通过上节介绍的 DTFT 计算方法在指定的离散频率点处对系统的频率特性 $H(e^{j\omega})$ 进行数值计算。

此外，对具有有理分式函数形式的频率特性，即

$$H(e^{j\omega}) = \frac{\sum_{m=0}^{M} b(m) e^{-j\omega m}}{\sum_{n=0}^{N} a(n) e^{-j\omega n}} \qquad N \geqslant M \qquad (2.7 - 10)$$

MATLAB 提供了一个专门用于计算此类系统频率特性的函数 freqz。

有理分式函数形式的频率特性在实际应用中经常见到。事实上，若系统用线性常系数差分方程(LCCDE)表示，其系统频率特性就具有如式(2.7 - 10)所示的有理分式函数形式。

freqz 函数最简单的调用形式如下：

    [H, w]＝fregz(b, a, N)

即，在已知向量 b 和 a 给出的分子和分母多项式的系数情况下，得到 N 点的频率 w 向量对应的系统频率响应向量 H。

据式(2.7 - 10)，定义系数行向量：

    b＝[b(0), b(1), …, b(M)]; a＝[a(0), a(1), …, a(N)];

数字频率 ω 和频率 f 也用行向量：

    w＝[w(0), w(1), …, w(k)]; f＝[f(0), f(1), …, f(k)];

【例 2.7 - 4】 已知一个因果 LSI 系统满足下列差分方程：

$$y(n) - 0.53y(n-1) + 0.73y(n-2) = 0.14[x(n) - x(n-2)]$$

利用 MATLAB，求该系统的频率特性 $H(e^{j\omega})$，画出 $|H(e^{j\omega})|$ 和 $\angle H(e^{j\omega})$。

【解】　根据题给的 LCCDE，两边同时求 DTFT，利用 DTFT 的性质，可以推导得到该

系统的频率特性为

$$H(e^{j\omega}) = 0.14 \frac{1 - e^{-j2\omega}}{1 - 0.53e^{-j\omega} + 0.73e^{-j2\omega}}$$

据此，可以得到系数向量 a 和 b 的数值。

MATLAB 程序如下：

a=[1, −0.53, 0.73]; b=[1, 0, −1];

[H, w]=freqz(b, a)％N 参数缺省，返回 512 个数字频率点。

subplot(2, 1, 1); plot(w, abs(H)); grid;

subplot(2, 1, 2); plot(w, angle(H)); grid;

运行结果如图 2.7−4 所示。

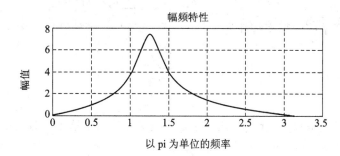

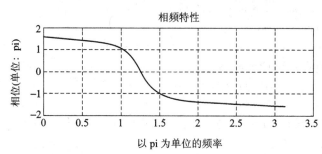

图 2.7−4　例 2.7−4 中的频率响应曲线

2.7.2　MATLAB 应用练习

1. 编写一个 MATLAB 函数，用于计算有限长序列 DTFT。这个函数的格式可以是：

function [X]=dtft(x, n, w)

％　Computes Discrete−time Fourier Transform

％　[X]=dtft(x, n, w)

％　X=DTFT values computed at w frequencies

％　x=finite duration sequences

％　n=sample position vector

％　w=frequency location vector

2. 对下面每个序列求 DTFT $X(e^{j\omega})$，利用 MATLAB 画出 $X(e^{j\omega})$ 的幅频特性与相频特性。

(1) $x(n)=0.9^n u(n)$;

(2) $x(n)=0.8^n[u(n)-u(n-20)]$;

(3) $x(n) = 0.9^n \cos(0.1\pi n) u(n)$。

3. 已知对称矩形脉冲的表达式为

$$R_N(n) = \begin{cases} 1 & -N \leqslant n \leqslant N \\ 0 & \text{其余 } n \end{cases}$$

(1) 对 $N = 5, 15, 25, 100$，分别求取此对称矩形脉冲的 DTFT 幅频特性；

(2) 将 DTFT 归一化以使 $X(e^{j0}) = 1$，在 $[-\pi, \pi]$ 内画出归一化的 DTFT 幅频特性。研究不同 N 情况下得到的这些归一化 DTFT 幅频特性图，把它们视为 N 的函数进行分析讨论。

4. 由差分方程：

$$y(n) = \sum_{m=0}^{M} b_m x(n-m) - \sum_{l=0}^{N} a_l x(n-l)$$

描述的线性时不变系统的频率特性为

$$H(e^{j\omega}) = \frac{\displaystyle\sum_{m=0}^{M} b_m e^{-j\omega m}}{1 + \displaystyle\sum_{l=0}^{N} a_l e^{-j\omega l}}$$

编写一个 MATLAB 函数 freqresp，用于求取上述频率特性。这个函数的格式是：

function [H] = freqresp(b, a, w)

%Frequency response function from difference equation

%[H] = freqresp (b, a, w)

%H = Frequency response array evaluated at w frequencies

%b = numerator coefficient array

%a = denominator coefficient array (a(1)=1)

%w = frequency location array

5. 求取下列各系统的 $H(e^{j\omega})$，并画出它们的幅频特性和相频特性：

(1) $y(n) = \sum_{m=0}^{6} x(n-m)$；

(2) $y(n) = x(n) + 2x(n-1) + x(n-2) - 0.5y(n-1) - 0.25y(n-2)$。

第 3 章　Z 变换与系统函数

本章要求：

1. 掌握 Z 变换的定义及收敛域概念，特别是序列的时域形式与 Z 变换收敛域之间的关系。

2. 掌握 Z 变换的主要性质和定理。

3. 掌握利用部分分式展开法求 Z 反变换。

4. 掌握系统函数的定义，系统函数的零极点、收敛域与系统因果稳定性之关系。

5. 掌握系统函数与系统频率特性的关系，能够利用 Z 变换分析系统的频率响应。

6. 掌握离散时间系统的几种基本实现结构，基本理解用有限精度算法实现系统结构时所遇到的系数量化效应问题。

3.1　Z 变 换

第 2 章介绍了频域分析技术，在引入离散时间傅里叶变换（DTFT）后，信号可在频域上分解成为频率为 $[-\pi,\pi]$ 内的复正弦序列的线性组合，于是在引入系统频率特性 $H(\mathrm{e}^{\mathrm{j}\omega})$ 后，就可以方便地考察信号通过 LSI 系统后的输出了。然而，这种基于离散时间傅里叶分析的方法存在不足。一是实际应用情况下有很多信号并不存在 DTFT，如 $u(n)$、$nu(n)$、$\sin(\omega_0 n)$ 等；二是基于傅里叶分析的频域分析方法只能用于求解系统的稳态响应，无法对系统初始条件非零时的系统响应进行分析。针对上述问题，类似于连续时间域中引入拉普拉斯（Laplace）变换，在离散时间域中引入了 Z 变换这一工具。

与拉普拉斯变换相类似，Z 变换在离散时间域内提供了信号与系统的另一种变换域分析方法。它也有双边形式和单边形式两类。双边 Z 变换适用于大部分情况下信号通过系统的问题，因而是本章的主要内容。本章的最后也将讨论用单边 Z 变换求解系统初始条件非零时的线性常系数差分方程问题。

此外，除了作为信号通过系统的分析工具外，Z 变换也同时为离散时间系统的设计提供了基础。

3.1.1　Z 变换概念的引入

先考察 Z 变换概念的引入。前已知道，模拟信号 $x(t)$ 经理想冲激序列采样所得的采样数据信号为

$$x_s(t) = x(t) \cdot \delta_T(t) = \sum_{n=-\infty}^{+\infty} x(nT)\delta(t-nT)$$

对 $x_s(t)$ 作双边拉普拉斯变换，得到

$$L\{x_s(t)\} = \sum_{n=-\infty}^{+\infty} x(nT)\mathrm{e}^{-snT}$$

利用 $x(n) = x(t)\big|_{t=nT} = x(nT)$，并令 $\mathrm{e}^{sT} = z$，则

$$L\{x_s(t)\} = \sum_{n=-\infty}^{+\infty} x(nT)z^{-n} = \sum_{n=-\infty}^{+\infty} x(n)z^{-n}$$

由此引入序列 $x(n)$ 的双边 Z 变换定义：

$$X(z) \triangleq Z[x(n)] = \sum_{n=-\infty}^{+\infty} x(n)z^{-n} \tag{3.1-1}$$

因此，序列的双边 Z 变换 $X(z)$ 就是模拟信号 $x(t)$ 对应的采样数据信号 $x_s(t)$ 的双边拉普拉斯变换再经 $e^{sT}=z$ 变换的结果。

为理解 Z 变换，下面对 $z=e^{sT}$ 变换所涉及的 s 平面与 z 平面之间的区域映射关系进行说明。理解并熟悉这个区域映射关系十分重要，初学者宜给予足够的重视。

与拉普拉斯变换中的变量 s 类似，Z 变换定义式中的变量 z 也是一个复数，它所在的复平面称为 z 平面。在 s 平面中，变量 s 用直角坐标表示：$s=\sigma_0+j\Omega$，$Re[s]=\sigma_0$，$Im[s]=\Omega$；在 z 平面中，变量 z 通常用极坐标表示：$z=re^{j\omega}$，$r=|z|$。这样，在 $z=e^{sT}$ 变换下，有

$$z = e^{sT} = e^{(\sigma_0+j\Omega)T} = e^{\sigma_0 T} \cdot e^{j\Omega t} = re^{j\omega} \tag{3.1-2}$$

因此得到

$$r = e^{\sigma_0 T}, \quad \omega = \Omega t \tag{3.1-3}$$

由式(3.1-3)可见，在 $z=e^{sT}$ 变换下，s 平面上的一条直线 $\sigma=\sigma_0$ 被变换为 z 平面上一个以原点为圆心、半径为 $r=e^{\sigma_0 T}$ 的圆。由于 s 平面上的 $j\Omega$ 轴对应了 $\sigma_0=0$，故经 $z=e^{sT}$ 变换后，$j\Omega$ 轴映射为 z 平面上 $r=e^{\sigma_0 T}=1$ 的一个圆，即 z 平面上的单位圆。进一步分析可见，在 s 平面的 $j\Omega$ 轴上从 $-\pi/T$ 沿着 $j\Omega$ 轴移动到 π/T 时，映射到 z 平面上是沿单位圆从 $\omega=-\pi$ 按逆时针方向变动到 $\omega=+\pi$。因此，仅 $j\Omega$ 轴的一个分段 $-\pi/T \leqslant \Omega \leqslant \pi/T$ 已映射为 z 平面上的单位圆。

这个分段的左侧区域是 s 平面的左半平面上的一个带状，故 $\sigma_0<0$，于是经 $z=e^{sT}$ 变换后有 $r=e^{\sigma_0 T}<1$。因此，根据区域映射规则，$j\Omega$ 轴上 $-\pi/T \leqslant \Omega \leqslant \pi/T$ 的这个分段的左侧带状区域被映射为 z 平面的单位圆上从 $\omega=-\pi$ 逆时针变动到 $\omega=+\pi$ 的左侧区域，也即映射为 z 平面上单位圆的内部。

根据 $e^{j\Omega t}$ 以 $2\pi/T$ 为周期的特点，可进一步推知，变换 $z=e^{sT}$ 把 s 平面 $j\Omega$ 轴上每个长度为 $2\pi/T$ 的分段都映射为 z 平面上的单位圆，而每个分段的左侧带状区域则被重复地映射为 z 平面上单位圆的内部。以后会看到，这一映射关系对某些类型的数字滤波器性能会产生重大的影响。

s 平面上的右半平面有 $\sigma_0>0$，因此 $r=e^{\sigma_0 T}>1$，故 s 平面上的右半平面映射为 z 平面上的单位圆外部。

图 3.1-1 示出了在 $z=e^{sT}$ 变换下 s 平面到 z 平面的映射关系。

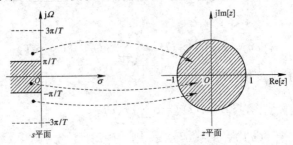

图 3.1-1　s 平面到 z 平面的映射关系

双边拉普拉斯变换只在 s 平面上的一定区域内存在, 与之类似, 双边 Z 变换也只在 z 平面上的一定区域内存在。

从复变函数的观点看, 式(3.1−1)表达的双边 Z 变换是一个罗朗(Laurent)级数, 根据级数理论, 式(3.1−1)所示级数收敛的充要条件为

$$\sum_{n=-\infty}^{+\infty} |x(n)z^{-n}| < \infty \tag{3.1-4}$$

对于有界的 $x(n)$, 通常 $|z|$ 须在一定范围内才能使式(3.1−4)成立, 这个范围就是 Z 变换的收敛域(ROC, Regions of Convergence)。

有两种途径可以推知双边 Z 变换的收敛域在 z 平面上是个如图 3.1−2 所示的环域。

(1) 双边拉普拉斯变换的收敛域在 s 平面上是带状域:

$$\sigma_- < \mathrm{Re}[s] < \sigma_+ \tag{3.1-5}$$

根据 s 平面与 z 平面之间的映射关系知, 在 z 平面上, 式(3.1−5)所示的 s 平面上的带状域映射为

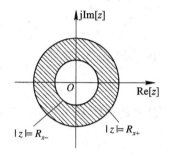

图 3.1−2　环形收敛域表示

$$\mathrm{e}^{\sigma_- T} < |z| < \mathrm{e}^{\sigma_+ T}$$

记 $\mathrm{e}^{\sigma_- T} = R_{x-}$, $\mathrm{e}^{\sigma_+ T} = R_{x+}$, 则双边 Z 变换的收敛域是 z 平面上如图 3.1−2 所示的一个环域:

$$R_{x-} < |z| < R_{x+}$$

R_{x-} 和 R_{x+} 称为收敛半径。

(2) 将式(3.1−1)右端的和式改写为

$$X(z) = \sum_{n=-\infty}^{-1} x(n)z^{-n} + \sum_{n=0}^{+\infty} x(n)z^{-n} \tag{3.1-6}$$

可以看出式(3.1−6)右端第一项 $\sum_{n=-\infty}^{-1} x(n)z^{-n}$ 的收敛域为 $|z| < R_{x+}$, 也即该项决定了 $X(z)$ 的最大收敛半径; 而第二项 $\sum_{n=0}^{+\infty} x(n)z^{-n}$ 的收敛域为 $|z| > R_{x-}$, 故该项决定了 $X(z)$ 的最小收敛半径。因此, 双边 Z 变换的收敛域是这两个收敛域的公共区域, 即 $R_{x-} < |z| < R_{x+}$ 这个环域, 如果 $R_{x-} < R_{x+}$, 则双边 Z 变换存在, 否则不存在。

3.1.2　双边 Z 变换的定义

序列 $x(n)$ 的双边 Z 变换定义为下列和式:

$$X(z) \triangleq Z[x(n)] = \sum_{n=-\infty}^{+\infty} x(n)z^{-n} \tag{3.1-7}$$

其中, z 是复变量。使 $X(z)$ 存在的复变量 z 的集合称为双边 Z 变换的收敛域(ROC), 为环域:

$$R_{x-} < |z| < R_{x+} \tag{3.1-8}$$

式中, R_{x-} 和 R_{x+} 为某两个正数, 取决于序列 $x(n)$。R_{x-} 可以小到零, R_{x+} 可以大到无穷大。

为表述方便, 以后在不会发生误解的时候, 将把双边 Z 变换简称为 Z 变换。

Z 变换存在逆变换。$X(z)$ 的 Z 反变换定义为

$$x(n) = Z^{-1}[X(z)] = \frac{1}{2\pi \mathrm{j}} \oint_C X(z)z^{n-1}\mathrm{d}z \tag{3.1-9}$$

其中，C 是位于 $X(z)z^{n-1}$ 收敛域内环绕原点的任一逆时针方向的闭合围线。通常称式(3.1-9)为反演公式。关于 Z 反变换的进一步讨论，将在稍后进行。

$x(n)$ 与 $X(z)$ 是一对 Z 变换对，记为

$$x(n) \leftrightarrow X(z)$$

【例 3.1-1】 求 $x(n) = a^n u(n)$ 的 Z 变换及其收敛域。

【解】 这是一个因果序列。根据 Z 变换定义式(3.1-7)，有

$$X(z) = \sum_{n=-\infty}^{+\infty} a^n u(n) z^{-n} = \sum_{n=0}^{+\infty} a^n z^{-n} = \sum_{n=0}^{+\infty} (az^{-1})^n$$

在 $|az^{-1}| < 1$ 也即 $|z| > |a|$ 时，有

$$X(z) = \frac{1}{1 - az^{-1}}$$

故其收敛域为 $|z| > |a|$ 定义的收敛半径为 a 的一个圆的外部，如图 3.1-3 所示。

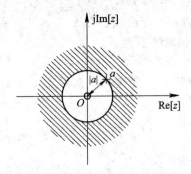

图 3.1-3 例 3.1-1 的收敛域

【例 3.1-2】 求 $x(n) = -a^n u(-n-1)$ 的 Z 变换及其收敛域。

【解】 这是一个非因果序列。根据 Z 变换定义有

$$X(z) = \sum_{n=-\infty}^{+\infty} x(n) z^{-n} = \sum_{n=-\infty}^{+\infty} -a^n u(-n-1) z^{-n}$$

$$= -\sum_{n=0}^{+\infty} (a^{-1}z)^n = \frac{-a^{-1}z}{1 - a^{-1}z}$$

$$= \frac{1}{1 - az^{-1}} \qquad |z| < |a|$$

其收敛域为 $|z| < |a|$ 定义的收敛半径为 a 的一个圆的内部，如图 3.1-4 所示。

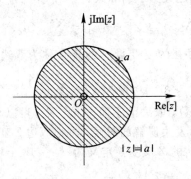

图 3.1-4 例 3.1-2 的收敛域

比较例 3.1-1 和例 3.1-2 可知，一个因果序列与一个非因果序列的 Z 变换表达式完全相同。这表明，对于双边 Z 变换，在没有指明收敛域时，相同的 Z 变换表达式可能来自不同的 $x(n)$。因此，求取序列的双边 Z 变换时，必须同时指明其收敛域，这是初学者容易疏忽的地方。

【例 3.1-3】 讨论有限长序列：

$$x(n) = \begin{cases} x(n) & n_1 \leqslant n \leqslant n_2 \\ 0 & \text{其余 } n \end{cases}$$

的收敛域。

【解】 有限长序列 $x(n)$ 是指在有限区间 $n_1 \leqslant n \leqslant n_2$ 之外均取零值的序列。其 Z 变换为

$$X(z) = \sum_{n=n_1}^{n_2} x(n) z^{-n}$$

由于 $X(z)$ 是个有限项级数，因此除去 $z=0$ 和 $z=+\infty$ 的收敛情况与 n_1、n_2 取值有关外，在 z 平面上其余部分均收敛。具体可分为下面三种情况：

(1) $n_1 < 0$，$n_2 \leqslant 0$，$X(z)$ 在 $z=0$ 收敛。其收敛域为 $0 \leqslant |z| < +\infty$，即 $|z| < +\infty$。

(2) $n_1 < 0$，$n_2 > 0$，$X(z)$ 除 $z=0$，$+\infty$ 外在整个 z 平面收敛。其收敛域为 $0 < |z| < +\infty$。

(3) $n_1 \geqslant 0$，$n_2 > 0$，$X(z)$ 在 $z=+\infty$ 收敛。其收敛域为 $0 < |z| \leqslant +\infty$，即 $|z| > 0$。

【例 3.1-4】 讨论右边序列：

$$x(n) = \begin{cases} x(n) & n_1 \leqslant n \leqslant +\infty \\ 0 & n < n_1 \end{cases}$$

的收敛域。

【解】 右边序列 $x(n)$ 只在 $n \geqslant n_1$ 时有值，其 Z 变换可表示为

$$X(z) = \sum_{n=-\infty}^{+\infty} x(n) z^{-n} = \sum_{n=n_1}^{-1} x(n) z^{-n} + \sum_{n=0}^{+\infty} x(n) z^{-n}$$

上式右端第一项 $\sum\limits_{n=n_1}^{-1} x(n) z^{-n}$ 就是例 3.1-3 讨论过的有限长序列的情况(1)，其收敛域为 $0 \leqslant |z| < +\infty$。容易看出，在这一项中，$|z|$ 越小，$\sum\limits_{n=n_1}^{-1} x(n) z^{-n}$ 越容易收敛。因此，这一项决定了右边序列 Z 变换允许的最大 R_{x+} 值为 $+\infty$；对于上式右端第二项 $\sum\limits_{n=0}^{+\infty} x(n) z^{-n}$，显然 $|z|$ 越大，$\sum\limits_{n=0}^{+\infty} x(n) z^{-n}$ 就越容易收敛，因此必定存在一个允许的最小 R_{x-} 值，使其在 $R_{x-} < |z| < +\infty$ 收敛。

综合以上分析，右边序列的 $X(z)$ 的收敛域为 $R_{x-} < |z| < +\infty$，如图 3.1-5 所示。

特别地，当 $n_1 = 0$ 时，此序列就成为实际应用中最常遇到的因果序列。也即，$x(n)$ 仅对于 $n \geqslant 0$ 有值，在 $n < 0$ 时，$x(n) = 0$。由于 $X(z)$ 中无 z 的正幂次项，因

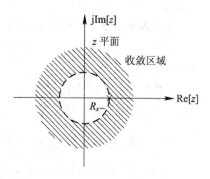

图 3.1-5　右边序列的收敛域

此收敛域包括 $z=+\infty$，也即因果序列的 Z 变换收敛域为 $|z|>R_{x-}$，是 z 平面上半径为 R_{x-} 的一个圆的外部，这与例 3.1-1 给出的结果一致。

【例 3.1-5】 讨论左边序列：

$$x(n)=\begin{cases} 0 & n>n_2 \\ x(n) & n\leqslant n_2 \end{cases}$$

的收敛域。

【解】 左边序列 $x(n)$ 只在 $n\leqslant n_2$ 时有值，其 Z 变换可表示为

$$X(z)=\sum_{n=-\infty}^{+\infty}x(n)z^{-n}=\sum_{n=-\infty}^{-1}x(n)z^{-n}+\sum_{n=0}^{n_2}x(n)z^{-n}$$

可以看出，对上式右端第一项和式而言，$|z|$ 越小，$\sum\limits_{n=-\infty}^{-1}x(n)z^{-n}$ 越容易收敛。因此，这时 $X(z)$ 的最大收敛半径 R_{x+} 由使第一项和式 $\sum\limits_{n=-\infty}^{-1}x(n)z^{-n}$ 有界的最大 $|z|$ 值决定。而第二项 $\sum\limits_{n=0}^{n_2}x(n)z^{-n}$ 是例 3.1-3 讨论过的有限长序列的情况(3)，其收敛域为 $0<|z|\leqslant+\infty$，即 $|z|>0$。

综上可知，左边序列的 $X(z)$ 的收敛域为 $0<|z|<R_{x+}$，如图 3.1-6 所示。

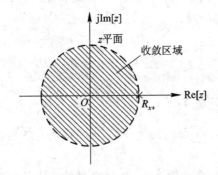

图 3.1-6 左边序列的收敛域

特别地，若不存在 $n\geqslant0$ 的 $x(n)$，则称 $x(n)$ 为非因果序列。容易看出，非因果序列的 Z 变换表达式中无 z 的负幂次项，故在 $z=0$ 处也收敛。因此，$X(z)$ 的收敛域为 $0\leqslant|z|<R_{x+}$，即 $|z|<R_{x+}$，是 z 平面上半径为 R_{x+} 的一个圆的内部，与例 3.1-2 给出的结果一致。

【例 3.1-6】 讨论双边序列：

$$x(n)=x(n) \qquad -\infty<n<+\infty$$

的收敛域。

【解】 双边序列在 $-\infty<n<+\infty$ 都有非零值，因此它可以表示为一个因果序列和一个非因果序列之和，即

$$X(z)=\sum_{n=-\infty}^{+\infty}x(n)z^{-n}=\sum_{n=-\infty}^{-1}x(n)z^{-n}+\sum_{n=0}^{+\infty}x(n)z^{-n}=X_1(z)+X_2(z)$$

由例 3.1-1 和例 3.1-2 可知，非因果序列对应的 $X_1(z)$ 的收敛域为 $|z|<R_{x+}$，因果序列对应的 $X_2(z)$ 的收敛域为 $|z|>R_{x-}$。若 $R_{x-}<R_{x+}$，则双边序列的 Z 变换 $X(z)$ 存在，

其收敛域为 $R_{x-}<|z|<R_{x+}$，是个如图 3.1-7 所示的环域。

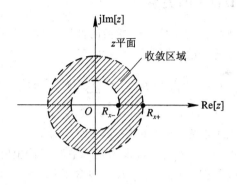

图 3.1-7　双边序列的收敛域

例如序列 $x(n)=a^{|n|}$，a 为实数，这是一个双边序列，其 Z 变换为

$$X(z)=\sum_{n=-\infty}^{+\infty}x(n)z^{-n}=\sum_{n=0}^{+\infty}a^{n}z^{-n}+\sum_{n=-\infty}^{-1}a^{-n}z^{-n}$$

式中右端第一项为

$$X_1(z)=\sum_{n=0}^{+\infty}a^{n}z^{-n}=\frac{1}{1-az^{-1}}\qquad |z|>|a|$$

而第二项为

$$X_2(z)=\sum_{n=-\infty}^{-1}a^{-n}z^{-n}=\frac{az}{1-az}\qquad |z|<\frac{1}{|a|}$$

因此，只有当 $|a|<1$ 时，才有 $|a|<\dfrac{1}{|a|}$ 成立，也即 $X(z)$ 存在公共收敛域，因此 $X(z)$ 存在，即

$$X(z)=X_1(z)+X_2(z)=\frac{1}{1-az^{-1}}+\frac{az}{1-az}\qquad |a|<|z|<\frac{1}{|a|}$$

其收敛域如图 3.1-8 所示。

图 3.1-9 示出了 $a>0$ 时 $x(n)=a^{|n|}$ 的时域波形，由图可见，当 $a>1$ 时，$x(n)=a^{|n|}$ 在趋于 $\pm\infty$ 两端时都发散，因此其 Z 变换不存在。至于 $a<-1$ 以及 $a=\pm1$ 的情况，请读者自行画出相应的序列时域波形并据此得出结论。

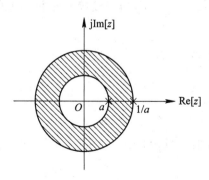

图 3.1-8　双边序列 $x(n)=a^{|n|}$
（$|a|<1$）的收敛域

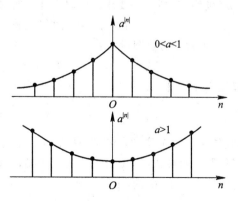

图 3.1-9　双边序列 $x(n)=a^{|n|}$
在 $a>0$ 时的时域波形

3.1.3 双边 Z 变换与 DTFT 的关系

如同双边拉普拉斯变换可视为是傅里叶变换的推广一样，双边 Z 变换也可视为是离散时间傅里叶变换的推广。将复变量 z 写为 $z=re^{j\omega}$，有

$$X(z) = \sum_{n=-\infty}^{+\infty} x(n)z^{-n} = \sum_{n=-\infty}^{+\infty} [r^{-n}x(n)]e^{-j\omega n}$$

该式表明，$X(z)$ 可视为序列 $r^{-n}x(n)$ 的 DTFT。只要 $X(z)$ 存在，序列 $r^{-n}x(n)$ 的 DTFT 就存在。这样，对于一些不能满足绝对可和的序列，以 r^{-n} 对 $x(n)$ 加权后，就可进行双边 Z 变换。因此，从这一意义上说，双边 Z 变换可视为是离散时间傅里叶变换的推广。

若 $X(z)$ 的收敛域（ROC）$R_{x-} < |z| < R_{x+}$ 包含了 $|z|=1$，即 $r=1$，也即包含了单位圆，则有

$$\sum_{n=-\infty}^{+\infty} |r^{-n}x(n)|\Big|_{r=1} = \sum_{n=-\infty}^{+\infty} |x(n)| < \infty$$

显然，上式右端就是序列 $x(n)$ 的 DTFT，也即此时序列 $x(n)$ 的 DTFT 必然存在。换言之，这时 $x(n)$ 的 DTFT 与单位圆上的 Z 变换等价。因此，若双边 Z 变换的收敛域包括单位圆，则

$$X(e^{j\omega}) = X(z)\big|_{z=e^{j\omega}} = \sum_{n=-\infty}^{+\infty} x(n)e^{-j\omega n} \qquad (3.1-10)$$

若 Z 变换的收敛域不包括单位圆，则式（3.1-10）通常不成立。不过，也存在一些序列，不满足绝对可和，但满足平方可和，此时，从工程观点出发，把该序列的 $X(e^{j\omega})$ 在形式上仍然视为是 Z 变换在单位圆上的取值 $X(z)\big|_{z=e^{j\omega}}$。

例如，理想低通滤波器 $H(e^{j\omega})$ 所对应的单位采样响应为

$$h(n) = \frac{\sin\omega_c n}{\pi n} \qquad -\infty < n < \infty, \omega_c < \pi$$

$h(n)$ 不满足绝对可和条件，但由帕斯瓦尔定理，有

$$\sum_{n=-\infty}^{+\infty} |h(n)|^2 = \sum_{n=-\infty}^{+\infty} \left|\frac{\sin\omega_c n}{\pi n}\right|^2 = \frac{\omega_c}{\pi}$$

也即 $h(n)$ 平方可和，这意味着 $H(e^{j\omega})$ 在均方误差意义上存在。这种情况下，在 $H(e^{j\omega})$ 的间断点 $\omega = |\omega_c|$ 处会产生 Gibbs 振荡，从而也就不能满足作为解析函数的 Z 变换所要求的一致收敛（也称均匀收敛）要求。所以，$h(n)$ 的 Z 变换收敛域不可能包括单位圆。但从工程观点出发，会搁置数学上的严谨性，而仍然将 $H(e^{j\omega})$ 视为是 $h(n)$ 的 Z 变换在单位圆上的取值，也即认为下式依旧成立：

$$H(e^{j\omega}) = H(z)\big|_{z=e^{j\omega}}$$

【例 3.1-7】 序列 $x(n)$ 的 Z 变换为

$$X(z) = \frac{z + 2z^{-2} + z^{-3}}{1 - 3z^{-4} + z^{-5}}$$

如果收敛域包括单位圆，求 $x(n)$ 在 $\omega = \pi$ 处的 DTFT。

【解】 如果 $X(z)$ 是 $x(n)$ 的 Z 变换，单位圆在收敛域内，则 $x(n)$ 的 DTFT 可由计算单位圆上的 $X(z)$ 得到，即

$$X(e^{j\omega}) = X(z)\big|_{z=e^{j\omega}}$$

所以，在 $\omega = \pi$ 处的 DTFT 为

$$X(\mathrm{e}^{\mathrm{j}\omega}) = X(z)\big|_{z=\mathrm{e}^{\mathrm{j}\omega}} = X(z)\big|_{z=\mathrm{e}^{\mathrm{j}\pi}} = X(z)\big|_{z=-1}$$

由此可得

$$X(\mathrm{e}^{\mathrm{j}\omega})\big|_{\omega=\pi} = \frac{z+2z^{-2}+z^{-3}}{1-3z^{-4}+z^{-5}}\bigg|_{z=\mathrm{e}^{\mathrm{j}\pi}} = \frac{-1+2-1}{1-3-1} = 0$$

3.2　双边 Z 变换的重要性质及常用序列的 Z 变换

和 DTFT 一样，双边 Z 变换也有很多重要而有用的性质，熟悉这些性质在求解 Z 变换和 Z 反变换问题以及求解 LCCDE 问题时会有很大的帮助。

3.2.1　线性性

Z 变换是一种线性变换。若

$$x_1(n)\leftrightarrow X_1(z) \qquad R_{x1-} < |z| < R_{x1+}$$
$$x_2(n)\leftrightarrow X_2(z) \qquad R_{x2-} < |z| < R_{x2+}$$

则对于任意常数 a_1、a_2，有

$$a_1 x_1(n) + a_2 x_2(n) \leftrightarrow a_1 X_1(z) + a_2 X_2(z) \qquad \max(R_{x1-}, R_{x2-}) < |z| < \min(R_{x1+}, R_{x2+})$$
$$(3.2-1)$$

收敛域通常是 $X_1(z)$ 与 $X_2(z)$ 的交集，但也有可能出现收敛域扩大的情况。例如，若 $x_1(n) = u(n)$，$x_2(n) = u(n-1)$，$w(n) = x_1(n) - x_2(n)$，则由于 $w(n) = \delta(n)$，其 Z 变换 $W(z) = 1$，于是收敛域扩大至整个 z 平面。

【例 3.2-1】　求 $x(n) = \left(\dfrac{1}{2}\right)^n u(n) - 2^n u(-n-1)$ 的 Z 变换。

【解】　序列 $x(n)$ 可视为

$$x(n) = x_1(n) + x_2(n)$$

其中，$x_1(n) = \left(\dfrac{1}{2}\right)^n u(n)$，$x_2(n) = -2^n u(-n-1)$。由例 3.1-1 可得

$$X_1(z) = \frac{1}{1-\dfrac{1}{2}z^{-1}} \qquad |z| > \frac{1}{2}$$

由例 3.1-2 可得

$$X_2(z) = \frac{1}{1-2z^{-1}} \qquad |z| < 2$$

所以，$x(n)$ 的 Z 变换为

$$X(z) = \frac{1}{1-\dfrac{1}{2}z^{-1}} + \frac{1}{1-2z^{-1}} = \frac{2-\dfrac{5}{2}z^{-1}}{\left(1-\dfrac{1}{2}z^{-1}\right)(1-2z^{-1})} \qquad \frac{1}{2} < |z| < 2$$

3.2.2　移位性质

Z 变换的移位性质也称为延时性质。若

$$x(n)\leftrightarrow X(z) \qquad R_{x-} < |z| < R_{x+}$$

则

$$x(n-k) \leftrightarrow z^{-k}X(z) \qquad R_{x-} < |z| < R_{x+} \tag{3.2-2}$$

其中 k 为整数。当 $k > 0$ 时，序列右移，相应于时间上延迟 k 个时间单位；当 $k < 0$ 时，序列左移，相应于时间上超前 k 个时间单位。式(3.2-2)右端项中的 z^{-k} 反映了时间的延迟或超前。

特别地，当 $k = 1$ 时，有

$$x(n-1) \leftrightarrow z^{-1}X(z)$$

故离散时间系统中，作为基本运算元件之一的单位延迟器常常用 z^{-1} 来表示。至此，读者应可理解在第 2 章中用 z^{-1} 来表示单位延迟器的合理性了。

序列的移位不影响序列的绝对可和性，因此移位后序列的 Z 变换收敛域不变，但有可能增加或删除了 $z = 0$ 或 $z = +\infty$。

3.2.3　时域卷积定理

时域卷积定理是 Z 变换最重要的性质之一。若

$$w(n) = x(n) * y(n) = \sum_{k=-\infty}^{+\infty} x(k)y(n-k)$$

则

$$W(z) = X(z)Y(z)$$

$W(z)$ 的收敛域为 $X(z)$ 与 $Y(z)$ 的交集，但若乘积 $X(z)Y(z)$ 存在零极点对消的情况，则会使 $W(z)$ 的收敛域扩大。

时域卷积定理的变换对表示为

$$x(n) * y(n) \leftrightarrow X(z)Y(z) \tag{3.2-3}$$

【例 3.2-2】 若 $x(n) = a^n u(n)$，$h(n) = \delta(n) - a\delta(n-1)$，求 $y(n) = x(n) * h(n)$ 的 Z 变换。

【解】 因为

$$x(n) = a^n u(n) \leftrightarrow X(z) = \frac{1}{1 - az^{-1}} \qquad |z| > |a|$$

$$h(n) = \delta(n) - a\delta(n-1) \leftrightarrow H(z) = 1 - az^{-1} \qquad |z| > 0$$

利用时域卷积定理，有

$$y(n) = x(n) * h(n) \leftrightarrow Y(z) = X(z)H(z) = 1$$

显然，$Y(z)$ 的收敛域扩大到了整个 z 平面。

注意到 $\delta(n) \leftrightarrow 1$，因此此例中的 $y(n) = \delta(n)$。由于 $y(n) = a^n(n) * [\delta(n) - a\delta(n-1)]$，因此此例中，一个无限长序列 $x(n) = a^n u(n)$ 与一个有限长序列 $h(n) = \delta(n) - a\delta(n-1)$ 的卷积和长度仅为 1。请读者注意，不要将此例结果与两个长度为 N_1、N_2 的有限长序列的卷积和长度为 $N_1 + N_2 - 1$ 相混淆。

3.2.4　Z 变换的其它性质

Z 变换的其它性质还包括时域翻转性质、指数性质、微分性质和频域卷积定理等，由于相对而言在实际工程应用中重要性稍欠，这里不作详细介绍。而频域卷积定理即复卷积定理虽然也较为重要，但其推导证明涉及围线积分，对初学者而言较难理解，这里也不予展开说明。表 3.2-1 总结了 Z 变换的所有性质。

表 3.2 - 1　Z 变换的性质

性　质	序　列	Z 变　换	收　敛　域
线性	$a_1 x_1(n) + a_2 x_2(n)$	$a_1 X_1(z) + a_2 X_2(z)$	$\max(R_{x1-}, R_{x2-}) < |z| < \min(R_{x1+}, R_{x2+})$
移位	$x(n-k)$	$z^{-k} X(z)$	$R_{x-} < |z| < R_{x+}$
指数	$a^n x(n)$	$X(a^{-1} z)$	$|a| R_{x-} < |z| < |a| R_{x+}$
共轭	$x^*(n)$	$X^*(z^*)$	$R_{x-} < |z| < R_{x+}$
翻转	$x(-n)$	$X\left(\dfrac{1}{z}\right)$	$\dfrac{1}{R_{x+}} < |z| < \dfrac{1}{R_{x-}}$
微分	$nx(n)$	$-z \dfrac{\mathrm{d}X(z)}{\mathrm{d}z}$	$R_{x-} < |z| < R_{x+}$
初值	$x(0) = \lim\limits_{z \to \infty} X(z)$		$x(n)$ 为因果序列，$|z| > R_{x-}$
终值	$\lim\limits_{z \to \infty} x(n) = $ $\lim\limits_{z \to 1} [(z-1) X(z)]$		$x(n)$ 为因果序列，$[(z-1) X(z)]$ 的极点都在单位圆内
时域卷积	$x(n) * h(n)$	$X(z) H(z)$	$\max(R_{x1-}, R_{x2-}) < |z| < \min(R_{x1+}, R_{x2+})$
频域卷积	$x(n) \cdot h(n)$	$\dfrac{1}{2\pi\mathrm{j}} \oint_C X(v) Y\left(\dfrac{z}{v}\right) v^{-1} \mathrm{d}v$	$R_{x-} R_{y-} < |z| < R_{x+} R_{y+}$
Parsevel 等式	$x(n) y^*(n)$	$\dfrac{1}{2\pi\mathrm{j}} \oint_C X(v) Y^*\left(\dfrac{1}{v}\right) v^{-1} \mathrm{d}v$	$R_{x-} R_{y-} < |z| < R_{x+} R_{y+}$

3.2.5　常用 Z 变换对

利用 Z 变换定义及其性质，可以求出一些常用序列的 Z 变换对，见表 3.2 - 2。

表 3.2 - 2　常用 Z 变换对

序　列	Z 变　换	收　敛　域
$\delta(n)$	1	z 全平面
$u(n)$	$\dfrac{1}{1 - z^{-1}}$	$|z| > 1$
$-u(-n-1)$	$\dfrac{1}{1 - z^{-1}}$	$|z| < 1$
$R_N(n)$	$\dfrac{1 - z^{-N}}{1 - z^{-1}}$	$|z| > 0$
$a^n u(n)$	$\dfrac{1}{1 - az^{-1}}$	$|z| > |a|$
$-b^n u(-n-1)$	$\dfrac{1}{1 - bz^{-1}}$	$|z| < |b|$
$\mathrm{e}^{-\mathrm{j}n\omega_0} u(n)$	$\dfrac{1}{1 - \mathrm{e}^{-\mathrm{j}\omega_0} z^{-1}}$	$|z| > 1$

续表

序　列	Z 变换	收 敛 域
$(a^n \sin\omega_0 n)u(n)$	$\dfrac{(a\sin\omega_0)z^{-1}}{1-(2a\cos\omega_0)z^{-1}+a^2 z^{-2}}$	$\|z\| > \|a\|$
$(a^n \cos\omega_0 n)u(n)$	$\dfrac{1-(a\cos\omega_0)z^{-1}}{1-(2a\cos\omega_0)z^{-1}+a^2 z^{-2}}$	$\|z\| > \|a\|$
$na^n u(n)$	$\dfrac{az^{-1}}{(1-az^{-1})^2}$	$\|z\| > \|a\|$
$-nb^n u(-n-1)$	$\dfrac{bz^{-1}}{(1-bz^{-1})^2}$	$\|z\| < \|b\|$
$(n+1)a^n u(n)$	$\dfrac{1}{(1-az^{-1})^2}$	$\|z\| > \|a\|$

【例 3.2-3】　利用 Z 变换性质和常用 Z 变换表，求

$$x(n) = 0.5^{n-2}\cos\left[\frac{\pi}{3}(n-2)\right]u(n-2)$$

的 Z 变换。

【解】　应用移位性质得到

$$X(z) = z^{-2}X_1(z)$$

其中

$$x_1(n) = 0.5^n\cos\left(\frac{\pi}{3}n\right)u(n) \leftrightarrow X_1(z)$$

从表 3.2-2 可知：

$$X_1(z) = \frac{1-\left(0.5\cos\frac{\pi}{3}\right)z^{-1}}{1-2\left(0.5\cos\frac{\pi}{3}\right)z^{-1}+0.25z^{-2}} = \frac{1-0.25z^{-1}}{1-0.5z^{-1}+0.25z^{-2}} \qquad |z| > 0.5$$

故

$$X(z) = z^{-2}\frac{1-0.25z^{-1}}{1-0.5z^{-1}+0.25z^{-2}} = \frac{z^{-2}-0.25z^{-3}}{1-0.5z^{-1}+0.25z^{-2}} \qquad |z| > 0.5$$

3.3　Z 反 变 换

前已指出，Z 变换存在逆变换。根据收敛域从 Z 变换表达式 $X(z)$ 中恢复出原序列 $x(n)$ 的过程称为求 Z 反变换，可用符号表示为

$$x(n) = Z^{-1}[X(z)]$$

求 Z 反变换与求序列的 Z 变换同样重要，是线性系统分析的有用工具。求 Z 反变换的方法有多种，包括围线积分法（留数法）、部分分式展开法、幂级数展开法等。但在实用中，由于实际应用中遇到的 $X(z)$ 大多为 z^{-1} 的有理分式函数形式，因此，大多情况下都采用部分分式展开这样一种简单而又非常有效的方法。因此，本节的核心内容是用部分分式展开法求解 Z 反变换问题。

3.3.1　围线积分法(留数法)

在 3.1.2 节中已给出了 Z 反变换的定义,这里再把相关内容重述一下。

若

$$X(z) = \sum_{n=-\infty}^{+\infty} x(n) z^{-n} \qquad R_{x-} < |z| < R_{x+}$$

则

$$x(n) = \frac{1}{2\pi j} \oint_C X(z) z^{n-1} dz \qquad C \in (R_{x-}, R_{x+}) \tag{3.3-1}$$

式(3.3-1)也就是 3.1.2 节中的式(3.1-9),其右端是一个在 z 平面上包含原点的 $X(z) z^{n-1}$ 的收敛域中的围线积分,围线 C 按逆时针方向,如图 3.3-1 所示。

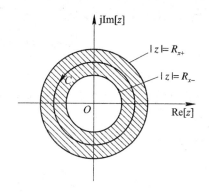

图 3.3-1　围线积分路径

式(3.3-1)的证明需要用到柯西积分定理。柯西积分定理表述为:如果 C 是如图 3.3-1 所示的包围原点的逆时针方向的闭合曲线,则有

$$\frac{1}{2\pi j} \oint_C z^{-k} dz = \begin{cases} 1 & k = 1 \\ 0 & k \neq 1 \end{cases} \tag{3.3-2}$$

下面用柯西积分定理对式(3.3-1)进行证明。

对于序列 $x(k)$,其 Z 变换为

$$X(z) = \sum_{k=-\infty}^{+\infty} x(k) z^{-k} \qquad R_{x-} < |z| < R_{x+}$$

两边同乘 z^{n-1},得

$$X(z) z^{n-1} = \sum_{k=-\infty}^{+\infty} x(k) z^{-k} z^{n-1} \qquad R_{x-} < |z| < R_{x+} \tag{3.3-3}$$

注意到 z^{n-1} 是移位操作,除去在 $z = 0$ 和 $z = +\infty$ 处的收敛情况可能会发生变化外,$X(z) z^{n-1}$ 在其它地方的收敛情况与 $X(z)$ 相同。

对式(3.3-3)两边同时进行围线积分:

$$\oint_C X(z) z^{n-1} dz = \oint_C \sum_{k=-\infty}^{\infty} x(k) z^{-k} z^{n-1} dz \tag{3.3-4}$$

式中,C 是 z 平面上 $X(z) z^{n-1}$ 的收敛域中包含原点的逆时针方向闭合曲线。再在式(3.3-4)右端交换积分与求和的运算次序,得

$$\oint_C X(z) z^{n-1} \mathrm{d}z = \sum_{k=-\infty}^{+\infty} x(k) \oint_C z^{n-1-k} \mathrm{d}z$$

根据柯西积分定理，有

$$\frac{1}{2\pi\mathrm{j}} \oint_C z^{n-1-k} \mathrm{d}z = \begin{cases} 1 & k=n \\ 0 & k \neq n \end{cases}$$

最后得到

$$x(n) = \frac{1}{2\pi\mathrm{j}} \oint_C X(z) z^{n-1} \mathrm{d}z$$

这就证明了式(3.3-1)。

直接计算式(3.3-1)所示的围线积分较为麻烦，通常采用柯西留数定理来计算。按照留数定理，若函数 $F(z) = X(z) z^{n-1}$ 在围线 C 上连续，在 C 以内有 N 个极点 $z_k (k=1, 2, \cdots, N)$，而在 C 以外有 M 个极点 $z_l (l=1, 2, \cdots, M)$，则有

$$x(n) = \frac{1}{2\pi\mathrm{j}} \oint_C X(z) z^{n-1} \mathrm{d}z = \sum_k \mathrm{Res} \left[X(z) z^{n-1} \right]_{z=z_k} \qquad (3.3-5)$$

式中，符号 $\mathrm{Res} \left[X(z) z^{n-1} \right]_{z=z_k}$ 表示函数 $F(z) = X(z) z^{n-1}$ 在点 $z = z_k$ 处的留数。

如果 $X(z)$ 是 z 的有理函数，且在 $z = z_k$ 处有一个一阶极点，则

$$\mathrm{Res} \left[X(z) z^{n-1}, z_k \right] = \left[(z - z_k) X(z) z^{n-1} \right]_{z=z_k}$$

当只需求 $x(n)$ 的部分值时，这种方法特别有用。

3.3.2 部分分式展开法

在实际应用中，所遇到的 $X(z)$ 常为 z^{-1} 的有理分式函数，即

$$X(z) = \frac{\displaystyle\sum_{k=0}^{M} b_k z^{-k}}{1 + \displaystyle\sum_{k=1}^{N} a_k z^{-k}} = C \frac{\displaystyle\prod_{k=1}^{M} (1 - D_k z^{-1})}{\displaystyle\prod_{k=1}^{N} (1 - C_k z^{-1})} \qquad (3.3-6)$$

通常情况下，$M < N$。对 $X(z)$ 进行部分分式展开，当分母多项式为单根时，有

$$X(z) = \sum_{k=1}^{N} \frac{A_k}{1 - C_k z^{-1}} \qquad (3.3-7)$$

于是根据收敛域的规定，利用表 3.2-2 即可求出 Z 反变换。

因果序列的 Z 变换是实际应用中最为常见的 Z 变换，此时 $X(z)$ 的收敛域为 z 平面上某个收敛圆的外部，即

$$|z| > \max |C_k|$$

在此条件下从 $X(z)$ 恢复得到的序列为

$$x(n) = \sum_{n=1}^{N} A_k C_k^n u(n)$$

其中，常数 $A_k (k=1, 2, \cdots, N)$ 可用待定系数法求取。求法如下：在式(3.3-6)两边同乘 $(1 - C_k z^{-1})$，令 $z = C_k$，即可求得

$$A_k = \left[(1 - C_k z^{-1}) X(z) \right]_{z=C_k} \qquad (3.3-8)$$

当式(3.3-6)的分母多项式 $1 + \displaystyle\sum_{k=1}^{N} a_k z^{-k}$ 有重根时，情况会较复杂。例如，设在 $z = C_1$

处有一个二重根，则 $X(z)$ 的部分分式展开式将成为

$$X(z) = \sum_{k=3}^{N} \frac{A_k}{1 - C_k z^{-1}} + \frac{A_{1,1}}{1 - C_1 z^{-1}} + \frac{A_{1,2}}{(1 - C_1 z^{-1})^2} \qquad (3.3-9)$$

式中，

$$A_{1,1} = C_1 \frac{\mathrm{d}}{\mathrm{d}z} \left[X(z) (1 - C_1 z^{-1})^2 \right]_{z=C_1}$$

$$A_{1,2} = X(z) (1 - C_1 z^{-1})^2 \big|_{z=C_1}$$

式(3.3-9)右端前两项的反变换求取与前相同，而 $\dfrac{1}{(1 - C_1 z^{-1})^2}$ 这一项的反变换可用如下

方法求取：由

$$\frac{\mathrm{d}}{\mathrm{d}z} \left(\frac{1}{1 - C_1 z^{-1}} \right) = \frac{-C_1 z^{-2}}{(1 - C_1 z^{-1})^2}$$

得到

$$\frac{1}{(1 - C_1 z^{-1})^2} = -\frac{z^2}{C_1} \cdot \frac{\mathrm{d}}{\mathrm{d}z} \left(\frac{1}{1 - C_1 z^{-1}} \right) = -\frac{z^2}{C_1} \cdot \frac{\mathrm{d}}{\mathrm{d}z} \left(\sum_{n=0}^{+\infty} C_1^n z^{-n} \right)$$

$$= -\frac{z^2}{C_1} \cdot \frac{\mathrm{d}}{\mathrm{d}z} \left(\sum_{n=0}^{+\infty} C_1^n u(n) z^{-n} \right)$$

对 $\sum\limits_{n=0}^{+\infty} C_1^n u(n) z^{-n}$ 求导并整理成符合 Z 变换定义的形式，即得

$$\frac{1}{(1 - C_1 z^{-1})^2} = \sum_{n=0}^{+\infty} (n+1) C_1^n z^{-n}$$

也即

$$(n+1) C_1^n u(n) \leftrightarrow \frac{1}{(1 - C_1 z^{-1})^2}$$

【例 3.3-1】 设

$$X(z) = \frac{1}{(1 - 2z^{-1})(1 - 0.5z^{-1})} \qquad |z| > 2$$

利用部分分式展开法求 Z 反变换。

【解】 显然 $X(z)$ 的分母多项式有两个一阶极点：$C_1 = 2$，$C_2 = 0.5$。由题目给出的收敛域可知 $x(n)$ 是一个因果序列。对 $X(z)$ 作部分分式展开得到

$$X(z) = \frac{A_1}{1 - 2z^{-1}} + \frac{A_2}{1 - 0.5z^{-1}}$$

用式(3.3-7)求得

$$A_1^* = \left[(1 - 2z^{-1}) X(z) \right]_{z=2} = \frac{1}{1 - 0.5z^{-1}} \bigg|_{z=2} = \frac{4}{3}$$

$$A_2 = \left[(1 - 0.5z^{-1}) X(z) \right]_{z=0.5} = \frac{1}{1 - 2z^{-1}} \bigg|_{z=0.5} = -\frac{1}{3}$$

因此 $X(z)$ 为

$$X(z) = \frac{4}{3} \cdot \frac{1}{1 - 2z^{-1}} - \frac{1}{3} \cdot \frac{1}{1 - 0.5z^{-1}}$$

其反变换为

$$x(n) = \frac{4}{3} \cdot 2^n \cdot u(n) - \frac{1}{3} \cdot 0.5^n \cdot u(n)$$

【例 3.3 - 2】 考察例 3.3 - 1 中给出的 $X(z)$ 所对应的全部可能序列：

$$X(z) = \frac{1}{(1 - 2z^{-1})(1 - 0.5z^{-1})}$$

【解】 根据题目给出的 $X(z)$ 可知，分母多项式有两个一阶极点，分别为 $C_1 = 2$，$C_2 = 0.5$，因此 $X(z)$ 在三种不同收敛域情况下的序列分别为：

(1) $|z| > 2$，此即例 3.3 - 1，$x(n)$ 是一个因果序列：

$$x(n) = \frac{4}{3} \cdot 2^n \cdot u(n) - \frac{1}{3} \cdot 0.5^n \cdot u(n)$$

(2) $|z| < \frac{1}{2}$，$x(n)$ 是一个非因果序列：

$$x(n) = -\frac{4}{3} \cdot 2^n \cdot u(-n-1) + \frac{1}{3} \cdot 0.5^n \cdot u(-n-1)$$

(3) $\frac{1}{2} < |z| < 2$，$x(n)$ 是一个双边序列：

$$x(n) = -\frac{4}{3} \cdot 2^n \cdot u(-n-1) - \frac{1}{3} \cdot 0.5^n \cdot u(n)$$

实际应用中，采用部分分式展开可解决绝大部分的反变换问题而无须使用反演公式。在 $M \geqslant N$ 的情况下，部分分式展开式中将会包括 z^{-1} 的 $(M - N)$ 次的多项式，这时需要用到下一节所述的幂级数展开法。

3.3.3 幂级数展开法（长除法）

$X(z)$ 的定义式可以写成

$$X(z) = \sum_{n=-\infty}^{+\infty} x(n)z^{-n} = \cdots + x(-1)z + x(0)z^0 + x(1)z^{-1} + x(2)z^{-2} + \cdots \quad (3.3 - 10)$$

该式表明，只要在给定收敛域内，把 $X(z)$ 展开成幂级数的形式，则所得级数的系数就是序列 $x(n)$。用长除法或泰勒级数展开法等方法把 $X(z)$ 展开成幂级数，统称为幂级数展开法。

【例 3.3 - 3】 若 $X(z)$ 为

$$X(z) = z^2(1 + z^{-1})(1 - z^{-1})$$

求 Z 反变换。

【解】 直接将 $X(z)$ 展开成

$$X(z) = z^2(1 + z^{-1})(1 - z^{-1}) = z^2 - 1$$

观察可见，该 $X(z)$ 对应的序列 $x(n)$ 只存在 $x(0)$ 和 $x(-2)$ 两个非零值，其余的 $x(n) = 0$。因此其表达式为

$$x(n) = \begin{cases} 1 & n = -2 \\ -1 & n = 0 \\ 0 & \text{其余 } n \end{cases}$$

即

$$x(n) = \delta(n+2) - \delta(n)$$

【例 3.3 - 4】　若 $X(z)$ 为

$$X(z) = \frac{3z^{-1}}{(1 - 3z^{-1})^2} \qquad |z| > 3$$

求 Z 反变换 $x(n)$。

【解】　由于 $X(z)$ 的收敛域为 $|z| > 3$，所以 $x(n)$ 是因果序列。用长除法将 $X(z)$ 展开成 z 的多项式得到

$$
\begin{array}{r}
3z^{-1} + 18z^{-2} + 81z^{-3} + 324z^{-4} + \cdots \\[4pt]
1 - 6z^{-1} + 9z^{-2} \overline{)\, 3z^{-1} } \\[4pt]
\underline{3z^{-1} - 18z^{-2} + 27z^{-3}} \\[2pt]
18z^{-2} - 27z^{-3} \\[2pt]
\underline{18z^{-2} - 108z^{-3} + 162z^{-4}} \\[2pt]
81z^{-3} - 162z^{-4} \\[2pt]
\underline{81z^{-3} - 486z^{-4} + 729z^{-5}} \\[2pt]
324z^{-4} - 729z^{-5} \\[2pt]
\underline{324z^{-4} - 1944z^{-5} + 2916z^{-6}} \\[2pt]
1215z^{-5} - 2916z^{-6} \\[2pt]
\vdots
\end{array}
$$

所以

$$
\begin{aligned}
X(z) &= 3z^{-1} + 18z^{-2} + 81z^{-3} + 324z^{-4} + \cdots \\
&= 3z^{-1} + 2 \times 3^2 z^{-2} + 3 \times 3^3 z^{-3} + 4 \times 3^4 z^{-4} + \cdots \\
&= \sum_{n=1}^{+\infty} 3^n n z^{-n}
\end{aligned}
$$

由此得到

$$x(n) = 3^n n u(n - 1)$$

在运用长除法时，若 $x(n)$ 为因果序列，则被除多项式（分子多项式）与除式（分母多项式）均应以 z^{-1} 降幂排列；反之，若 $x(n)$ 为非因果序列，则应以升幂排列。长除法虽然比较直接，但其缺点是，此法不一定能得到序列 $x(n)$ 的闭式表达。

在使用部分分式展开法求 Z 反变换时，如果遇到 $X(z)$ 的分子多项式阶次高于等于分母多项式的阶次，即 $M \geqslant N$ 时，也需要用到长除法。

【例 3.3 - 5】　设序列 $x(n)$ 的 Z 变换为

$$X(z) = \frac{4 - \dfrac{7}{4}z^{-1} + \dfrac{1}{4}z^{-2}}{1 - \dfrac{3}{4}z^{-1} + \dfrac{1}{8}z^{-2}} \qquad |z| > \frac{1}{2}$$

求 $x(n)$。

【解】　$X(z)$ 可写为

$$X(z) = \frac{4 - \dfrac{7}{4}z^{-1} + \dfrac{1}{4}z^{-2}}{1 - \dfrac{3}{4}z^{-1} + \dfrac{1}{8}z^{-2}} = \frac{4 - \dfrac{7}{4}z^{-1} + \dfrac{1}{4}z^{-2}}{\left(1 - \dfrac{1}{2}z^{-1}\right)\left(1 - \dfrac{1}{4}z^{-1}\right)}$$

此例中，分子多项式阶次与分母多项式阶次相等，即 $M = N$。因此对 $X(z)$ 作部分分式展开时，需注意部分分式展开式将具有如下形式：

$$X(z) = C + \frac{A_1}{1 - \frac{1}{2}z^{-1}} + \frac{A_2}{1 - \frac{1}{4}z^{-1}}$$

式中的常数 C 需要用长除法来获得：

$$
\begin{array}{r}
2 \\
\frac{1}{8}z^{-2} - \frac{3}{4}z^{-1} + 1 \enclose{longdiv}{\frac{1}{4}z^{-2} - \frac{7}{4}z^{-1} + 4} \\
\frac{1}{4}z^{-2} - \frac{6}{4}z^{-1} + 2 \\
\hline
-\frac{1}{4}z^{-1} + 2
\end{array}
$$

所以 $C=2$。于是 $X(z)$ 可以写为

$$X(z) = 2 + \frac{2 - \frac{1}{4}z^{-1}}{\left(1 - \frac{1}{2}z^{-1}\right)\left(1 - \frac{1}{4}z^{-1}\right)} = 2 + \frac{A_1}{1 - \frac{1}{2}z^{-1}} + \frac{A_2}{1 - \frac{1}{4}z^{-1}}$$

系数 A_1、A_2 的求法同前，利用式(3.3-7)可求得

$$A_1 = \left[\left(1 - \frac{1}{2}z^{-1}\right)X(z)\right]_{z^{-1}=2} = \left.\frac{4 - \frac{7}{4}z^{-1} + \frac{1}{4}z^{-2}}{1 - \frac{1}{4}z^{-1}}\right|_{z^{-1}=2} = 3$$

$$A_2 = \left[\left(1 - \frac{1}{4}z^{-1}\right)X(z)\right]_{z^{-1}=4} = \left.\frac{4 - \frac{7}{4}z^{-1} + \frac{1}{4}z^{-2}}{1 - \frac{1}{2}z^{-1}}\right|_{z^{-1}=4} = -1$$

于是，完整的部分分式展开为

$$X(z) = 2 + \frac{3}{1 - \frac{1}{2}z^{-1}} + \frac{-1}{1 - \frac{1}{4}z^{-1}}$$

根据收敛域为 $|z| > \frac{1}{2}$，得

$$x(n) = 2\delta(n) + 3\left(\frac{1}{2}\right)^n u(n) - \left(\frac{1}{4}\right)^n u(n)$$

下面对泰勒级数展开法做以简介。

由于 Z 变换 $X(z)$ 是解析函数，在其收敛域内任一点处存在任意阶导数，故在任一点处可用泰勒(Taylar)公式展成幂级数：

$$f(x) = f(x_0) + \frac{1}{1!}f'(x_0)(x - x_0) + \frac{1}{2!}f''(x_0)(x - x_0)^2 + \cdots$$

$$= \sum_{n=0}^{\infty} \frac{f^{(n)}(x_0)}{n!}(x - x_0)^n \tag{3.3-11}$$

式中，$f^{(n)}(x_0)$ 表示函数在 x_0 处的 n 阶导数。若 $x_0 = 0$，则这个级数称为麦克劳伦级数。

【例 3.3-6】 求 $\dfrac{1}{(1 - az^{-1})}$，$|z| > |a|$ 的 Z 反变换。

【解】　$f(x) = \dfrac{1}{1-x}$ 在 $x = 0$ 附近可展开为

$$f(x) = f(0) + \frac{1}{1!} \cdot (1-x)^{-2}\big|_{x=0} \cdot x + \frac{2}{2!}(1-x)^{-3}\big|_{x=0} \cdot x^2$$

$$+ \frac{2 \cdot 3}{3!} \cdot (1-x)^{-4}\big|_{x=0} \cdot x^3 + \cdots$$

$$= 1 + x + x^2 + x^3 + \cdots$$

令 $x = az^{-1}$，$|z| > |a|$，得

$$\frac{1}{(1-az^{-1})} = 1 + az^{-1} + a^2 z^{-2} + \cdots = \sum_{n=0}^{+\infty} a^n z^{-n}$$

由此得到 Z 反变换为

$$x(n) = a^n u(n)$$

【例 3.3 - 7】　求 $\lg(1 + az^{-1})$，$|z| > |a|$ 的 Z 反变换。

【解】　$\lg(1+x)$ 在 $x = 0$ 附近的泰勒级数展开为

$$\lg(1+x) = \lg(1) + \frac{1}{1!} \frac{1}{1+x}\Big|_{x=0} \cdot x + \frac{(-1)}{2!} \frac{1}{(1+x)^2}\Big|_{x=0} \cdot x^2$$

$$+ \frac{(-1)(-2)}{3!} \frac{1}{(1+x)^3}\Big|_{x=0} \cdot x^3 + \cdots$$

$$= x + (-1)\frac{x^2}{2} + \frac{x^3}{3} + (-1)\frac{x^4}{4} + \cdots = \sum_{n=1}^{+\infty} (-1)^{n-1} \frac{x^n}{n}$$

令 $x = az^{-1}$，$|z| > |a|$，得

$$\lg(1 + az^{-1}) = \sum_{n=1}^{+\infty} (-1)^{n-1} \frac{a^n z^{-n}}{n}$$

由此可得原序列为

$$x(n) = \begin{cases} (-1)^{n-1} \dfrac{a^{-n}}{n} & n > 0 \\ 0 & n \leqslant 0 \end{cases}$$

3.4　单边 Z 变换

3.4.1　定义

实际应用中，通常遇到的是因果序列。其原因为，能被观测到信号的总是有始序列，而可实现的系统也总是因果的。故在实际应用中，单边 Z 变换得到了广泛的使用。

单边 Z 变换定义为

$$X(z) = \sum_{n=0}^{+\infty} x(n) z^{-n} \qquad |z| > R_x \tag{3.4 - 1}$$

注意，定义中未涉及 $n < 0$ 时的 $x(n)$，也即此定义并未默认 $x(n) = 0(n < 0)$，对于 $n < 0$ 时的 $x(n)$，只是定义中没有涉及而已。

单边 Z 反变换的反演公式与双边 Z 变换相同，单边 Z 变换的绝大部分性质也与双边 Z 变换相同，但由于单边 Z 变换只涉及 $n \geqslant 0$ 时的 $x(n)$，因此移位性质与双边 Z 变换有很大的不同。

3.4.2 单边 Z 变换的移位性质

类似于单边拉普拉斯变换，移位(延时)性质在单边 Z 变换情况下发生了改变。具体而言，若

$$x(n) \leftrightarrow X(z)$$

则

$$x(n-k) \leftrightarrow X(z)z^{-k} + \sum_{m=1}^{k} x(-m)z^{m-k} \qquad (3.4-2)$$

式(3.4-2)的证明很容易。从单边 Z 变换定义 $X(z) = \sum_{n=0}^{+\infty} x(n)z^{-n}$ 出发，将 $\sum_{n=0}^{+\infty} x(n-k)z^{-n}$ 化成 $X(z)$ 的表达式，所有 $n < 0$ 时的 $x(n)$ 就多余出来成为后面的和式。

类似地，对于序列 $x(n+k)$，为将 $\sum_{n=0}^{+\infty} x(n+k)z^{-n}$ 化成单边 Z 变换 $X(z)$ 的表达式，需补充经移位后缺失的 $x(n)$ $(n = 0, 1, \cdots, k-1)$ 项，而后这些为构成定义要求的 $X(z)$ 而补充进去的项必须被扣除，这就构成了下式中带"—"号的和式项：

$$x(n+k) \leftrightarrow X(z)z^{k} - \sum_{m=0}^{k-1} x(m)z^{k-m} \qquad (3.4-3)$$

利用单边 Z 变换的移位性质，带初始条件的 LCCDE 问题就可容易地用单边 Z 变换进行求解。

3.4.3 利用单边 Z 变换解 LCCDE

单边拉普拉斯变换是求解初始条件非零时系统微分方程的有力工具，与此类似，单边 Z 变换的特有功能是用于求解带初始条件的系统差分方程。以下通过一个简单例子对此予以说明。

设 LSI 系统用一阶差分方程表示为

$$y(n) = x(n) + ay(n-1) \qquad n \geqslant 0 \qquad (3.4-4)$$

式中，a 为实常数，$|a| < 1$。

对式(3.4-4)两边取单边 Z 变换，利用移位性质，得到

$$Y(z) = X(z) + az^{-1}Y(z) + ay(-1) \qquad (3.4-5)$$

其中 $y(-1)$ 为系统的初始条件。由式(3.4-5)可得

$$Y(z) = \frac{X(z)}{1 - az^{-1}} + \frac{ay(-1)}{1 - az^{-1}} \qquad (3.4-6)$$

容易看出，式(3.4-6)右端第一项是由输入序列 $x(n)$ 引起的零状态响应，以 $Y_{ZS}(z)$ 表示，其下标 ZS 表示零状态(Zero State)；第二项则是由系统初始条件 $y(-1)$ 所引起的零输入响应，以 $Y_{ZI}(z)$ 表示，其下标 ZI 表示零输入(Zero Input)。

这样，$Y(z)$ 可以表示为

$$Y(z) = Y_{ZS}(z) + Y_{ZI}(z) \qquad (3.4-7)$$

对式(3.4-7)作 Z 反变换，与 $Y_{ZS}(z)$、$Y_{ZI}(z)$ 相应的 $y_{ZS}(n)$、$y_{ZI}(n)$ 就分别是零状态响应和零输入响应的时域表示。

对式(3.4-6)作进一步考察，比较右端的第一项与第二项还可以看出，其中第一项是

系统输入 $X(z)$ 引起的系统输出，而第二项可等效地视为是由输入 $ay(-1)$ 引起的系统输出，因此可将 $ay(-1)$ 视为是由非零初始条件引入的等效初始输入。这个等效初始输入的贡献是系统的零输入响应，而实际系统输入 $X(z)$ 引起的响应则是系统的零状态响应。

设输入序列 $x(n) = Ae^{j\omega_0 n}u(n)$，即有始复正弦信号；$y(-1) = C_0$，则由

$$x(n) = Ae^{j\omega_0 n}u(n) \leftrightarrow X(z) = \frac{A}{1 - e^{j\omega_0}z^{-1}} \qquad |z| > 1$$

将上面的 $X(z)$ 代入式(3.4-6)得到

$$Y(z) = \frac{A}{(1 - az^{-1})(1 - e^{j\omega_0}z^{-1})} + \frac{ay(-1)}{1 - az^{-1}}$$

$$= A\frac{1/(1 - a^{-1}e^{j\omega_0})}{1 - az^{-1}} + A\frac{1/(1 - ae^{-j\omega_0})}{1 - e^{j\omega_0}z^{-1}} + \frac{aC_0}{1 - az^{-1}} \qquad (3.4-8)$$

取 Z 反变换得

$$y(n) = A\frac{1}{1 - a^{-1}e^{j\omega_0}}a^n u(n) + A\frac{1}{1 - ae^{-j\omega_0}}e^{j\omega_0 n}u(n) + a^{n+1}C_0 u(n) \qquad (3.4-9)$$

因此

$$y_{ZS}(n) = A\frac{1}{1 - a^{-1}e^{j\omega_0}}a^n u(n) + A\frac{1}{1 - ae^{-j\omega_0}}e^{j\omega_0 n}u(n)$$

$$y_{ZI}(n) = a^{n+1}C_0 u(n)$$

在 $|a| < 1$ 时，零输入响应 $y_{ZI}(n)$ 将消失于 $n \to +\infty$ 过程中，而零状态响应 $y_{ZS}(n)$ 中 $A\dfrac{1}{1 - a^{-1}e^{j\omega_0}}a^n u(n)$ 项也会随 $n \to +\infty$ 趋于零，故当 n 很大时，可以认为

$$y(n) \approx A\frac{1}{1 - ae^{-j\omega_0}}e^{j\omega_0 n}u(n) \qquad (3.4-10)$$

因此称 $A\dfrac{1}{1 - a^{-1}e^{j\omega_0}}a^n u(n)$ 是零状态响应中的暂态响应项，而称 $A\dfrac{1}{1 - ae^{-j\omega_0}}e^{j\omega_0 n}u(n)$ 为零状态响应中的稳态响应项。

不难求出系统频率特性 $H(e^{j\omega}) = \dfrac{1}{1 - a^{-1}e^{j\omega}}$，故当 $n \to +\infty$ 时，式(3.4-10)成为

$$y(n) = H(e^{j\omega})\big|_{\omega = \omega_0} \cdot Ae^{j\omega_0 n}u(n) \qquad (3.4-11)$$

式(3.4-11)清楚地说明了：$H(e^{j\omega})$ 表征了系统的正弦稳态响应。

对于稳定的 LSI 系统，若系统输入为 $x(n) = Ae^{j\omega_0 n}$，则对任何有限的第 n 个时刻，都可认为此输入在无穷远时间之前就已加入，因此由系统初始条件引起的零输入响应和由输入信号引起的零状态响应中的暂态响应都已消失，从而系统输出中只剩下输入引起的稳态响应项，即

$$y(n) = H(e^{j\omega})\big|_{\omega = \omega_0} \cdot x(n)$$

若系统输入为有始复正弦序列 $x(n) = e^{j\omega_0 n}u(n)$，也即系统在 $n = 0$ 时刻才加入信号 $e^{j\omega_0 n}$，则仅当 n 很大时，由初始条件引起的零输入响应以及由输入信号引起的零状态响应中的暂态响应才可视为已经消失。因此，仅当 n 很大时，系统输出才可视为仅存在输入引起的稳态响应项，即

$$y(n) \approx H(e^{j\omega})\big|_{\omega = \omega_0} \cdot x(n)$$

以上以一个简单的一阶系统为例，说明了用单边 Z 变换求解带初始条件的线性常系数

差分方程的方法,同时对系统的零输入响应和零状态响应以及零状态响应中的暂态响应与稳态响应等概念进行了说明。鉴于上述概念在连续时间域内已经学过,这里不再展开。

本节所述方法可推广至任何带初始条件的 LCCDE 问题的求解。所需注意的是,系统的初始条件数将随系统差分方程的阶数而变。

【例 3.4 - 1】 设 $x(n) = \delta(n-1)$, $y(-1) = y(-2) = 1$,求解线性常系数差分方程

$$y(n) = 0.25y(n-2) + x(n)$$

【解】 用单边 Z 变换来求解 $y(n)$。如果 $y(n)$ 的单边 Z 变换为 $Y(z)$,则根据式(3.4-2)所示的延迟性质,$y(n-2)$ 的单边 Z 变换为

$$y(n-2) \leftrightarrow z^{-2}Y(z) + y(-1)z^{-1} + y(-2)$$

这样,对题目给出的 LCCDE 两边进行单边 Z 变换可得

$$Y(z) = 0.25z^{-2}Y(z) + 0.25y(-1)z^{-1} + 0.25y(-2) + X(z)$$

由于 $x(n) = \delta(n-1)$,故系统输入 $X(z) = z^{-1}$;另一方面,由于系统初始条件为 $y(-1) = y(-2) = 1$,故初始条件引入的等效初始输入为 $\frac{1}{4}(1+z^{-1})$,最后得到

$$Y(z) = Y_{ZS}(z) + Y_{ZI}(z) = \frac{z^{-1}}{1 - \frac{1}{4}z^{-2}} + \frac{1}{4}\frac{1+z^{-1}}{1 - \frac{1}{4}z^{-2}} = \frac{1}{4}\frac{1+5z^{-1}}{1 - \frac{1}{4}z^{-2}}$$

为求 $Y(z)$ 的 Z 反变换,将 $Y(z)$ 作部分分式展开:

$$Y(z) = \frac{11/8}{1 - \frac{1}{2}z^{-1}} - \frac{9/8}{1 + \frac{1}{2}z^{-1}}$$

即得

$$y(n) = \left[\frac{11}{8}\left(\frac{1}{2}\right)^n - \frac{9}{8}\left(-\frac{1}{2}\right)^n\right]u(n)$$

3.5 LSI 系统函数与系统结构

与模拟域一样,在离散时间域内,也同样有系统函数这一概念。系统函数在变换域内全面地描述和反映了系统的行为和性质,同时也构成了系统综合设计的基础。从系统分析这一角度来看,定义于 s 域内的模拟时间系统函数与定义于 z 域内的离散时间系统函数的功能相仿;但就系统设计而言,本节将要介绍的离散时间系统函数更为有效。其原因为,在 s 域内,系统函数的三种基本运算为加法器、常数乘法器和积分器,但实际使用的电元件是电感 L、电容 C 和电阻 R,因此系统函数并不能直接给出电路结构。而在离散时间系统情况下,构成 z 域内系统函数的三种运算,即加法器(Adder)、常数乘法器(也称标量乘法器,Scale Multiplier)和单位延迟器(Unit Delay)本身就是数字系统的基本运算元件。因此,从系统函数出发就可直接与可实现的系统结构相联系,这是模拟域内的系统函数无法做到的。更重要的是,实际数字系统中的存储单元字长总是有限的,因此加法器和常数乘法器的表数精度和计算精度都是有限的,也即系统只能以有限精度实现,从而所实现的系统性能总会与理想性能有所偏离,甚至导致系统不稳定,而从系统函数出发,就可选择使用合适的系统结构予以实现,有效地控制由有限精度引起的不良效应。

3.5.1　系统函数的定义

LSI 系统的功能是对需要处理的输入序列进行操作，使其改变为所需的输出序列。在时域中，单位采样响应 $h(n)$ 表征了 LSI 系统的这一特性；在频域中，系统频率特性 $H(e^{j\omega})$ 表征了系统的这一特性；而在变换域 z 域中，则引入系统函数概念来表征系统的这个特性。

设 LSI 系统的单位采样响应为 $h(n)$，系统输入为 $x(n)$，则系统输出为

$$y(n) = x(n) * h(n)$$

利用 Z 变换的卷积性质对上式两边作双边 Z 变换得到

$$Y(z) = X(z)H(z)$$

由此，系统函数定义为

$$H(z) = \frac{Y(z)}{X(z)} \tag{3.5-1}$$

定义表明，系统函数确实表征了系统输入输出之间的关系。

特别地，当输入序列为 $\delta(n)$ 时，系统输出 $y(n) = h(n)$，因此，由式(3.5-1)可以推出，LSI 系统的系统函数还可定义为系统单位采样响应的 Z 变换：

$$H(z) = \sum_{n=-\infty}^{+\infty} h(n)z^{-n} \tag{3.5-2}$$

这与连续时间系统中 $h(t)$ 与 $H(s)$ 是一对拉普拉斯变换对类似。

【例 3.5-1】　LSI 系统由一个加法器、一个常数乘法器和一个单位延迟器组成，如图 3.5-1 所示。其中 a 为实常数，求该系统的系统函数 $H(z)$。

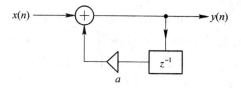

图 3.5-1　一个简单的数字系统结构

【解】　由图可知，此系统的输入输出关系为

$$y(n) = ay(n-1) + x(n)$$

两边取双边 Z 变换后得

$$Y(z) = az^{-1}Y(z) + X(z)$$

从而

$$H(z) = \frac{Y(z)}{X(z)} = \frac{1}{1 - az^{-1}} \tag{3.5-3}$$

若把图 3.5-1 中的 $x(n)$ 和 $y(n)$ 分别改写为 $X(z)$ 和 $Y(z)$，也即在 z 域上表示系统结构后，容易看出，系统函数 $H(z)$ 可从系统结构直接导出，也即系统结构本身就给出了 $H(z)$。此外，经这样改写后，用 z^{-1} 表示单位延迟也更易理解，也即，在时域内，输出序列 $y(n)$ 通过单位延迟器后输出为 $y(n-1)$，而在 z 域内，相应的 $Y(z)$ 经单位延迟后成为 $z^{-1}Y(z)$。

事实上，所有的数字系统均由加法器、单位延迟器及常数乘法器这三种基本运算单元构成。因此，在根据应用需求确定出系统函数 $H(z)$ 后，系统结构也可随之得到。反之亦

然，在知道系统结构后，也可容易地从系统结构求得系统函数。这方面的讨论在后面还会展开。

对于用非零初始条件的 LCCDE 所表达的 LSI 系统，双边 Z 变换不再适用。但根据系统函数的定义内涵，不难得到适用于这类系统的系统函数定义。下面通过一个例子来引入。

【例 3.5 – 2】 回顾 3.4.3 节中分析过的示例，设 LSI 系统用一阶差分方程表示为

$$y(n) = x(n) + ay(n-1) \qquad n \geqslant 0$$

式中 a 为实常数，$|a| < 1$。求系统在非零初始条件下（$y(-1) \neq 0$）的系统函数。

【解】 在非零初始条件下，该系统输出的单边 Z 变换为

$$Y(z) = \frac{X(z)}{1 - az^{-1}} + \frac{ay(-1)}{1 - az^{-1}}$$

上式表明，系统输出中包含了两部分的贡献，其一来自系统输入 $X(z)$，其二是由非零初始条件 $y(-1)$ 所引入的等效初始输入 $ay(-1)$ 的贡献，为使系统函数表征系统对输入的作用，必须把系统初始条件对系统输出的影响予以排除，也即必须使系统处于初始松弛状态。

为此，令系统初始条件 $y(-1) = 0$，于是由上式得到

$$H(z) = \left. \frac{Y(z)}{X(z)} \right|_{\text{系统初始松弛}} = \frac{1}{1 - az^{-1}}$$

因此，对于这类存在非零初始条件的 LCCDE 所表达的 LSI 系统，系统函数的定义为

$$H(z) = \left. \frac{Y(z)}{X(z)} \right|_{\text{系统初始松弛}} \tag{3.5 – 4}$$

式中的 Z 变换为单边 Z 变换。

比较例 3.5 – 1 与例 3.5 – 2 可以看出，例 3.5 – 2 中的输入输出关系式仅适用于 $n \geqslant 0$，而例 3.5 – 1 中的输入输出关系表达式适用于所有 n 值。这意味着，在例 3.5 – 1 中，系统工作始于无穷远时间之前。对于稳定的系统，系统在无穷远时间前接入时的初始条件对系统输出的贡献在任一有限时刻均已消失，也即对任何有限的 n 值，在系统输出中已不存在系统初始状态的影响。因此，定义为系统输出与输入的双边 Z 变换之比的系统函数所反映的是系统对输入的作用。

在实际应用中，上述两种定义都会用到，但从系统设计角度而言，使用双边 Z 变换的定义式更方便，因此是我们讨论的重点。

3.5.2 系统函数的零极点

设 LSI 系统用线性常系数差分方程描述：

$$y(n) = \sum_{k=1}^{N} a_k y(n-k) + \sum_{k=0}^{M} b_k x(n-k) \qquad M \leqslant N \tag{3.5 – 5}$$

式中，$a_k (k = 1, 2, \cdots, N)$，$b_k (k = 0, 1, \cdots, M)$ 为实常数。

在式（3.5 – 5）两边作双边 Z 变换，得到系统函数为

$$H(z) = \frac{\displaystyle\sum_{k=0}^{M} b_k z^{-k}}{1 - \displaystyle\sum_{k=1}^{N} a_k z^{-k}} \triangleq \frac{N(z^{-1})}{D(z^{-1})} \tag{3.5 – 6}$$

对式(3.5-6)的分子分母多项式 $N(z^{-1})$、$D(z^{-1})$ 进行因式分解，可得

$$H(z) = A \frac{\prod_{k=1}^{M}(1 - z_k z^{-1})}{\prod_{k=1}^{N}(1 - p_k z^{-1})} \tag{3.5-7}$$

式中，z_k 是分子多项式 $N(z^{-1})$ 的根，p_k 是分母多项式 $D(z^{-1})$ 的根。

系统函数的零、极点：由式(3.5-7)可见，当 $z = z_k$ 时，$H(z) = 0$，故称 z_k 为 $H(z)$ 的零点，在 z 平面上用"○"标记；而当 $z = p_k$ 时，$H(z) = \infty$，称 p_k 为 $H(z)$ 的极点，在 z 平面上用"×"标记。这样，类似于模拟时间域，引入零、极点概念后，系统函数就可以由 z 平面上的一组极点和零点来确定。至于常数因子 A，由于它仅代表一个固定增益，故对系统性质无实质影响。

上面从差分方程式(3.5-5)导出了系统函数表达式(3.5-6)，反过来，如要从系统函数推出相应的输入输出差分方程也很方便。例如一个 LSI 系统的系统函数为

$$H(z) = \frac{(1 + z^{-1})^2}{\left(1 - \frac{1}{2}z^{-1}\right)\left(1 + \frac{3}{4}z^{-1}\right)}$$

将 $H(z)$ 的分子分母分别展开后表示为

$$H(z) = \frac{1 + 2z^{-1} + z^{-2}}{1 + \frac{3}{4}z^{-1} - \frac{3}{8}z^{-2}} = \frac{Y(z)}{X(z)}$$

就可得到

$$\left(1 + \frac{3}{4}z^{-1} - \frac{3}{8}z^{-2}\right)Y(z) = (1 + 2z^{-1} + z^{-2})X(z)$$

相应的差分方程就是

$$y(n) + \frac{3}{4}y(n-1) - \frac{3}{8}y(n-2) = x(n) + 2x(n-1) + x(n-2)$$

因此，只要给定差分方程或系统函数中的任意一个，就能容易地求得另一个。

在式(3.5-5)中，$H(z)$ 的收敛域并未指明，但根据前面已经学习过的知识，不同的收敛域对应了不同的 $h(n)$。因此，系统的因果性(Causality)和稳定性(Stability)与 $H(z)$ 的收敛域有密切的关系。

因果系统：因果系统的充要条件是当 $n < 0$ 时，$h(n) = 0$，也即 $h(n)$ 是个因果系列。这意味着 $H(z)$ 的收敛域是某个收敛圆的外部，即 $|z| > R_{x-}$。

稳定系统：系统稳定的充要条件是 $h(n)$ 绝对可和，即 $\sum_{n=-\infty}^{\infty}|h(n)| < \infty$，这相当于在 $|z| = 1$ 时，$\sum_{n=-\infty}^{\infty}|h(n)z^{-n}| < \infty$。也即，对稳定系统而言，$H(z)$ 的收敛域必须包含单位圆。

综上可见，一个稳定的因果系统的收敛域是一个半径小于 1 的圆的外部：

$$|z| > R_{x-} \qquad 0 < R_{x-} < 1 \tag{3.5-8}$$

从系统函数的零极点角度看，如果一个因果系统 $H(z)$ 所有的极点都在单位圆内，则系统稳定。反之，如果一个因果系统稳定，则系统的所有极点肯定都在单位圆内。

回顾连续时间域内因果稳定系统 $H(s)$ 的所有极点必在 s 平面的左半平面，再根据 s 平面与 z 平面在变换 $e^{-sT} \to z^{-1}$ 下的映射关系，可以看出连续时间系统理论与离散系统理论之间的紧密联系与相容性。

【例 3.5 - 3】 设 LSI 系统的系统函数为

$$H(z) = \frac{1 - \dfrac{1}{2}z^{-1}}{1 + \dfrac{3}{4}z^{-1} + \dfrac{1}{8}z^{-2}}$$

试画出零极点分布图，并确定 $H(z)$ 的收敛域和稳定性。

【解】 对 $H(z)$ 的分母进行因式分解得到

$$H(z) = \frac{1 - \dfrac{1}{2}z^{-1}}{1 + \dfrac{3}{4}z^{-1} + \dfrac{1}{8}z^{-2}} = \frac{1 - \dfrac{1}{2}z^{-1}}{\left(1 + \dfrac{1}{4}z^{-1}\right)\left(1 + \dfrac{1}{2}z^{-1}\right)} = \frac{z\left(z - \dfrac{1}{2}\right)}{\left(z + \dfrac{1}{4}\right)\left(z + \dfrac{1}{2}\right)}$$

所以，$H(z)$ 的零点为 $z_1 = 0$，$z_2 = \dfrac{1}{2}$；极点为 $p_1 = -\dfrac{1}{4}$，$p_2 = -\dfrac{1}{2}$。相应的零极点图如图 3.5 - 2 所示。

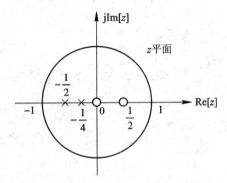

图 3.5 - 2　例 3.5 - 3 系统的零极点图

系统函数的收敛域与零极点分析：

(1) 若收敛域为 $\left|-\dfrac{1}{2}\right| < |z|$，此时，$H(z)$ 的收敛域是半径为 $\dfrac{1}{2}$ 的收敛圆的外部，两个极点都在单位圆内，所以系统是因果稳定系统；

(2) 若收敛域为 $|z| < \left|-\dfrac{1}{4}\right|$，此时，$H(z)$ 的收敛域为半径为 $\dfrac{1}{4}$ 的收敛圆的内部，因此单位圆不在收敛域内，且两个极点也不在收敛域内，故系统既是非因果的，也是不稳定的；

(3) 若收敛域是 $\left|-\dfrac{1}{4}\right| < |z| < \left|-\dfrac{1}{2}\right|$，此时，$H(z)$ 收敛域是一个环域，单位圆没有被包含在内，且两个极点均在收敛域外，所以系统仍是不稳定的非因果系统。

3.5.3　系统函数与单位采样响应的关系

在 $M \geqslant N$ 时，式(3.5 - 6)所示的 $H(z)$ 还可写成如下的部分分式展开式：

$$H(z) = \sum_{k=0}^{M-N} B_k z^{-k} + \sum_{k=1}^{N} \frac{A_k}{1 - p_k z^{-1}} \tag{3.5 - 9}$$

若 $M \leqslant N$，上式右端第一项和式不存在。

若所有 p_k 为单极点，则相应的系统单位采样响应为

$$h(n) = \sum_{k=0}^{M-N} B_k \delta(n-k) + \sum_{k=1}^{N} A_k p_k^n u(n) \qquad (3.5-10)$$

如果出现多重实数极点，例如 p_l 是一个二阶实极点，则 $h(n)$ 中将出现 $p_l^n u(n) * p_l^n u(n)$ 的项，更高阶实极点的情况可类推。在出现复极点的情况下，对于实系统来说，式(3.5-5)中分子分母多项式的系数 $a_k(k=1,2,\cdots,N)$ 和 $b_k(k=0,1,\cdots,M)$ 都是实数，因此复极点必以共轭极点形式出现，且相应分式的系数也共轭。例如若 $p_l = r_l e^{j\omega_l}$ 是 $H(z)$ 的极点，相应项的系数为 A_l，则 $p_l^* = r_l e^{-j\omega_l}$ 也是 $H(z)$ 的极点，且相应项的系数为 A_l^*。上述对称性意味着式(3.5-10)中的两项复响应可合并为如下形式的实响应：

$$A_l p_l^n u(n) + A_l^* (p_l^*)^n u(n) = C_l r_l^n \cos(\omega_l n + \varphi_l) u(n)$$

根据系统函数的极点与系统单位采样响应的关系，可将 LSI 系统分成两类。

(1) 无限冲激响应(IIR，Infinite Impulse Response)系统。当系统函数 $H(z)$ 的分母多项式的阶次不为零，也即 $N \neq 0$ 而系统至少有一个非零极点 $p_k \neq 0$ 时，由式(3.5-10)可见，系统的单位采样响应 $h(n)$ 至少有一项 $A_k p_k^n u(n)$，从而 $h(n)$ 就必具无限长度。这就是无限冲激响应(IIR)系统这个名称的由来。

例如，系统函数为

$$H(z) = \frac{1}{1 - az^{-1}}$$

其零极点图如图 3.5-3 所示，极点为 $z=a$，当 $|a|<1$ 时，$H(z)$ 的反变换是 $h(n)=a^n u(n)$，因此是稳定的 IIR 系统。

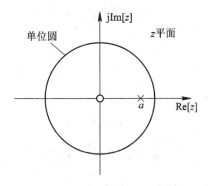

图 3.5-3 零极点图

(2) 有限冲激响应(FIR，Finite Impulse Response)系统。当 $H(z)$ 的分母多项式除 $p_k=0$ 外，没有其它的非零极点时，$H(z)$ 表达式(3.5-9)成为一个如下所示的 z^{-1} 的多项式：

$$H(z) = \sum_{k=0}^{M} B_k z^{-k}$$

此时其单位采样响应

$$h(n) = \sum_{k=0}^{M} B_k \delta(n-k) \qquad (3.5-11)$$

只具有限长度，因此称这样的系统为有限冲激响应(FIR)系统。

例如，若系统的单位采样响应为

$$h(n) = \begin{cases} a^n & 0 \leqslant n \leqslant M \\ 0 & 其它 \end{cases}$$

则从表达式即可看出，系统单位采样响应只具有有限的长度，所以这个系统是 FIR 系统。下面考察其系统函数。系统函数可以写成如下两种形式：

$$H(z) = \sum_{n=0}^{M} a^n z^{-n}$$

或

$$H(z) = \frac{1 - a^{M+1} z^{-M-1}}{1 - az^{-1}}$$

前一种形式是式(3.5-9)右端中的第一个和式，这是一个 z^{-1} 的多项式，根据上面的说明，这是个 FIR 系统。后一种形式写成了解析闭式，从这个解析式中可以知道，系统有一个非零极点 $z = a$，而零点有 $M+1$ 个，分别为

$$z_k = ae^{j\frac{2\pi k}{M+1}} \qquad k = 0, 1, \cdots, M$$

容易看出，$k = 0$ 时的零点与 $z = a$ 的极点发生了对消，这称之为零极点对消。因此，尽管 $H(z)$ 的解析表达式中似乎有非零极点存在，但实际上这是个可移去极点，所以系统是 FIR 系统。

图 3.5-4 示出了 $M = 7$ 时的系统零极点图。其中，$k = 0$ 时的零点与 $z = a$ 的极点发生了零极点对消，而在 $z = 0$ 处，有一个七阶极点。

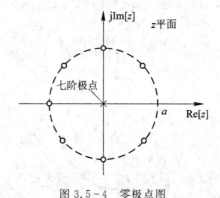

图 3.5-4　零极点图

3.5.4　系统函数与系统频率特性的关系

根据 DTFT 与 Z 变换的关系知道，若 Z 变换收敛域包括单位圆，则 DTFT 就是 Z 变换中 $z = e^{j\omega}$ 时的值。故对于因果稳定系统，由于其收敛域包括单位圆，一定有

$$H(e^{j\omega}) = H(z)\big|_{z=e^{j\omega}} = A \frac{\prod\limits_{k=1}^{M}(1 - z_k z^{-1})}{\prod\limits_{k=1}^{N}(1 - p_k z^{-1})}\Bigg|_{z=e^{j\omega}} \qquad (3.5-12)$$

上式表明，对于给定的 ω 值，频率响应 $H(e^{j\omega})$ 的幅度 $|H(e^{j\omega})|$ 是分子中各项 $|1 - z_k e^{-j\omega}|$ 的乘积除以分母中各项 $|1 - p_k e^{-j\omega}|$ 乘积的 $|A|$ 倍。其中分子中的每一项可改写为

$$|1 - z_k \mathrm{e}^{-\mathrm{j}\omega}| = |\mathrm{e}^{\mathrm{j}\omega} - z_k|$$

上式右端项的几何意义是零点 $z = z_k = |z_k|\mathrm{e}^{\mathrm{j}\theta_k}$ 到单位圆上 $z = \mathrm{e}^{\mathrm{j}\omega}$ 处的矢量长。图 3.5 - 5 中，矢量 $\boldsymbol{V}_1$ 是从零点 $z_1 = |z_1|\mathrm{e}^{\mathrm{j}\theta_1}$ 到单位圆上 $z = \mathrm{e}^{\mathrm{j}\omega}$ 处的矢量，其长度为 $|V_1| = |\mathrm{e}^{\mathrm{j}\omega} - z_1|$。同理，分母中的每一项也可表达为

$$|1 - p_k \mathrm{e}^{-\mathrm{j}\omega}| = |\mathrm{e}^{\mathrm{j}\omega} - p_k|$$

右端项的几何意义是极点 $z = p_k$ 到单位圆上 $z = \mathrm{e}^{\mathrm{j}\omega}$ 处的矢量长。图 3.5 - 5 中的矢量 $\boldsymbol{V}_2$ 是从极点 $p_2 = |p_2|\mathrm{e}^{\mathrm{j}\theta_2}$ 到单位圆上 $z = \mathrm{e}^{\mathrm{j}\omega}$ 处的矢量，其长度为 $|V_2| = |\mathrm{e}^{\mathrm{j}\omega} - p_2|$。

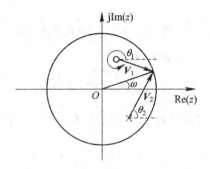

图 3.5 - 5　根据系统的零、极点用几何方法计算系统的频率响应

频率响应 $H(\mathrm{e}^{\mathrm{j}\omega})$ 的相位确定方法也类似。设 A 是一个正实数，则由式(3.5 - 12)给出的频率响应的相位为

$$\arg[H(\mathrm{e}^{\mathrm{j}\omega})] = \sum_{k=1}^{M} \arg(1 - z_k \mathrm{e}^{-\mathrm{j}\omega}) - \sum_{k=1}^{N} \arg(1 - p_k \mathrm{e}^{-\mathrm{j}\omega}) \qquad (3.5 - 13)$$

也即频率响应的相位等于分子各项相位和与分母各项相位和之差。由于

$$1 - z_k \mathrm{e}^{-\mathrm{j}\omega} = \mathrm{e}^{-\mathrm{j}\omega}(\mathrm{e}^{\mathrm{j}\omega} - z_k)$$

则

$$\arg(1 - z_k \mathrm{e}^{-\mathrm{j}\omega}) = \arg[\mathrm{e}^{-\mathrm{j}\omega}(\mathrm{e}^{\mathrm{j}\omega} - z_k)] = \arg[(\mathrm{e}^{\mathrm{j}\omega} - z_k)] - \omega = \theta_k - \omega$$

这里 θ_k 是零点 $z = z_k$ 到单位圆上 $z = \mathrm{e}^{\mathrm{j}\omega}$ 处的矢量所对应的夹角，如图 3.5 - 5 中所示的 θ_1 是零点 $z = z_1$ 到单位圆上 $z = \mathrm{e}^{\mathrm{j}\omega}$ 处的矢量所对应的夹角。类似地，对分母中的每一项有

$$\arg(1 - p_k \mathrm{e}^{-\mathrm{j}\omega}) = \arg[\mathrm{e}^{-\mathrm{j}\omega}(\mathrm{e}^{\mathrm{j}\omega} - p_k)] = \arg[(\mathrm{e}^{\mathrm{j}\omega} - p_k)] - \omega = \theta_k - \omega$$

图 3.5 - 5 中所示的 θ_2 是极点 $z = p_2$ 到单位圆上 $z = \mathrm{e}^{\mathrm{j}\omega}$ 处的矢量所对应的夹角。

如果 A 为负，相位增加 π。

如上所述，通过在 z 平面上的零极点用图解法求出这些复数的模与幅角，即可由式(3.5 - 12)和式(3.5 - 13)求得该频率处系统频率特性的幅值和相位。通过改变所取的 ω 值，可在感兴趣的各个频率点逐点求出 $H(\mathrm{e}^{\mathrm{j}\omega})$ 在这些点处的值。采用这种方法后，就可以用调整零极点位置的手段来改变系统的频率特性，使其满足应用需求。因此，这种频率响应的几何求解方法在一些比较简单的控制系统设计中使用较多。

【例 3.5 - 4】　已知一个二阶系统有一个二阶极点 $z_{1,2} = 0.5$，一对复零点 $p_{1,2} = \mathrm{e}^{\pm \mathrm{j}\frac{\pi}{2}}$。利用几何方法求出该数字系统的增益 A，使得 $|H(\mathrm{e}^{\mathrm{j}\omega})|_{\omega=0} = 1$。

【解】　根据已知的零点与极点，可以写出

$$H(z) = A \frac{(1 - \mathrm{e}^{\mathrm{j}\frac{\pi}{2}} z^{-1})(1 - \mathrm{e}^{-\mathrm{j}\frac{\pi}{2}} z^{-1})}{\left(1 - \dfrac{1}{2} z^{-1}\right)^2}$$

所以

$$\left| H(e^{j\omega}) \right| \Big|_{\omega=\omega_0} = A \frac{\left| e^{j\omega_0} - e^{j\frac{\pi}{2}} \right| \left| e^{j\omega_0} - e^{-j\frac{\pi}{2}} \right|}{\left| e^{j\omega_0} - \frac{1}{2} \right|^2}$$

$\omega = \omega_0 = 0$ 对应了单位圆 $z = 1$ 处，因此，从 $z_{1,2} = 0.5$ 这个二阶极点到 $z = 1$ 的矢量长等于 0.5，而一对复零点 $p_{1,2} = e^{\pm j\frac{\pi}{2}}$ 到单位圆 $z = 1$ 处的矢量长等于 $\sqrt{2}$。于是得到

$$\left| H(e^{j\omega}) \right| \Big|_{\omega=0} = A \frac{\sqrt{2} \times \sqrt{2}}{0.5 \times 0.5} = 8A = 1$$

从而该数字系统增益应为 $A = \frac{1}{8}$。注意，对于二阶极点的情况，在图解求取频率特性时，应重复计算两次，也即可视其为两个单极点。

3.5.5 综合性的例子

这一节通过多个实例来说明求如何求 LSI 系统的单位采样响应、系统函数和系统频率特性。

【例 3.5 - 5】 梳状滤波器。一个 LSI 系统的结构如图 3.5 - 6 所示。分析该系统的单位采样响应、系统函数和系统频率特性。

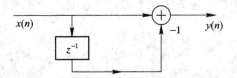

图 3.5 - 6   例 3.5 - 5 中的梳状滤波器数字结构

【解】   令 $x(n) = \delta(n)$，此时系统输出即为系统的单位采样响应 $h(n) = y(n)$，由图可见

$$h(n) = \delta(n) - \delta(n - N)$$

这是一个有限长度的序列。对上式两边作 Z 变换，得系统函数为

$$H(z) = 1 - z^{-N} = \frac{z^N - 1}{z^N} \qquad |z| > 0$$

观察可见，上式实际上可从系统结构图直接得到。由上式，可求得系统有 N 个零点，它们是

$$z = e^{j\frac{2k\pi}{N}} \qquad k = 0, 1, 2, \cdots, N-1$$

系统在 $z = 0$ 处有一个 N 阶极点。零极点图如图 3.5 - 7 所示。

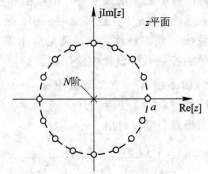

图 3.5 - 7   梳状滤波器零极点图

该系统除 $z=0$ 外无其它极点，所以是 FIR 系统，$h(n)$ 的表达式印证了此点。系统的频率特性为

$$H(e^{j\omega}) = H(z)\big|_{z=e^{j\omega}} = 1 - e^{-j\omega N} = e^{-j\frac{\omega N}{2}}\left(e^{j\frac{\omega N}{2}} - e^{-j\frac{\omega N}{2}}\right)$$

$$= 2\sin\left(\frac{\omega N}{2}\right)e^{-j\left(\frac{\omega N}{2} - \frac{\pi}{2}\right)}$$

幅频特性为

$$\left|H(e^{j\omega})\right| = 2\left|\sin\left(\frac{\omega N}{2}\right)\right|$$

由幅频特性可见，在 $\frac{\omega N}{2} = k\pi$，即 $\omega = \frac{2k\pi}{N}$（$k=0,1,2,\cdots,N-1$）时，$\left|H(e^{j\omega})\right|=0$。这表明系统在 $[0,2\pi)$ 内共有 $N-1$ 个传输零点，最后一个传输零点位于

$$\omega = \frac{2k\pi}{N}(N-1)$$

在 $\omega=\pi$ 处，若 N 是偶数，则 $\left|H(e^{j\omega})\right|=0$；若 N 是奇数，则 $\left|H(e^{j\omega})\right|=2$。图 3.5-8 示出了 N 为偶数时梳状滤波器的幅频特性。请读者自行画出 N 是奇数时的幅频特性。

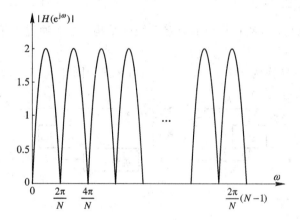

图 3.5-8　梳状滤波器幅频特性曲线

【例 3.5-6】　二阶谐振器。给定一个 LTI 系统的结构如图 3.5-9 所示。分析该系统的单位采样响应、系统函数和系统频率特性。

【解】　根据给定的系统，可以写出其 LCCDE 为

$$y(n) = a_1 y(n-1) + a_2 y(n-2) + b_0 x(n) + b_1 x(n-1)$$

作双边 Z 变换后即可得系统函数 $Y(z)$。

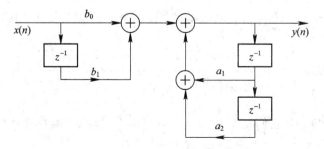

图 3.5-9　例 3.5-6 中的二阶谐振器数字结构

事实上，$H(z)$ 也可根据数字系统的结构图直接获得。结构图的变换规则如下：

① 两个系统级联。

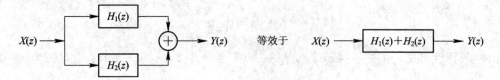

② 两个系统并联。

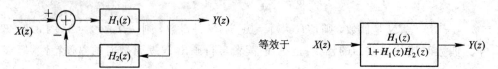

③ 反馈结构。

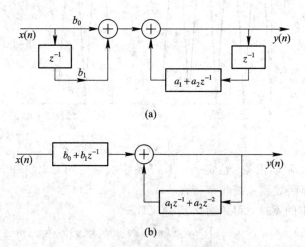

根据上述三个规则，从题目给出的数字系统的结构出发，通过如下的变换过程即可求得系统函数 $H(z)$。

首先将图 3.5 - 9 转换为图 3.5 - 10(a)，然后转换为图 3.5 - 10(b)。

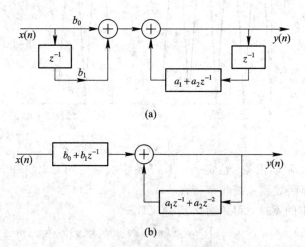

(a)

(b)

图 3.5 - 10　数字系统的结构变换过程示意

若 $b_0 = 1$，$b_1 = -\cos\left(\dfrac{2\pi}{N}\right)$，$a_1 = 2\cos\left(\dfrac{2\pi}{N}\right)$，$a_2 = -1$，从图 3.5 - 10(b)得到

$$H(z) = \frac{1 - \cos\left(\dfrac{2\pi}{N}\right)z^{-1}}{1 - 2\cos\left(\dfrac{2\pi}{N}\right)z^{-1} + z^{-2}} = \frac{\left[z - \cos\left(\dfrac{2\pi}{N}\right)\right]z}{\left(z - e^{j\frac{2\pi}{N}}\right)\left(z - e^{-j\frac{2\pi}{N}}\right)}$$

该系统有两个零点，它们是 $z_1 = 0$，$z_2 = \cos\left(\dfrac{2\pi}{N}\right)$；极点也有两个，$p_1 = e^{j\frac{2\pi}{N}}$，$p_2 = e^{-j\frac{2\pi}{N}}$。

这两个极点 p_1、p_2 分别对应了 $h(n)$ 中的 $e^{j\frac{2\pi}{N}n}u(n)$ 和 $e^{-j\frac{2\pi}{N}n}u(n)$ 这两项响应，因此，这是个

IIR 系统。零极点图如图 3.5 - 11 所示。

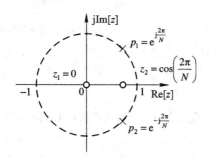

图 3.5 - 11　二阶谐振器的零点和极点

前已指出，在实系统情况下，复极点必以共轭形式出现，且为相应的系数共轭，因此两项复响应可合并为一项实响应。本例中，$H(z)$ 作部分分式展开后可得

$$H(z) = \frac{1/2}{1 - e^{j\frac{2\pi}{N}}z^{-1}} + \frac{1/2}{1 - e^{-j\frac{2\pi}{N}}z^{-1}}$$

因此

$$h(n) = \frac{1}{2}\left[e^{j\frac{2\pi}{N}n}u(n) + e^{-j\frac{2\pi}{N}n}u(n) \right] = \cos\left(\frac{2\pi}{N}n\right)u(n)$$

上式表明，当输入为 $x(n) = \delta(n)$ 时，此系统的输出是一个有始正弦序列，因而系统是一个二阶谐振器，也常常称其为正弦波发生器。

现在确定该系统的频率特性。由于系统极点位于单位圆上，因此 $H(z)$ 收敛域为 $|z| > 1$，故单位圆上的 Z 变换不存在，但工程应用中往往不苛求数学上的严谨性，而仍然视为有

$$H(e^{j\omega}) = H(z)\big|_{z = e^{j\omega}} = \frac{1/2}{1 - e^{j\frac{2\pi}{N}}e^{-j\omega}} + \frac{1/2}{1 - e^{-j\frac{2\pi}{N}}e^{-j\omega}}$$

由此得到系统的幅频特性如图 3.5 - 12 所示。$|H(e^{j\omega})|$ 在 $\omega = \pm 2\pi/N$ 处（对应了两个极点位置）时趋于无穷，在 $\omega = 0$ 或 $\omega = \pi$ 处，$|H(e^{j\omega})| = 1/2$。

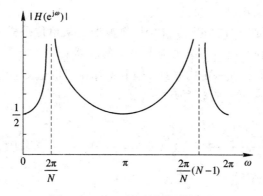

图 3.5 - 12　系统的幅频特性图

实际上，上面所述的二阶谐振器的极点位于单位圆上，因此系统处于临界稳定，也即系统实质上是个不稳定系统，因而是不能实现的。实际使用的二阶谐振器须把极点的位置修正到单位圆内部。采取的做法是，将系统中几个乘法器的系数设定改为

$$b_0 = 1, \; b_1 = -r\cos\left(\frac{2\pi}{N}\right), \; a_1 = 2r\cos\left(\frac{2\pi}{N}\right), \; a_2 = -r^2$$

其中 $0 < r < 1$，但接近于 1。经过这样处理后，系统的两个极点 $p_1 = re^{\frac{2\pi}{N}}$ 和 $p_2 = re^{-\frac{2\pi}{N}}$ 均在单位圆内部，而系统函数 $H(z)$ 的收敛域成为 $|z| > r$，包含了单位圆，从而得到了一个稳定的系统。

3.6 系统结构与有限精度实现简介

前已指出，与模拟系统不同，数字系统的基本运算单元加法器和常数乘法器的运算精度是有限的，存储单元也只能以有限精度存储运算结果，因此，在得到系统函数后，对其进行有限精度实现时将会遇到实际系统性能偏离理想性能的问题。为此，本节将对系统实现所涉及的系统网络结构进行介绍，在此基础上，再就如何通过系统结构选择来减小有限精度实现所造成的影响这一问题做简要说明。

3.6.1 系统结构

从信号通过系统的观点而言，LSI 系统是对输入序列进行的某种操作或运算，使其成为所需的输出序列，从广义上来说，这种操作或运算都可称为"滤波"，因此，执行信号处理任务的 LSI 系统常常被称为"数字滤波器"。在引入数字滤波器这个术语后，除第 5 章外，以后本书将不加以区别地使用 LSI 系统、数字系统、数字滤波器这几种名称。

前已介绍过，如按单位采样响应 $h(n)$ 的持续时间长度对 LSI 系统进行分类，可将系统分为无限冲激响应（IIR）系统和有限冲激响应（FIR）系统两种。而按系统实现时的结构形式进行分类，则可分为递归型结构和非递归型结构两类。

递归型结构：若 $H(z)$ 实现时的系统网络结构中任意一个环节包含有反馈环路，则称这样的数字滤波器为递归型结构滤波器。

非递归型结构：若 $H(z)$ 实现时的系统网络结构中不包含任何反馈回路，则称这样的数字滤波器为非递归型滤波器。

初学者需要注意的是，IIR 滤波器和 FIR 滤波器是从单位采样响应持续时间这一角度出发的，而递归型结构和非递归型结构则着眼于滤波器实现时所采用的网络结构形式。因此，在上述两种分类之间存在一定的联系，但并不存在严格意义上的一一对应关系。

数字滤波器的系统函数一般形式为

$$H(z) = \frac{\displaystyle\sum_{k=0}^{M} b_k z^{-k}}{1 - \displaystyle\sum_{k=1}^{N} a_k z^{-k}} = \sum_{k=0}^{M} b_k z^{-k} \cdot \frac{1}{1 - \displaystyle\sum_{k=1}^{N} a_k z^{-k}} = H_1(z) \cdot H_2(z) \qquad (3.6-1)$$

其中，

$$H_1(z) = \sum_{k=0}^{M} b_k z^{-k}, \qquad H_2(z) = \frac{1}{1 - \displaystyle\sum_{k=1}^{N} a_k z^{-k}}$$

$H_1(z)$ 对应了 $H(z)$ 中的分子多项式，它有 M 个零点，而除了在 $z = 0$ 具有一个 M 阶极点外，别无其它极点，所以有些文献中称它为是全零点滤波器。$H_1(z)$ 所进行的操作是对系统的 $M+1$ 输入进行加权平均。随输出时刻不同，被操作的 $M+1$ 个输入也不同，因此，这一滤波器被称为滑动平均(Moving Average)滤波器，简称 MA 滤波器。而 $H_2(z)$ 则对应了 $H(z)$ 中的其余部分，它具有 N 个极点，而零点在 $z=0$ 处，故有些文献中称它为是全极点滤波器。$H_2(z)$ 所进行的操作是把前 N 个输出反馈回来，再加权求和，成为输出，因此通常被称为自回归(Auto-Recurrence)滤波器，简称 AR 滤波器。

图 3.6-1 示出了式(3.6-1)所示系统函数的一种实现结构。

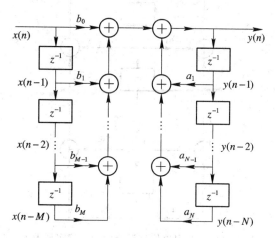

图 3.6-1　系统函数 $H(z)$ 的一种结构$(M=N)$，直接实现 I 型

容易看出这一结构由 MA 滤波器 $H_1(z)$ 和 AR 滤波器 $H_2(z)$ 级联构成。而 $H_1(z)$ 和 $H_2(z)$ 两项本身也用直接方式进行了实现。这样的结构形式称为直接实现 I 型。

显然，如将式(3.6-1)中 $H_1(z)$、$H_2(z)$ 两部分的次序予以对调，$H(z)$ 不会改变，但据此画出的结构则由于改变了图 3.6-1 中 MA 滤波器与 AR 滤波器的级联次序而得到了另一种结构，如图 3.6-2 所示。这样的结构形式称为直接实现 II 型。

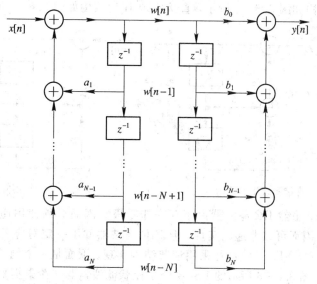

图 3.6-2　系统函数 $H(z)$ 的另一种结构$(M=N)$，直接实现 II 型

图 3.6-1 和图 3.6-2 中，实现极点的 $H_2(z)$ 这部分结构所涉及的运算是对其过去输出值的操作，因此为递归结构。从 $H(z)$ 的表达式来看，只要分母多项式 $H_2(z)$ 式有一个 $a_k \neq 0$（$1 \leq k \leq N$），系统 $H(z)$ 就具有非零极点，因而是 IIR 系统，实现时必然具递归结构。

注意到图 3.6-2 中，$H_1(z)$ 与 $H_2(z)$ 相邻的两个单位延迟器完全可以共用，共用后形成的如图 3.6-3 所示的结构是直接实现 II 型结构的另一种形式。

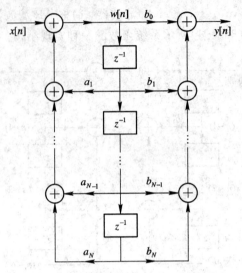

图 3.6-3　共用单位延迟器后的直接实现 II 型

【例 3.6-1】　画出下面 LSI 系统的直接实现 I 型和直接实现 II 型结构。

$$H(z) = \frac{1 + 2z^{-1}}{1 - 1.5z^{-1} + 0.9z^{-2}}$$

【解】　将系统系数与式(3.6-1)比较可得

$$H_1(z) = 1 + 2z^{-1}, \qquad H_2(z) = \frac{1}{1 - 1.5z^{-1} + 0.9z^{-2}}$$

故直接实现 I 型结构如图 3.6-4 所示，直接实现 II 型结构如图 3.6-5 所示。

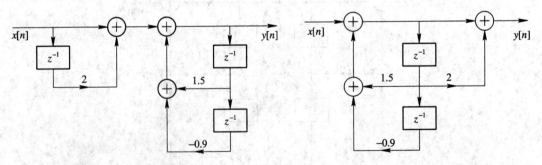

图 3.6-4　直接实现 I 型结构　　　　　图 3.6-5　直接实现 II 型结构

需要注意的是，虽然 IIR 滤波器由于存在非零极点因而必须使用递归结构，FIR 滤波器不存在非零极点因而可以非递归实现，但 FIR 滤波器并不一定对应于非递归滤波器。实际上，在很多应用中，FIR 系统往往采用递归结构实现。下面是一个例子。

【例 3.6-2】　图 3.6-6 所示的 LSI 系统是梳状滤波器与二阶谐振器的级联，其中梳状滤波器和二阶谐振器都采用了直接实现 I 型结构，求其系统函数、零极点和单位采样响应。

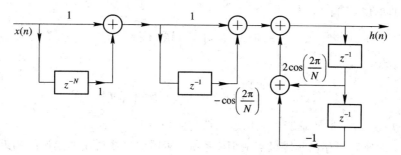

图 3.6 - 6　梳状滤波器与二阶谐振器的级联

【解】　根据 3.5.5 节中例 3.5 - 7 和例 3.5 - 8 可知，题给系统的系统函数为

$$H(z) = (1 - z^{-N}) \cdot \left[\frac{1/2}{1 - e^{j\frac{2\pi}{N}}z^{-1}} + \frac{1/2}{1 - e^{-j\frac{2\pi}{N}}z^{-1}} \right]$$

上式右端的第一项是梳状滤波器，它有一个 N 阶极点位于 $z = 0$，N 个零点为

$$z_k = e^{j\frac{2\pi}{N}k} \qquad k = 0, 1, 2, \cdots, N - 1$$

图 3.6 - 7 示出了 $N = 8$ 时的梳状滤波器零极点图。

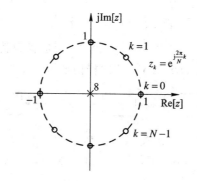

图 3.6 - 7　梳状滤波器的零极点图（$N = 8$）

右端第二项是二阶谐振器，它有两个非零极点 $p_1 = e^{j\frac{2\pi}{N}}$ 和 $p_2 = e^{-j\frac{2\pi}{N}}$，与梳状滤波器的零点对消；零点也有两个，为 $z_1 = 0$ 和 $z_2 = \cos\left(\frac{2\pi}{N}\right)$，其中 $z_1 = 0$ 与梳状滤波器的 N 阶极点对消，从而使系统在 $z = 0$ 处有一个 $N - 1$ 阶极点。图 3.6 - 8 是二阶谐振器的零极点图。图 3.6 - 9 是梳状滤波器与二阶谐振器级联后的系统零极点图。由图 3.6 - 9 可见，级联后的总系统不存在非零极点，因而是一个 FIR 系统。

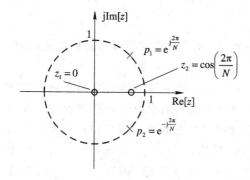

图 3.6 - 8　二阶谐振器的零极点

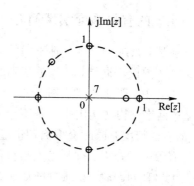

图 3.6 - 9　合成的总系统零极点图（$N = 8$）

该系统的单位采样响应为

$$h(n) = \cos\left(\frac{2\pi}{N}n\right)R_N(n)$$

系统函数是 z^{-1} 的 $(N-1)$ 阶多项式

$$H(z) = \sum_{n=-\infty}^{+\infty} h(n)z^{-n} = \sum_{n=0}^{N-1} \cos\left(\frac{2\pi}{N}n\right)z^{-n}$$

这样，本题就提示了，FIR 系统可以用递归结构实现。

实际上，即使对于存在非零极点的 IIR 系统，实用中也往往用非递归结构近似实现。例如 LSI 系统函数为

$$H(z) = \frac{1}{1-az^{-1}} \qquad |a|<1, \; |z|>|a|$$

该系统的单位采样响应为

$$h(n) = a^n u(n)$$

故是一个典型的 IIR 系统，上节图 3.5-1 已经示出了其直接 I 型实现，是一个递归结构。但由于

$$H(z) = \frac{1}{1-az^{-1}} = 1 + az^{-1} + a^2 z^{-2} + \cdots$$

因此，在 $|a|<1$ 时，只要 n 足够大，就有 $a^n \approx 0$，于是我们就得到了具有足够精度的 FIR 近似实现。实际应用中通常用如图 3.6-10 的横向滤波器结构来实现这一逼近。

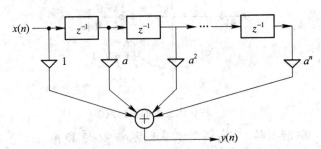

图 3.6-10　横向滤波器

横向滤波器在工程上有广泛的应用，图中的 1，a，a^2，$\cdots$，a^n 称之为抽头因子，抽头增益或抽头系数。改变这些系数，在级数足够大时，几乎可以近似表达实际应用中的所有 $H(z)$，因此横向滤波器也被称为万能滤波器(Universal Filter)，常用于通信领域中。

3.6.2　系统的有限精度实现简介

如前所述，系统可以用各种不同的运算结构来实现。但是，在用有限数值精度实现时，这些理论上等效的不同结构，能够达到的实际性能却是可以不相同的。

上一小节中，图 3.6-1、图 3.6-2、图 3.6-3 给出了数字滤波器的直接实现网络结构，但上述网络结构在实用中通常不会采用。原因在于，这些结构中的极点位置在滤波器系数 a_k 的表数精度有限时会偏离理论值，因此，如果有某些极点很靠近单位圆，那么在 a_k 的字长是有限位时，其中有些极点很可能会移到单位圆外，从而使系统不稳定。而且麻烦的是在发生这种问题时，很难判断如何调节各 a_k 的值来使系统稳定，因为任意一个 a_k 的变化会导致所有极点位置发生变化。

由于上述存在问题，实用中广泛使用的结构是使用如图 3.6-11 所示的双二次结构的级联型式。下面对此种结构的优点进行说明。

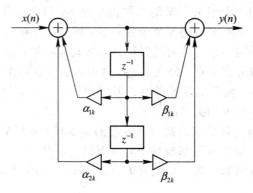

图 3.6-11　双二次结构

式(3.6-2)所示的 $H(z)$ 可通过对分子分母多项式的因式分解写为

$$H(z) = A \prod_{k=1}^{\left\lfloor \frac{N+1}{2} \right\rfloor} \frac{1 + \beta_{1k} z^{-1} + \beta_{2k} z^{-2}}{1 - \alpha_{1k} z^{-1} - \alpha_{2k} z^{-2}} \tag{3.6-2}$$

若某节中 $\alpha_{2k} = 0$，$\beta_{2k} = 0$，则该节成一阶环节。于是，$H(z)$ 可用如图 3.6-12 所示的二阶节的级联结构实现。

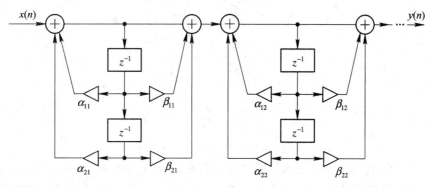

图 3.6-12　双二次结构的级联实现形式

与前面介绍的直接实现型结构相比，这一结构的优点是极点位置易于控制，因为每个二阶节各控制两个极点，因此很容易通过调节二阶节中反馈环节的两个乘法器的系数来控制两个极点的位置。

但须指出的是，实际应用中，仍有二阶节中的零极点配对(Pairing)问题和各二阶节级联时的排序(Ordering)问题需加考察，因为不同的组合方式在有限寄存器字长情况下仍会导致系统性能不同。此外，在定点计算的情况下，信号逐节传输过程中被放大以致到下节计算时可能会产生溢出，因此比例因子的逐级分配(Scaling)问题也需加以考察。

以上的配对、排序和比例因子问题均超出了本书的范围，不予展开说明。

除了上面介绍的二阶节的级联结构外，另一种常用的结构是二阶节的并联结构。

对 $H(z)$ 进行部分分式展开：

$$H(z) = \sum_{k=0}^{N-M} C_k z^{-k} + \sum_{k=1}^{\left\lfloor \frac{M+1}{2} \right\rfloor} \frac{r_{0k} + r_{1k} z^{-1}}{1 - \alpha_{1k} z^{-1} - \alpha_{2k} z^{-2}} \tag{3.6-3}$$

式中右端后一项即式中的二阶节包含了共轭复根和成对实根两种情况，在成对实根时，二阶节可进一步分解成一阶节之和。

二阶节并联结构的好处是各并联节的工作相互独立，因此除了极点位置易于控制这个优点外，各级的运算误差也不会传播至其余并联节，所以不存在排序与比例因子问题。

根据网络理论，各种网络结构均有转置形式，这只需在网络中把各传输支路的传输方向倒转，求和节点改换成分支节点，分支节点改换成求和节点，节点变量值不变，再将输入输出互换即得。因此，在二阶节级联或并联的基本结构基础上，可以衍生出不同的等效结构。感兴趣的读者可自行参看相关文献。

二阶节是组成级联或并联实现的高阶滤波器的基本环节，以后还会知道，在 FIR 滤波器的频率采样结构中，二阶节也是基本环节，因而使用十分广泛。但在采用不同结构的二阶节时，由有限精度实现引起的系数量化对极点位置所产生的误差仍有差别。下面对此做简单考察。

考察如下这个简单的 LSI 系统：

$$H(z) = \frac{b_0 + b_1 z^{-1}}{1 - 2r\cos\theta z^{-1} + r^2 z^{-2}} \tag{3.6-4}$$

此系统具有两个非零极点：$re^{\pm j\theta}$，其直接实现结构如图 3.6 – 13 所示。图中，$a_1 = 2r\cos\theta$，$a_2 = -r^2$。

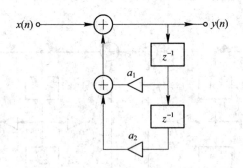

图 3.6 – 13　二阶节直接 I 型实现

由于实现时寄存器的字长有限，滤波器的系数 $a_1 = 2r\cos\theta$、$a_2 = -r^2$ 将与设计值产生偏离。例如在寄存器字长为 3 比特时，$a_1 = 2r\cos\theta$ 与 $a_2 = -r^2$ 都只有 8 个可能的数值可选，如表 3.6 – 1 所示。

表 3.6 – 1　二阶节系数量化取值

r^2	r 可取的十进制值	$r\cos\theta$	$r\cos\theta$ 可取的十进制值
000	0	000	0
001	0.354	001	0.125
010	0.5	010	0.25
011	0.6124	011	0.375
100	0.7071	100	0.5
101	0.79	101	0.625
110	0.866	110	0.75
111	0.9354	111	0.875

　　图 3.6 - 14 示出了极点在单位圆内可以选取的位置，这些可选位置是单位圆内的第一象限中半径为 r 的同心圆与 8 条等间隔直线的交点。换句话说，极点的可选位置并不均匀分布于单位圆内的第一象限中。由图可见，当 r、θ 都较小时，极点可选位置之间距离很大，也即极点较为稀疏，这就使系统实现时极点的实际位置可能会偏离设计值很多；反之，当 r、θ 都较大时，极点可选位置之间距离较小，也即极点较为密集，因此系数量化后极点位置误差较小。

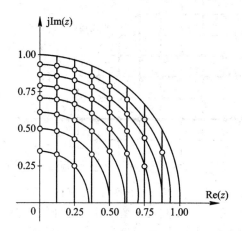

图 3.6 - 14　二阶节直接实现允许极点位置（第一象限）

　　图 3.6 - 15 给出了二阶节的耦合实现结构，这种结构可使极点位置得到均匀分布。

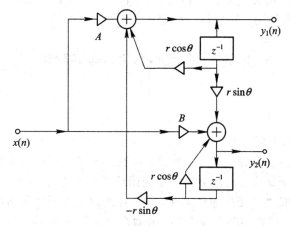

图 3.6 - 15　二阶节的另一种实现结构

以 $y_1(n)$、$y_2(n)$ 作为输出，由图 3.6 - 15 可得：

$$Y_1(z) = r\cos\theta \cdot z^{-1} Y_1(z) - r\sin\theta \cdot z^{-1} Y_2(z) + A X(z)$$

$$Y_2(z) = r\sin\theta \cdot z^{-1} Y_1(z) + r\cos\theta \cdot z^{-1} Y_2(z) + B X(z)$$

消去 $Y_2(z)$，得到

$$H_1(z) = \frac{Y_1(z)}{X(z)} = \frac{(1 - r\cos\theta \cdot z^{-1})A - B(r\sin\theta \cdot z^{-1})}{1 - 2r\cos\theta \cdot z^{-1} + r^2 z^{-2}} \tag{3.6-5}$$

分子中的系数 A、B 根据需求确定。

　　显然，$H_1(z)$ 是一个二阶节，比较式（3.6 - 4）与式（3.6 - 5）可见，两种结构的极点相同。

由图 3.6-15 可见，采用这种结构实现系统时，系统中的各个滤波器系数是 $r\cos\theta$、$\pm r\sin\theta$，在寄存器字长相同时，可取极点数目也相同。与直接实现结构的不同之处在于，使用此结构时，极点位置能够在单位圆内均匀分布，如图 3.6-16 所示。

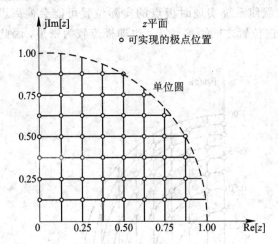

图 3.6-16　二阶节耦合型结构实现极点取值位置

与图 3.6-13 所示的二阶节直接实现 I 型相比，这种结构在 r、θ 都较小的情况下，可取的极点位置较多，因此能减小极点位置对设计值的偏离，也即系数量化引起的极点偏离情况能够得到改善。为此付出的代价是要使用更多的乘法器，从而会增大由乘积量化引入的误差。但在 r、θ 都较大的情况下，极点的密集程度不如二阶节的直接实现 I 型。因此，实际应用中选取何种结构更好，需视情况而定。

3.7　本章小结与习题

3.7.1　本章小结

Z 变换是分析离散时间信号与系统的有力工具。就分析工具而言，它在离散时间域内的地位与连续时间域内的拉普拉斯变换相当。但在其基础上引入的系统函数在系统设计方面的有效性与方便性则是连续时间域内的系统函数所不具备的。

本章首先介绍了双边 Z 变换的概念和定义，详细讨论了不同序列情况下双边 Z 变换的收敛域，随后介绍了主要性质及 Z 反变换，并对单边 Z 变换及其在应用于具有非零初始条件情况下常系数线性差分方程的求解进行了分析说明。在此基础上引入了离散时间系统的系统函数及其零极点概念，分析说明了系统单位采样响应、系统频率特性与系统函数之间的关系，并对系统函数、系统的差分方程与系统函数之间的联系进行了讨论。

在本章最后部分，对离散时间系统的实现结构进行了简单介绍，并对用有限精度算法对结构进行实现时的系数量化效应给出了最基本的说明。

3.7.2　本章习题

3.1　对下列序列，求出其 Z 变换，并指出其收敛域。

(1) $\delta(n) + \left(\dfrac{1}{2}\right)^n u(n)$；　　　　　　　　　　(2) $\delta(n) - \dfrac{1}{8}\delta(n-3)$；

(3) $\left(\dfrac{1}{3}\right)^{-n}u(n)$；　　　　　　　　(4) $\left(\dfrac{1}{2}\right)^{|n|}$；

(5) $h(n)=u(n)-u(n-8)$；　　　　(6) $\left(\dfrac{1}{3}\right)^{n}u(-n)$。

3.2　求下列信号的 Z 变换，并指出收敛域：

(1) $x(n)=2^{n}u(n)+3\left(\dfrac{1}{2}\right)^{n}u(n)$；

(2) $x(n)=\cos(n\omega_0)u(n)$。

3.3　根据下列信号的时域形式，直接给出下面各序列 Z 变换的收敛域：

(1) $x(n)=\left[\left(\dfrac{1}{2}\right)^{n}+\left(\dfrac{3}{4}\right)^{n}\right]u(n-10)$；

(2) $x(n)=\begin{cases} 1 & -10\leqslant n\leqslant 10 \\ 0 & 其余 \end{cases}$；

(3) $x(n)=2^{n}u(-n)$。

3.4　用 $x(n)$ 的 Z 变换求 $y(n)=\displaystyle\sum_{k=-\infty}^{n}x(k)$ 的 Z 变换。

3.5　$x(n)$ 为有限长序列，只有当 $0\leqslant n\leqslant N-1$ 时 $x(n)$ 非零。单边周期序列 $y(n)$ 由 $x(n)$ 周期延拓形成，如下式所示：

$$y(n)=\sum_{k=0}^{\infty}x(n-kN)$$

用 $X(z)$ 表示 $y(n)$ 的 Z 变换，并求 $Y(z)$ 的收敛域。

3.6　求下列各式的 Z 反变换。

(1) $X(z)=\dfrac{1}{1+\dfrac{1}{2}z^{-1}}$　　　$|z|>\dfrac{1}{2}$；

(2) $X(z)=\dfrac{1}{1+\dfrac{1}{2}z^{-1}}$　　　$|z|<\dfrac{1}{2}$；

(3) $X(z)=\dfrac{1-\dfrac{1}{2}z^{-1}}{1+\dfrac{3}{4}z^{-1}+\dfrac{1}{8}z^{-2}}$　　　$|z|>\dfrac{1}{2}$；

(4) $X(z)=\dfrac{1-\dfrac{1}{2}z^{-1}}{1-\dfrac{1}{4}z^{-2}}$　　　$|z|>\dfrac{1}{2}$。

3.7　写出 Z 变换：

$$X(z)=\dfrac{3}{1-\dfrac{1}{2}z^{-1}}+\dfrac{2}{1-2z^{-1}}$$

对应的各种可能的序列表达式。

3.8　画出 $X(z)=\dfrac{-3z^{-1}}{2-5z^{-1}+2z^{-2}}$ 的零极点图。问在以下三种收敛域下，哪一种是左边序列，哪一种是右边序列，并求出各对应序列。

(1) $|z|>2$;　　　　(2) $|z|<\dfrac{1}{2}$;　　　　(3) $\dfrac{1}{2}<|z|<2$。

3.9　求下列 Z 变换的 Z 反变换。

(1) $X(z)=4+3(z^2+z^{-2})$　　　$0<|z|<\infty$;

(2) $X(z)=\dfrac{1}{1+3z^{-1}+2z^{-2}}$　　　$|z|>2$;

(3) $X(z)=\dfrac{1}{(1-z^{-1})(1-z^{-2})}$　　　$|z|>1$。

3.10　已知如下序列的 Z 变换，求原序列。

(1) $X(z)=\dfrac{1}{(1-az^{-1})^2}$　　　$|z|>a$;

(2) $X(z)=\dfrac{az^{-1}}{(1-az^{-1})^2}$　　　$|z|>a$。

3.11　已知序列 $x(n)$ 的 Z 变换为

$$X(z)=\frac{z}{z-\dfrac{1}{2}}\qquad |z|>\frac{1}{2}$$

求 $x(n)$ 的傅里叶变换 $X(e^{j\omega})$。

3.12　序列 $x(n)$ 的 Z 变换为

$$X(z)=\frac{1-4z^{-1}+2z^{-2}}{1-3z^{-1}+0.5z^{-2}}$$

如果收敛域包括单位圆，求 $x(n)$ 在点 $\omega=\pi/2$ 的 DTFT。

3.13　考虑一个用差分方程

$$y(n)=y(n-1)-y(n-2)+0.5x(n)+0.5x(n-1)$$

描述的系统，求输入为

$$x(n)=(0.5)^n u(n)$$

时的系统响应。系统初始条件为 $y(-1)=0.75$，$y(-2)=0.25$。

3.14　为考察一个由如下 LCCDE 描述的数字系统的性能：

$$y(n)=\frac{3}{4}y(n-1)-\frac{1}{8}y(n-2)+x(n)$$

需要求出系统在 $x(n)=\delta(n)$ 时的输出 $y(n)$，已知该系统初始条件为 $y(-1)=-1$，且 $y(-2)=1$，求出该初始状态下系统的响应 $y(n)$，并与该系统的单位采样响应 $h(n)$ 比较。

3.15　如果一个线性移不变系统的输入为

$$x(n)=\left(\frac{1}{2}\right)^n u(n)+2^n u(-n-1)$$

输出为

$$y(n)=6\left(\frac{1}{2}\right)^n u(n)-6\left(\frac{3}{4}\right)^n u(n)$$

求系统函数 $H(z)$，并判断系统是否稳定和因果。

3.16　一个线性因果移不变系统的系统函数为

$$H(z)=\frac{1+z^{-1}}{1-\dfrac{1}{2}z^{-1}}$$

若其输出为

$$y(n) = -\frac{1}{3}\left(\frac{1}{4}\right)^n u(n) - \frac{4}{3}(2)^n u(-n-1)$$

求输入 $x(n)$ 的 Z 变换。

3.17　图 3.7-1 是一个一阶稳定因果系统的结构。试求出系统的差分方程、系统函数，并在以下参数情况下画出其零极点图，求出其单位采样响应和频率特性。

(1) $b_1 = 0.5$, $a_0 = 0$, $a_1 = 1$；

(2) $b_1 = 0.5$, $a_0 = 1$, $a_1 = 0$；

(3) $b_1 = 0.5$, $a_0 = 0.5$, $a_1 = 1$；

(4) $b_1 = 0.5$, $a_0 = -0.5$, $a_1 = 1$。

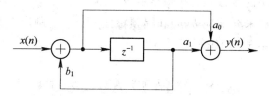

图 3.7-1　习题 3.17 图

3.18　试求出图 3.7-2 所示二阶谐振器的差分方程(LCCDE)和系统函数 $H(z)$，画出零极点图，求出单位采样响应 $h(n)$ 以及频率特性 $H(\mathrm{e}^{\mathrm{j}\omega})$。试问该系统是 IIR 还是 FIR 系统？是递归结构还是非递归结构？

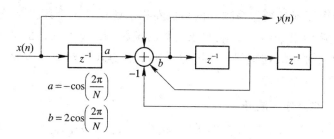

图 3.7-2　习题 3.18 图

3.19　上题(题 3.18)中的二阶谐振器是一个不稳定系统，一个实用的二阶谐振器参数需做如下修正，如图 3.7-3 所示。

(1) 求出所示实用二阶谐振器的差分方程(LCCDE)、系统函数 $H(z)$、系统零极点，并画出零极点图；

(2) 求出系统的单位采样响应 $h(n)$ 以及频率特性 $H(\mathrm{e}^{\mathrm{j}\omega})$，画出 $|H(\mathrm{e}^{\mathrm{j}\omega})|$。

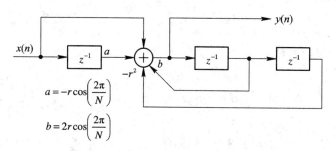

图 3.7-3　习题 3.19 图

3.20 图 3.7 - 4 所示系统是梳状滤波器与二阶谐振器的级联。

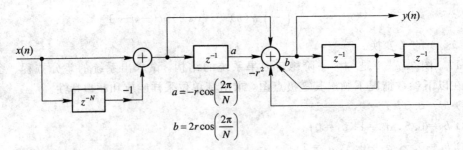

图 3.7 - 4 习题 3.20 图

（1）求出级联后系统的零极点，并画出零极点图；

（2）求出系统的单位采样响应 $h(n)$ 和幅频特性 $H(e^{j\omega})$，画出 $|H(e^{j\omega})|$；

（3）试问级联后的系统是 IIR 还是 FIR？

3.8 MATLAB 应 用

3.8.1 MATLAB 应用示例

利用 MATLAB 可以求序列的 Z 变换与 Z 反变换的表达式，如已知两个序列的 Z 变换，可通过对这两个序列 Z 变换多项式的系数卷积求解得到两个序列 Z 变换的乘积，或者在 MATLAB 中直接调用 residuez 函数（求留数的函数）来计算 $X(z)$ 的 Z 反变换，等等。但由于 MATLAB 是一种数值处理器，并不适合用于此类代数运算，因此本章的 MATLAB 应用主要着重于以下几个方面。

1. 系统函数的部分分式展开

MATLAB 提供了计算序列 Z 变换 $X(z)$ 的部分分式展开的函数，其调用形式为

$$[r,p,k]=residuez(b,a)$$

其中，调用参数 b、a 分别为用 z^{-1} 表示的形如

$$X(z) = \frac{B(z^{-1})}{A(z^{-1})} = \frac{b_0 + b_1 z^{-1} + \cdots + b_M z^{-M}}{a_0 + a_1 z^{-1} + \cdots + a_N z^{-N}}$$

的分子和分母多项式。

若 $X(z)$ 的部分分式展开为

$$X(z) = \frac{r_1}{1 - p_1 z^{-1}} + \frac{r_2}{1 - p_2 z^{-1}} + \frac{r_3}{1 - p_3 z^{-1}} + \frac{r_4}{(1 - p_3 z^{-1})^2} + k_1 + k_2 z^{-1}$$

则 residuez 函数的返回参数 r，p，k 分别为

$$r = \begin{bmatrix} r_1 & r_2 & r_3 & r_4 \end{bmatrix}$$

$$p = \begin{bmatrix} p_1 & p_2 & p_3 & p_3 \end{bmatrix}$$

$$k = \begin{bmatrix} k_1 & k_2 \end{bmatrix}$$

这里同一极点 p_3 在向量中出现了 2 次，表示 p_3 是个二重极点。

residuez 函数也可用于由 r，p，k 计算 z^{-1} 表示的 $X(z)$ 的分子和分母多项式，其调用

形式为

$$[b,a]=\text{residuez}(r,p,k)$$

因此，对于阶数较高的 $X(z)$，使用 residuez 函数能很方便地得到其部分分式展开或 Z 反变换的求解。

【例 3.8 - 1】　试用 MATLAB 计算：

$$X(z)=\frac{1.5+0.98z^{-1}-2.608z^{-2}+1.2z^{-3}-0.144z^{-4}}{1-1.4z^{-1}+0.6z^{-2}-0.072z^{-3}}\qquad |z|>0.6$$

的部分分式展开，并求 Z 反变换 $x(n)$。

【解】　%部分分式展开

```
b=[1.5,0.98,-2.608,1.2,-0.144];
a=[1,-1.4,0.6,-0.072];
[r,p,k]=residuez(b,a);
disp('系数 r');disp(r')
disp('极点 p');disp(p')
disp('系数 k');disp(k')
```

程序运行结果为

系数 r　0.7000+0.000i　0.5000-0.000i　　0.3000

极点 p　0.6000+0.000i　0.6000-0.000i　　0.2000

系数 k　0　2

因此，题给 $X(z)$ 部分分式展开结果为

$$X(z)=\frac{0.7}{1-0.6z^{-1}}+\frac{0.5}{(1-0.6z^{-1})^2}+\frac{0.3}{1-0.2z^{-1}}+2z^{-1}$$

根据收敛域 $|z|>0.6$，Z 反变换为

$$x(n)=[0.7\times0.6^n+0.5\times(n+1)^n\,0.6^n+0.3\times0.2^n]u(n)+2\delta(n-1)$$

2. 单边 Z 变换求解 LCCDE

在第 1 章中已经知道 LSI 系统的输入输出关系可用如下形式的 LCCDE 描述：

$$\sum_{k=0}^{N}a_ky(n-k)=\sum_{k=0}^{M}b_kx(n-k)\qquad M\leqslant N$$

式中，$x(n)$、$y(n)$ 分别表示系统的输入和输出。这时可以利用 MATLAB 提供的 filter 函数，计算出由上述 LCCDE 表达的系统在输入 $x(n)$ 下的零状态响应 $y(n)$。

filter 函数的调用形式为

$$y=\text{filter}(b,a,x)$$

而当已知差分方程的输入 $x(n)$ 和 N 个初始状态 $y(n)$（$-N\leqslant n\leqslant-1$）时，也即存在非零初始条件时，依然可以用 filter 函数求解 LCCDE，其调用形式为

$$y=\text{filter}(b,a,x,\text{xic})$$

其中，xic 为等效的初始输入，也即前面所说的将非零初始条件折合得到的等效系统输入。对于这个等效的初始输入 xic 的求解，MATLAB 也提供了 filtic 函数，调用形式为

$$\text{xic}=\text{filtic}(b,a,Y,X)$$

其中，Y 和 X 分别是由 $y(n)$ 和 $x(n)$ 的初始条件得到的数组形式：

$$Y = \left[y(-1), \ y(-2), \cdots, \ y(-N) \right]$$
$$X = \left[x(-1), \ x(-2), \cdots, \ x(-M) \right]$$

若输入序列 $x(n)$ 从 $n \geqslant 0$ 开始作用于系统，则 filtic 函数的调用形式简化为

　　　　xic = filtic(b, a, Y)

【例 3.8 - 2】 已知系统 LCCDE 如下：

$$y(n) - \frac{3}{2}y(n-1) + \frac{1}{2}y(n-2) = x(n) \qquad n \geqslant 0$$

式中

$$x(n) = \left(\frac{1}{4} \right)^n u(n)$$

当初始条件为 $y(-1) = 4$ 和 $y(-2) = 10$ 时，利用 MATLAB 求系统输出 $y(n)$。

【解】　％求解等效的初始输入 xic

　　Y = [4 10]; b = [1]; a = [1 -1.5 0.5];

　　xic = filtic(b, a, Y)

　　％ 系统全响应求解

　　n = [0:7]; x= (1/4).^n;

　　y1 = filter(b, a, x, xic)

运行结果如下：

　　xic =

　　　　1　　 -2

　　y1=

　　　2.00000000000000　　1.25000000000000　　0.93750000000000

　　　0.79687500000000　　0.73046875000000　　0.69824218750000

　　　0.68237304687500　　0.67449951171875

3. 零极点分析

对于离散时间系统：

$$X(z) = \frac{B(z^{-1})}{A(z^{-1})} = \frac{b_0 + b_1 z^{-1} + \cdots + b_M z^{-M}}{a_0 + a_1 z^{-1} + \cdots + a_N z^{-N}}$$

MATLAB 提供了 zplane 函数用于画出该系统在 z 平面上的零极点图，并画出作为参考的单位圆。该函数具有两种调用形式。

第一种调用形式为

　　zplane(b, a)

这时，zplane 函数先求得给定系统函数 $H(z)$ 的零点和极点，然后绘出零极点图。其中 b 为分子行向量，a 为分母行向量，注意 b、a 是 z^{-1}（或 z）的降幂序系数向量。

第二种调用形式为

　　zplane(z, p)

这时将绘出零点 z 列向量（以符号"o"表示）和极点 p 列向量（以符号"×"表示），以及参考单位圆。并在多阶零点和极点的右上角标出其阶数，如果 z 和 p 为矩阵，则 zplane 以不同的颜色分别绘出各列零点 z 和极点 p。

【**例 3.8 - 3**】　已知系统为 $H(z) = \dfrac{10z}{(z-1)(z-2)^2}$，画出其零极点的分布图。

【**解**】　系统函数可进一步整理为

$$H(z) = \frac{10z}{z^3 - 5z^2 + 8z - 4}$$

因此 MATLAB 程序如下：

```
b=[0 0 10 0];          %分子行向量
a=[1 −5 8 −4];         %分母行向量
zplane(b,a);           %使用 zplane(b,a)函数绘制系统的零极点图
```

运行结果如图 3.8 - 1 所示，其中 p=2 是 $H(z)$ 的二阶极点，也已在图中标出。

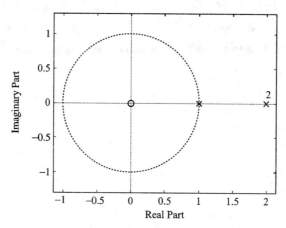

图 3.8 - 1　例 3.8 - 3 的零极点图

【**例 3.8 - 4**】　已知系统的零点为 $z=0$，一阶极点为 $p=1$；二阶极点 $p=2$ 时，利用 zplane(z, p)函数画出系统的零极点分布图。

【**解**】　程序如下：

```
z=[0];                 %零点列向量
p=[1;2;2];             %极点列向量
zplane(z,p);           %使用 zplane(z,p)函数绘制系统的零极点图
```

运行结果与例 3.8 - 3 类似，如图 3.8 - 2 所示

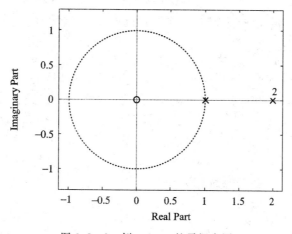

图 3.8 - 2　例 3.8 - 4 的零极点图

4. 频率响应

在介绍频率响应函数之前，先对 MATLAB 中使用的频率作一说明。在 MATLAB 的数字信号处理工具箱中，数字系统的所有频率都以单位频率进行归一化，而单位频率规定为采样频率的 1/2。例如在系统采样频率为 1000 Hz 时，则若某处频率等于 300 Hz 时，经归一化后的频率就是 300/500＝0.6。因此，若将归一化频率转换成数字信号处理教科书中所使用的数字频率(rad)，需乘以 π；反之，若将归一化频率乘以采样频率 f_s 的一半，则将归一化频率转换回了模拟域频率 f(Hz)。对于频率响应而言，归一化频率和模拟频率都可使用，归一化频率 f 通常满足 $0 < f < 1$。

MATLAB 提供了 freqz 函数，可直接根据 $H(z)$ 绘出系统的幅频 $|H(e^{j\omega})|$ 和相频 $\arg[H(e^{j\omega})]$ 特性曲线。在第 2 章中，已经介绍过该函数的使用形式之一。freqz 函数是基于将在第 4 章介绍的 FFT 算法所得到的数字系统的频率响应。有几种调用形式。

第一种调用形式为

  [H，w]＝freqz(b,a,N)

其中 b 和 a 分别表示分子和分母的系数向量，此函数返回该系统在(0～π)的等间距 N 点频率矢量 w 和 N 点复数频率响应矢量 H。

返回的 H 值是复数，还需利用 MATLAB 提供的 abs、angle、real、imag 等基本函数，计算频率响应 H 的幅度、相位、实部、虚部。

第二种调用形式为

  [H,w]＝freqz(b, a, N, 'whole')

返回在整个单位圆上(-π～π)等间距的点频率矢量 w 和 N 点复数频率响应矢量 H 计算值。

第三种调用形式为

  H＝freqz(b, a, w)

它返回矢量 w 指定的那些频率点上的频率响应，通常在 0～π 之间。

如果采用这种形式时，需先对频率样本点向量 w 作出定义。通常的做法是使用 linspace 函数。linspace 函数的命令形式有两种：

(1) linspace(x1，x2)：产生[x1，x2]范围内经线性分割得到的 100 点的向量；

(2) linspace(x1，x2，N)：产生[x1，x2]范围内经线性分割得到的 N 点的向量。

例如：

  w ＝ linspace(0, pi) % w 由(0, pi)上 100 个等分点组成

  w ＝ linspace(0, 1000) % w 由(0, 1000)上 100 个等分点组成

第四种调用形式，w 和 p 都没有定义，就成为下面的命令形式：

  [h,w] ＝freqz(b,a)

则默认 w 为(0～π)上均分的 512 点(频率单位为 rad/sample)并返回这些点处的频率响应 H。

【例 3.8 - 5】 已知一因果系统：

$$y(n) = 0.9y(n-1) + x(n)$$

试求：

(1) $H(z)$ 并画出其零极点分布图；

（2）系统的频率特性 $H(e^{j\omega})$，并画出 $|H(e^{j\omega})|$ 和 $\angle H(e^{j\omega})$。

【解】（1）已知系统是因果的，由差分方程可直接写出

$$H(z) = \frac{1}{1 - 0.9z^{-1}} \qquad |z| > 0.9$$

该系统存在一个极点 p＝0.9 和一个零点 z＝0，零极点图（见图 3.8－3）可由 zplane 函数绘出：

```
>> b=[1 0]; a=[1 -0.9];zplane(b,a);
```

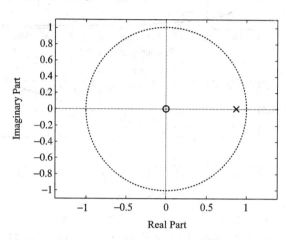

图 3.8－3 例 3.8－6 的零极点图

（2）利用 freqz 函数的第一种形式，将 0～π 等间距分成 100 个点，画出 $|H(e^{j\omega})|$ 和 $\angle H(e^{j\omega})$。

MATLAB 编程如下：

```
[H,w] = freqz(b,a,100);
magH = abs(H);
phaH = angle(H);
subplot(2,1,1); plot(w/pi, magH);grid
title('Magnitude Response');
xlabel('Frequency in pi units');
ylabel('Magnitude');
subplot(2,1,2); plot(w/pi, phaH);grid
title('Phase Response');
xlabel('Frequency in pi units');
ylabel('Phase in pi units');
```

然而图 3.8－4 中频率范围是 $0 \leqslant \omega \leqslant 0.99\pi$，并未给出 $\omega = \pi$ 点的特性，为了解决这个问题，可以采用 freqz 的第二种形式：

```
>> [H,w]=freqz(b,a,200,'whole');
>> magH = abs(H(1:101)); phaH = angle(H(1:100));
```

此时数组 H 中的第 101 个元素对应 $\omega = \pi$ 的点。

利用 freqz 的第三种形式也可以实现类似的结果：

>>w = [0:1:100] * pi/100; H=freqz(b,a,w);

>>magH = abs(H); phaH= angle(H);

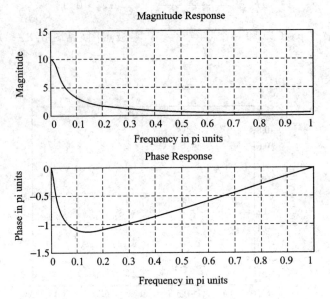

图 3.8 - 4　例 3.8 - 7 频率特性图

由此例可见，freqz 函数的几种调用形式均可以用来求解系统的频率响应，可以根据需要选择任意一种。

3.8.2　MATLAB 应用练习

1. 利用部分分式展开法求如下序列的 Z 反变换：

(1) $X_1(z)=(1-z^{-1}-4z^{-2}+4z^{-3})/\left(1-\dfrac{11}{4}z^{-1}+\dfrac{13}{8}z^{-2}-\dfrac{1}{4}z^{-3}\right)$，序列是右边序列；

(2) $X_2(z)=(z^3-3z^2+4z+1)/(z^3-4z^2+z-0.16)$，序列是左边序列；

(3) $X_3(z)=z/(z^3+2z^2+1.25z+0.25)$，$|z|>1$。

2. 已知一个因果 LTI 离散时间系统可由差分方程描述：

$$y(n)=0.9y(n-1)-0.81y(n-2)+x(n-1)+x(n-2)$$

求：(1) 系统函数 $H(z)$，并画出其零极点分布图；

(2) 单位采样响应 $h(n)$；

(3) 频率响应函数，并在 $0\leqslant\omega\leqslant\pi$ 范围内画出其幅度响应和相位响应；

(4) 当系统输入 $x(n)=\cos(\pi n/4)u(n)$ 时的系统输出。

3. 利用单边 Z 变换对 $y(n)$ 求解下列差分方程：

$$y(n)=0.81y(n-2)+x(n)+x(n-1)\qquad n\geqslant 0$$

初始条件为 $y(-1)=2$，$y(-3)=2$，其中 $x(n)=(0.7)^n u(n+1)$，用 MATLAB 产生 $y(n)$的前 20 个样本，并与所得答案比较。

4. 已知系统函数 $H(z)=1-z^{-N}$，试用 MATLAB 绘出 $N=8$ 的系统函数的零极点图、幅频响应和相频响应曲线。

5. 假设系统函数为

$$H(z) = \frac{z^2 + 5z - 50}{2z^4 - 2.98z^3 + 0.17z^2 + 2.3418z - 1.5147}$$

试用 MATLAB 编程，根据极点分布判断系统是否稳定。

6. 一个 LSI 离散时间系统的 LCCDE 为

$$y(n) - 1.6y(n-1) + 1.28y(n-2) = 0.5x(n) + 0.1x(n-1)$$

试用 MATLAB 编程，绘出系统的零极点图、幅频响应和相频响应，分析系统的因果性和稳定性。

第4章 离散傅里叶变换及其快速算法

本章要求:

1. 熟练掌握时间序列的周期延拓及主值周期的概念,在此基础上掌握序列的 N 点离散傅里叶变换定义的实质。

2. 掌握离散傅里叶变换与离散时间傅里叶变换、Z 变换的关系。了解 FIR 滤波器的频率采样结构。

3. 熟练掌握序列的周期移位与周期折叠,在此基础上理解并掌握 DFT 中特有的周期卷积概念,掌握用周期卷积计算两个有限长序列的线性卷积的条件与步骤。

4. 理解快速傅里叶变换在减少计算量方面的好处,基本理解 Cooley - Tukey 算法也即基 2 时间抽取 FFT 算法原理,了解 Sandy - Tukey 算法即基 2 频率抽取 FFT 算法原理。

5. 理解用 DFT 进行频谱分析的原理,理解实际频谱分析中的时窗函数作用及其带来的频率泄漏效应,了解常用的矩形窗、海明窗和汉宁窗的所对应的窗谱特点。了解频谱分析中的几个主要参数的意义。

6. 掌握快速卷积的概念,理解 FIR 滤波器的快速卷积实现结构。

7. 理解分段卷积概念,基本理解两种分段卷积方法的原理。

4.1 离散傅里叶变换与反变换的定义

第 2 章介绍的离散时间傅里叶变换(DTFT)虽然免除了模拟域内连续时间傅里叶变换所涉及的积分运算,但 DTFT 仍然涉及无限项求和运算,因此仍不能成为可付诸实用的处理工具。

本节引入的离散傅里叶变换(DFT)解决了这一问题,其定义只涉及有限和,而且 DFT 存在通常称为快速傅里叶变换(FFT)的高效快速算法,因此在许多应用场合中成为了最主要的信号处理工具。

4.1.1 离散傅里叶变换的引入

前已知道,序列 $x(n)$ 的离散时间傅里叶变换为

$$X(e^{j\omega}) = \sum_{n=-\infty}^{+\infty} x(n) e^{-j\omega n} \qquad (4.1-1)$$

由于式(4.1-1)涉及的和式上下限均为无穷,实际计算时只能取有限项进行近似计算。但从理论上而言,这时求出的是序列的频谱 $X(e^{j\omega})$ 与矩形窗函数频谱 $W_R(e^{j\omega})$ 的卷积,也即是 $X(e^{j\omega}) * W_R(e^{j\omega})$,而非 $X(e^{j\omega})$ 本身。因此,无论从理论还是应用的角度而言,式(4.1-1)都需要改进。

实用中,为了求解 $X(e^{j\omega})$,只须在足够小的频率间隔前提下得到 $X(e^{j\omega})$ 的离散样本值即可。现设在 $[0, 2\pi]$ 上的 N 个等分点即 $\omega = k\dfrac{2\pi}{N}(k = 0, 1, \cdots, N-1)$ 处求取 $X(e^{j\omega})$ 的

样本值，有

$$X(e^{j\omega})\big|_{\omega=k\frac{2\pi}{N}} = \sum_{n=-\infty}^{+\infty} x(n)e^{-j\frac{2\pi}{N}kn} \qquad k=0,1,\cdots,N-1 \tag{4.1-2}$$

将式中的 n 表示成以 N 为模的形式，也即表示为

$$n = l+mN \qquad l=0,1,\cdots,N-1; m=0,\pm1,\cdots \tag{4.1-3}$$

则式(4.1-2)成为

$$\begin{aligned}
X(e^{j\omega})\big|_{\omega=k\frac{2\pi}{N}} &= \cdots + \sum_{l=-N}^{-1} x(l)e^{-j\frac{2\pi}{N}kl} + \sum_{l=0}^{N-1} x(l)e^{-j\frac{2\pi}{N}kl} + \sum_{l=N}^{2N-1} x(l)e^{-j\frac{2\pi}{N}kl} + \cdots \\
&= \sum_{l=0}^{N-1} \sum_{m=-\infty}^{+\infty} x(l+mN)e^{-j\frac{2\pi}{N}k(l+mN)} \\
&= \sum_{l=0}^{N-1} \tilde{x}(l)e^{-j\frac{2\pi}{N}kl} \qquad k=0,1,\cdots,N-1 \tag{4.1-4}
\end{aligned}$$

式中，$\tilde{x}(l)=\sum\limits_{m=-\infty}^{+\infty} x(l+mN)$ 是 $x(n)$ 将自变量 n 改写为 l 后以 N 为周期作延拓得到的周期序列，通常称 $[0,N-1]$ 为主值周期。显然，在 $0\leqslant l\leqslant N-1$ 时，有

$$\tilde{x}(l) = \tilde{x}(l)R_N(l) \triangleq x_N(l) \tag{4.1-5}$$

用 $X_N(k)$ 表示 $X(e^{j\omega})\big|_{\omega=k\frac{2\pi}{N}}$，并将 $x_N(l)$ 中的自变量 l 改写回 n，由式(4.1-4)和式(4.1-5)，得到

$$X_N(k) = \sum_{n=0}^{N-1} x_N(n)e^{-j\frac{2\pi}{N}kn} \qquad k=0,1,\cdots,N-1 \tag{4.1-6}$$

式(4.1-6)称为序列 $x(n)$ 的 N 点 DFT，其反变换 N 点 IDFT 为

$$x_N(n) = \frac{1}{N}\sum_{k=0}^{N-1} X_N(k)e^{j\frac{2\pi}{N}kn} \qquad n=0,1,\cdots,N-1 \tag{4.1-7}$$

离散傅里叶变换与离散傅里叶反变换也可记为

$$x_N(n) \leftrightarrow X_N(k) \tag{4.1-8}$$

【例 4.1-1】　验证 IDFT 表达式，即式(4.1-7)的正确性。

【证明】　从序列的 DFT 定义表达式(4.1-6)出发：

$$X_N(k) = \sum_{n=0}^{N-1} x_N(n)e^{-j\frac{2\pi}{N}kn}$$

等式两边同乘 $e^{-j\frac{2\pi}{N}km}$（$m=0,1,\cdots,N-1$），得到(注意，此处不能用 $e^{-j\frac{2\pi}{N}kn}$，否则会引起符号混淆)

$$X_N(k)e^{-j\frac{2\pi}{N}km} = \left(\sum_{n=0}^{N-1} x_N(n)e^{-j\frac{2\pi}{N}kn}\right)e^{-j\frac{2\pi}{N}km}$$

对上式两边同时关于 m 从 0 到 $N-1$ 求和：

$$\sum_{m=0}^{N-1} X_N(k)e^{-j\frac{2\pi}{N}km} = \sum_{m=0}^{N-1}\sum_{n=0}^{N-1} x_N(n)e^{-j\frac{2\pi}{N}kn}e^{-j\frac{2\pi}{N}km}$$

由 $e^{-j\frac{2\pi}{N}km}$ 的正交性：

$$\sum_{m=0}^{N-1} e^{-j\frac{2\pi}{N}kn}\cdot e^{-j\frac{2\pi}{N}km} = \frac{1-e^{j\frac{2\pi}{N}Nk(n-m)}}{1-e^{j\frac{2\pi}{N}k}} = \begin{cases} N & n=m \\ 0 & n\neq m \end{cases}$$

得到

$$\sum_{m=0}^{N-1} X_N(k) e^{-j\frac{2\pi}{N}km} = \sum_{n=0}^{N-1} x_N(n) \sum_{m=0}^{N-1} e^{-j\frac{2\pi}{N}kn} e^{-j\frac{2\pi}{N}km} = Nx_N(m)$$

即

$$x_N(m) = \frac{1}{N}\sum_{m=0}^{N-1} X_N(k) e^{-j\frac{2\pi}{N}km} \qquad m=0,1,\cdots,N-1$$

将上式中的 m 用 n 代替，就得到了

$$x_N(n) = \frac{1}{N}\sum_{k=0}^{N-1} X_N(k) e^{j\frac{2\pi}{N}kn} \qquad n=0,1,\cdots,N-1$$

由此验证了 IDFT 表达式，即式(4.1-7)表达式的正确性。

离散傅里叶变换的定义还有其它引入方法，例如，从存在四种变换对(连续域—连续域，连续域—离散域，离散域—连续域，离散域—离散域)的角度，或从离散傅里叶级数(DFS)出发，再引入离散时域到离散频域的变换(DFT)等。这里直接从对 $X(e^{j\omega})$ 在 $[0,2\pi]$ 上的 N 个等分点求其样本值导入了 DFT，更容易使读者掌握 DFT 的实质。

4.1.2　关于 DFT 的进一步说明

(1) 由式(4.1-6)和式(4.1-7)可见，涉及 DFT 时，参与变换的序列为 $x_N(n)$，而不是原序列 $x(n)$。换言之，必须将原序列 $x(n)$ 以 DFT 的点数 N 为周期进行延拓，然后取由此得到的周期序列在主值周期 $[0,N-1]$ 中的部分作为被变换序列 $x_N(n)$。因此，仅当 $x(n)$ 为有限长序列且序列长度 N_1 小于等于 DFT 点数 N 时，也即 $N_1 \leqslant N$ 时，才有

$$x_N(n) = \begin{cases} x(n) & n=0,1,\cdots,N_1-1 \\ 0 & n=N_1,\cdots,N-1 \end{cases} \qquad (4.1-9)$$

此外，由 DFT 定义可见，它是序列的 DTFT 在 $[0,2\pi]$ 上的 N 个等分点上的采样值，故 DFT 是线性运算，即 DFT 满足线性性。所以两个序列 $x_1(n)$ 和 $x_2(n)$ 相加时，其 DFT 等于这两个序列各自的 DFT 之和。但由于 DFT 涉及的是原序列作周期延拓后在其主值周期内的部分，因此若两个序列的长度分别为 N_1、N_2，不等长，则必须对较短序列的尾部添零，使其长度等于较长的那个序列，使它们能够作等长点数的 DFT。也可以对两个序列的尾部同时添零，使它们等长。这是与连续时间域中的 CFT 和前面学过的 DTFT 完全不同的，初学者须加注意。

由 DFT 定义还可看出，DFT 跟 DTFT 一样，具有对称性。不过，需要注意的是，由于 DFT 涉及的是周期序列的变换，因此 DFT 的卷积与 DTFT 有很大的不同，与此有关的卷积定理也有所不同，需要重新考察。关于这部分内容，将在随后的有关部分给出，这里不予单独介绍。

【例 4.1-2】　已知序列 $x(n) = \delta(n)$，求它的 N 点 DFT。

【解】　单位采样脉冲序列 $\delta(n)$ 可视为是序列长度为 1 的有限长序列，因此对大于等于 1 的 N 点 DFT，满足式(4.1-9)所示的条件，由 DFT 的定义式(4.1-6)直接得到

$$X_N(k) = \sum_{n=0}^{N-1} \delta(n) e^{-j\frac{2\pi}{N}nk} = e^0 = 1 \qquad k=0,1,\cdots,N-1$$

$\delta(n)$ 的 $X_N(k)$ 如图 4.1-1 所示。

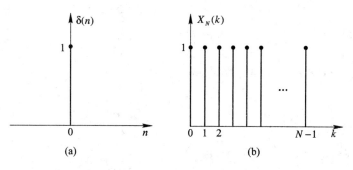

(a)　　　　　　　　(b)

图 4.1-1　序列 $\delta(n)$ 及其离散傅里叶变换

【例 4.1-3】　已知 $x(n)=\cos(n\pi/6)$ 是一个长度 $N=12$ 的有限长序列，求它的 N 点 DFT。

【解】　序列 $x(n)$ 是一个长度为 12 的有限长序列，$N=12$ 时，显然有 $x_N(n)=x(n)$，故由 DFT 的定义式(4.1-6)可得

$$X_N(k) = \sum_{n=0}^{11} \cos\left(\frac{n\pi}{6}\right) e^{-j\frac{2\pi}{12}nk} = \sum_{n=0}^{11} \frac{1}{2}\left(e^{j\frac{n\pi}{6}} + e^{-j\frac{n\pi}{6}}\right) e^{-j\frac{2\pi}{12}nk}$$

$$= \frac{1}{2}\left(\sum_{n=0}^{11} e^{-j\frac{\pi}{12}n(k-1)} + e^{-j\frac{2\pi}{12}n(k+1)}\right)$$

利用复正弦序列的正交特性，再考虑到 k 的取值区间，可得

$$X_N(k) = \begin{cases} 6 & k=1,\,11 \\ 0 & k \neq 1,\,11;\, k \in [0,\,11] \end{cases}$$

$x(n)$ 与 $X_N(k)$ 如图 4.1-2 所示。

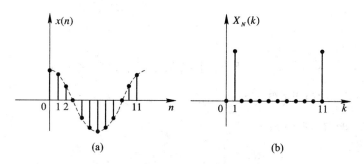

(a)　　　　　　　　(b)

图 4.1-2　有限长序列及其 DFT

（2）由定义还可见，若原始模拟信号 $x(t)$ 带限，且采样率足够高，因此无频率混叠产生，则有

$$X_N(k) = X(e^{j\omega})\big|_{\omega=k\frac{2\pi}{N}} = X_s(j\Omega)\big|_{\Omega=k\frac{2\pi}{NT}} = \frac{1}{T} X(j\Omega)\big|_{\Omega=k\frac{2\pi}{NT}} \qquad k=0,\,1,\,\cdots,\,N-1$$

$$(4.1-10)$$

因此，引入 DFT 后，可容易求出 $x(t)$ 的频谱 $X(j\Omega)$ 在 $\Omega = k\dfrac{2\pi}{NT}$ ($k=0,\,1,\,\cdots,\,N-1$) 处的样本值，从而 DFT 将是连续时间信号频谱分析的有力工具。

【例 4.1 - 4】 已知模拟信号为

$$x(t) = \begin{cases} e^{-t} & t > 0 \\ 0.5 & t = 0 \\ 0 & t < 0 \end{cases}$$

对 $x(t)$ 进行采样，得 $x(n) = x(t)|_{t=nT}$，即

$$x(n) = \begin{cases} e^{-nT} & n > 0 \\ 0.5 & n = 0 \\ 0 & n < 0 \end{cases} = e^{-nT}u(n) - \frac{1}{2}\delta(n)$$

① 现以 $T = 0.5$ s 进行采样，取 $N = 20$，用 DFT 计算 $X_N(k)(0 \leqslant k \leqslant 19)$ 并与 $\frac{1}{T}X(j\Omega)|_{\Omega = k\frac{2\pi}{NT}}$ 比较，分析误差来源。再以 $T = 0.1$ s，$N = 100$，重复上述比较，进而说明如何减小此种误差。

② 若取 $x_N(n) \approx x(n)R_N(n)$，分析误差来源。

【解】 ①

$$x_N(n) = \left\{ \sum_{r=-\infty}^{+\infty} \left[e^{-(n+rN)T}u(n+rN) - \frac{1}{2}\delta(n+rN) \right] \right\} R_N(n)$$

$$= \sum_{r=0}^{+\infty} e^{-(n+rN)T} - \frac{1}{2}\delta(n)$$

$$= \frac{e^{-nT}}{1 - e^{-NT}} - \frac{1}{2}\delta(n) \qquad 0 \leqslant n \leqslant N-1$$

故

$$X_N(k) = \sum_{n=0}^{N-1} x_N(n)e^{-j\frac{2\pi}{N}kn} = \frac{1}{1 - e^{-NT}} \sum_{n=0}^{N-1} e^{-nT} e^{-j\frac{2\pi}{N}kn} - \frac{1}{2}$$

$$= \frac{1}{1 - e^{-T}e^{-j\frac{2\pi}{N}k}} - \frac{1}{2} \qquad 0 \leqslant k \leqslant N-1$$

当 $T = 0.5$ s，$N = 20$ 时，频域采样间隔在数字域中为 $2\pi/N = \pi/10\,(\text{rad})$，在模拟域中为 $\frac{2\pi}{NT} = \frac{\pi}{5}\,(\text{rad/s})$，相当于 0.1 Hz。

原信号 $x(t)$ 的傅里叶变换为

$$X(j\Omega) = \int_{-\infty}^{+\infty} x(t)e^{-j\Omega t}\,dt = \frac{1}{1 + j\Omega}$$

其幅度谱为 $|X(j\Omega)| = \sqrt{\dfrac{1}{1 + \Omega^2}}$，具有无限带宽。

利用 MATLAB 计算 $X_N(k)(0 \leqslant k \leqslant 19)$ 并与 $\frac{1}{T}X(j\Omega)|_{\Omega = k\frac{2\pi}{NT}}$ 相比较，图 4.1 - 3 是计入因子 $1/T$ 后两者的图形。注意，图 4.1 - 3 中横坐标 k 序号为 10 时，相当于数字域频率 ω 的最大值 π。但由于此例中的模拟信号具有无限带宽，故当 $k = 10$ 时，并不对应 $X(j\Omega)$ 的最大频率。

由图可见，在 k 值较小时，$X_N(k)$ 与 $\frac{1}{T}|X(j\Omega)|$ 两者有很好的吻合，这说明了 DFT 可

以反映出信号的主要频域特性，也即 DFT 是频谱分析的有效工具。随着 k 值的增大，从 $k=4$ 开始，两者之间的误差增大，这是由于 $x(t)$ 的非带限，采样后必定有频谱混叠（aliasing）现象造成的。减小 T 可减小由频率混叠带来的误差，但模拟域的频域间隔 $2\pi/NT$ 会因 T 的减小而增大，因此通常需要提高 N 来保证信号长度 NT 的不变，这样就保证了模拟域的频域间隔 $2\pi/NT$ 不变，而其代价是增大了计算量。

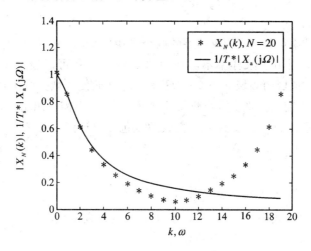

图 4.1-3　$T=0.5$ s，$N=20$ 时 $X_N(k)$ 与 $\dfrac{1}{T}X(j\Omega)\big|_{\Omega=k\frac{2\pi}{NT}}$ 的比较

图 4.1-4 示出了 $T=0.1$ s，$N=100$ 时的计算结果，与图 4.1-3 相比，可以看出频谱分析误差有了明显的减小。注意，图 4.1-3 和图 4.1-4 两者在模拟域上的频域样本间隔均为 $2\pi/NT=\pi/5$(rad/s)。而图 4.1-4 中横坐标 k 序号为 50 时，相当于数字域频率 ω 的最大值 π。同样，由于此例中的模拟信号具有无限带宽，数字域频率 ω 的最大值 π 并不对应 $X(j\Omega)$ 的最大频率。

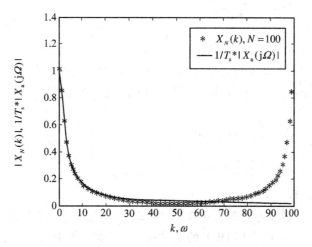

图 4.1-4　$T=0.1$ s，$N=100$ 时 $X_N(k)$ 与 $\dfrac{1}{T}X(j\Omega)\big|_{\Omega=k\frac{2\pi}{NT}}$ 的比较

② 在实际情况下，信号表达式不可能事先确知，因此①中的 $x_N(n)$ 是无法得到的。所以，实际应用中，通常采取的做法是直接截取一段信号样本，即取 $x_N(n)\approx x(n)R_N(n)$。此例中，$N=20$，$T=0.5$ s，相当于截取的 $x(t)$ 样本长度为 $T_0=NT=10$ s 长。显然，由于

$x(t)$ 本身非带限，且又仅截取了 $[0, T_0]$ 的一段，因此，采样后一定有频率混叠存在。此外，所截取的样本值是 $x(n)R_N(n)$，不等于 $x_N(n)$，所以，在数字频率 $[0, 2\pi]$ 内对应的 $x(n)$ 的 DFT 值 $X(k)$ 实际上是 $X(e^{j\omega})$ 与 $R_N(n)$ 的 DTFT 两者卷积的采样值，故不可能与模拟频率 $\left[0, \dfrac{\pi}{T}\right]$ 内的 $X_a(j\Omega)\left(\Omega = k\dfrac{2\pi}{NT}\right)$ 相同，而且会比①中从 $x_N(n)$ 的表达式求取 $X_N(k)$ 的做法产生更大的误差。

综合①和②的结果可见，在造成误差的两个来源中，时域中 $x(n)$ 与 $x_N(n)$ 的误差在实际应用中无法消除，而由于采样率不够而引入的频率混叠可以通过减小 T 而得到减轻。T 减小的后果是使模拟域的频域间隔 $2\pi/NT$ 增大，从而使频域分辨率降低。这时，可通过增大 N 来保持 NT 不变，也即使信号截取长度 T_0 不变，但需付出增加计算量这一代价。

(3) 对任一序列 $x(n)$，只要其 Z 变换收敛域包括单位圆，就有

$$X_N(k) = X(e^{j\omega})\big|_{\omega = k\frac{2\pi}{N}} = X(z)\big|_{z = e^{jk\frac{2\pi}{N}}} = X(z)\big|_{z = W_N^{-k}} \qquad k = 0, 1, \cdots, N-1$$

$$(4.1-11)$$

也即序列 $x(n)$ 的 N 点 DFT 实际就是其 Z 变换 $X(z)$ 在单位圆上 N 个等分点 W_N^k ($k = 0$, 1, $\cdots$, $N-1$) 处的值，式中 $W_N = e^{-j\frac{2\pi}{N}}$，称为以 N 为周期的旋转因子。

式 (4.1-11) 的关系如图 4.1-5 所示。

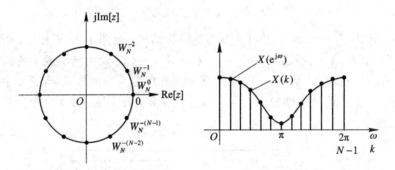

图 4.1-5 DFT 与 Z 变换及频率特性的关系

还要说明的是，DFT 变换对通常写为 $x(n) \leftrightarrow X(k)$。在明白其定义的确切所指时，这样的符号应不会引起误解。但在本节中，为提醒初学者，在容易发生混淆的地方仍将使用符号 $x_N(n) \leftrightarrow X_N(k)$。

【例 4.1-5】 有限长序列 $x(n)$ 为

$$x(n) = \begin{cases} 1 & 0 \leqslant n \leqslant 4 \\ 0 & \text{其余 } n \end{cases}$$

求其 $N = 5$ 点离散傅里叶变换 $X(k)$。

【解】 由于 $x(n)$ 是 5 点有限长序列，因此求其 $N = 5$ 点 DFT 时，有 $x_N(n) = x(n)$，故无需进行周期延拓而可以利用 DFT 的定义式 (4.1-6) 直接计算 $X(k) = X_N(k)$：

$$X(k) = \sum_{n=0}^{5-1} x(n)e^{-j\frac{2\pi}{5}nk} = \frac{1 - e^{-j2\pi k}}{1 - e^{-j\frac{2\pi}{5}k}} = \begin{cases} 5 & k = 0 \\ 0 & k = 1, 2, 3, 4 \end{cases}$$

为了说明序列 $x(n)$ 的 DFT 与频谱 $X(e^{j\omega})$ 的关系，在图 4.1-6 中也画出了 $|X(e^{j\omega})|$。

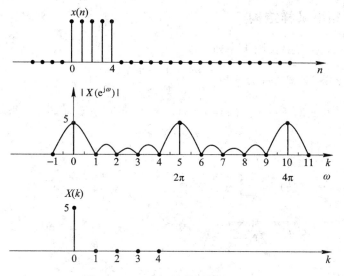

图 4.1-6　DFT 的举例说明：$N=5$

如果此题改为求序列 $x(n)$ 的 $N=10$ 的 DFT，则首先要将 $x(n)$ 以 $N=10$ 进行周期延拓以得到 $\tilde{x}(n)$，这时 $x_N(n)=\tilde{x}(n)R_N(n)$，相应的 $X(k)$ 计算如下：

$$X(k) = \sum_{n=0}^{9} x_N(n) e^{-j\frac{2\pi}{10}kn} = \sum_{n=0}^{9} \tilde{x}(n)R_{10}(n) e^{-j\frac{2\pi}{10}kn}$$

$$= \sum_{n=0}^{4} e^{-j\frac{2\pi}{10}kn} = \frac{1 - e^{-j\frac{2\pi}{10}k5}}{1 - e^{-j\frac{2\pi}{10}k}} = \frac{e^{-j\frac{2\pi}{10}k\frac{5}{2}} \left(e^{j\frac{2\pi}{10}k\frac{5}{2}} - e^{-j\frac{2\pi}{10}k\frac{5}{2}} \right)}{e^{-j\frac{2\pi}{10}k\frac{1}{2}} \left(e^{j\frac{2\pi}{10}k\frac{1}{2}} - e^{-j\frac{2\pi}{10}k\frac{1}{2}} \right)}$$

$$= \frac{\sin\left(\frac{\pi}{2}k\right)}{\sin\left(\frac{\pi}{10}k\right)} e^{-j\frac{2\pi}{5}k} \qquad k = 0, 1, 2, 3, \cdots, 9$$

获得的 DFT 样本值如图 4.1-7 所示。与图 4.1-6 比较可知，对于相同的序列 $x(n)$，在 DFT 的点数 N 不同时，得到的 DFT 数值也不同。这是与 DTFT 完全不同的，初学者务必加以注意。

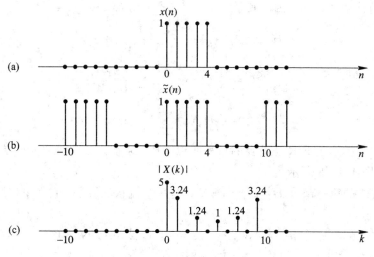

图 4.1-7　DFT 的举例说明：$N=10$

4.1.3 DFT 与频率采样结构

设 $x(n)$ 为一 N 点有限长因果序列，即

$$x(n) = \begin{cases} x(n) & 0 \leqslant n \leqslant N-1 \\ 0 & \text{其余 } n \end{cases}$$

若对此序列作 N 点 DFT，则有 $x_N(n) = x(n)$，此时 DFT 变换对可表示为

$$x(n) \leftrightarrow X(k)$$

即

$$X(k) = \sum_{n=0}^{N-1} x(n) e^{-j\frac{2\pi}{N}kn} \qquad k = 0, 1, \cdots, N-1$$

$$x(n) = \frac{1}{N} \sum_{k=0}^{N-1} X(k) e^{j\frac{2\pi}{N}kn} \qquad n = 0, 1, \cdots, N-1$$

而

$$\begin{aligned} X(z) &= \sum_{n=0}^{N-1} x(n) z^{-n} = \sum_{n=0}^{N-1} \left[\frac{1}{N} \sum_{k=0}^{N-1} X(k) e^{j\frac{2\pi}{N}kn} \right] z^{-n} \\ &= \frac{1}{N} \sum_{k=0}^{N-1} X(k) \sum_{n=0}^{N-1} \left(e^{j\frac{2\pi}{N}k} z^{-1} \right)^n \\ &= \frac{1-z^{-N}}{N} \sum_{k=0}^{N-1} \frac{X(k)}{1-W_N^{-k} z^{-1}} \end{aligned} \qquad (4.1\text{-}12)$$

式中，$W_N = e^{-j\frac{2\pi}{N}}$ 是以 N 为周期的旋转因子。

这样，对有限长 N 点序列，不仅有

$$X(z)\big|_{z=e^{j\frac{2\pi}{N}k}} = X(k)$$

而且这个序列的 Z 变换在其收敛域 $|z| > 0$ 中任一点上的值也可由 $x(n)$ 的 N 点 DFT 即 $X(k)(k=0, 1, \cdots, N-1)$ 完全确定。式 (4.1-12) 称为 Z 变换的频率采样公式。但须注意，式 (4.1-12) 只对有限长序列才成立，否则此式不成立。

如果将上述的有限长序列 $x(n)$ 视为 FIR 滤波器的单位采样响应 $h(n)$，$(n=0, 1, \cdots, N-1)$，则有 $h_N(n) = h(n)$，因此其系统函数 $H(z)$ 可用 $h(n)$ 的 N 点 DFT 表示为

$$\begin{aligned} H(z) &= \frac{1-z^{-N}}{N} \sum_{k=0}^{N-1} \frac{H(k)}{1-W_N^{-k} z^{-1}} \\ &= \frac{1}{N}(1-z^{-N}) \sum_{k=0}^{N-1} \frac{H(k)}{1-W_N^{-k} z^{-1}} \\ &= \frac{1}{N} H_1(z) \sum_{k=0}^{N-1} H_k(z) \end{aligned} \qquad (4.1\text{-}13)$$

式 (4.1-13) 提示了 FIR 滤波器的一种实现结构，通常称之为频率采样结构，其直接实现结构形式如图 4.1-8 所示。

显然，$H(z)$ 的第一部分 $H_1(z) = 1 - z^{-N}$ 是一个梳状滤波器，它在单位圆上有 N 个等间隔的零点：

$$z_i = e^{j\frac{2\pi}{N}i} = W_N^{-i} \qquad i = 0, 1, 2, \cdots, N-1$$

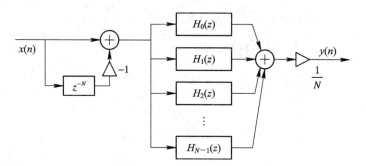

图 4.1-8　频率采样结构滤波器的直接实现形式

第二部分是由 N 个一阶网络 $H_k(z)$ 组成的并联网络结构，每个一阶网络在单位圆上有一个极点

$$z_k = W_N^{-k} = e^{j\frac{2\pi}{N}k}$$

因此，$H(z)$ 的第二部分是一个有 N 个极点的谐振网络。这些极点正好与第一部分的梳状滤波器的 N 个零点相抵消，从而使 $H(z)$ 在这些频率上的响应等于 $H(k)$。虽然从结构上看系统含有递归结构，但由于零点与极点的对消，系统不存在非零极点，因此图 4.1-8 所示的频率采样结构系统是 FIR 滤波器。

DFT 与 DTFT 一样，也存在对称性。对于实际系统，其 $h(n)$ 通常为实数，容易证明，此时有

$$H(-k) = H(N-k) = H^*(k)$$

若记 $H(k) = |H(k)| e^{j\theta_k}$，则在式(4.1-13)中，$H_k(z)$ 与 $H_{N-k}(z)$ 可合并为

$$H_k(z) + H_{N-k}(z) = \frac{H(k)}{1 - W_N^{-k} z^{-1}} + \frac{H(N-k)}{1 - W_N^{-(N-k)} z^{-1}}$$

$$= \frac{2|H(k)| \left[\cos\theta_k - \cos\left(\frac{2\pi}{N}k - \theta_k\right) z^{-1} \right]}{1 - 2\cos\left(\frac{2\pi}{N}k\right) z^{-1} + z^{-2}}$$

$$k = 1, 2, \cdots, \left\lfloor \frac{N-1}{2} \right\rfloor \tag{4.1-14}$$

式(4.1-14)所示结构是一个二阶节，这样的二阶节共有 $\left\lfloor \dfrac{N-1}{2} \right\rfloor$ 个，符号"$\lfloor\ \rfloor$"表示"向下取整"运算。

但是，式(4.1-13)系统的稳定是靠位于单位圆上的 N 个零、极点对消来保证的，在 3.6 节中曾指出，如果滤波器的系数稍有误差，极点就有可能移到单位圆外，造成零极点不能完全对消，从而影响系统的稳定性。因此实际使用时，式(4.1-13)所示的滤波器需加以修正，使其极点移至半径为 $r(0 < r < 1)$ 但接近于 1 的圆上。此时

$$H(z) = \frac{1}{N}(1 - r^N z^{-N}) \sum_{k=0}^{N-1} \frac{H_r(k)}{1 - r W_N^{-k} z^{-1}} \tag{4.1-15}$$

式中，$H_r(k)$ 是在半径为 r 的圆上对 $H(z)$ 的 N 点等间隔采样之值。由于 $r \approx 1$，所以可近似取 $H_r(k) = H(k)$。因此

$$H(z) \approx \frac{1}{N}(1-r^N z^{-N}) \sum_{k=0}^{N-1} \frac{H(k)}{1-rW_N^{-k}z^{-1}} \qquad (4.1-16)$$

类似于式(4.1-14)，当 $h(n)$ 是实数时，有

$$\frac{H(k)}{1-rW_N^{-k}z^{-1}} + \frac{H(N-k)}{1-rW_N^{-(N-k)}z^{-1}} = \frac{2|H(k)|\left[\cos\theta_k - r\cos\left(\frac{2\pi}{N}k-\theta_k\right)z^{-1}\right]}{1-2r\cos\left(\frac{2\pi}{N}k\right)z^{-1}+r^2z^{-2}} \triangleq H_{rk}(z)$$

$$k=1,2,\cdots,\left\lfloor\frac{N-1}{2}\right\rfloor \qquad (4.1-17)$$

该二阶网络是一个谐振频率为 $\omega_k=2\pi k/N$ 的谐振器，其结构如第 3 章中的图 3.5-9 所示。

除了共轭复根外，$H(z)$ 还有实根。当 N 为偶数时，有一对实根，$z=\pm r$，对应于 $k=0$ 与 $k=N/2$ 存在两个实系数一阶节：

$$H_0(z) = \frac{H(0)}{1-rz^{-1}}$$

$$H_{N/2}(z) = \frac{H\left(\frac{N}{2}\right)}{1+rz^{-1}}$$

经上述修正处理后，系统函数成为

$$H(z) = (1-r^N z^{-N})\frac{1}{N}\left[H_0(z)+H_{N/2}(z)+\sum_{k=1}^{\frac{N}{2}-1}H_{rk}(z)\right] \qquad (4.1-18)$$

当 N 为奇数时，只有一个实根，$z=r$，对应于 $k=0$ 存在一个实系数一阶节。这时，系统函数为

$$H(z) = (1-r^N z^{-N})\frac{1}{N}\left[H_0(z)+\sum_{k=1}^{\frac{N-1}{2}}H_k(z)\right] \qquad (4.1-19)$$

式(4.1-18)与式(4.1-19)给出了频率采样结构最常用的实现结构，如图 4.1-9 所示，即 $\left\lfloor\frac{N-1}{2}\right\rfloor$ 个二阶节与一个或两个一阶节并联后再级联一个梳状滤波器。当 N 为奇数时，图中的 $H_{\frac{N}{2}}(z)$ 不存在。

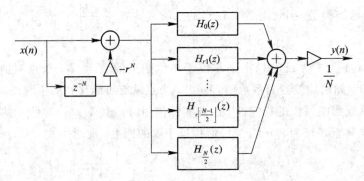

图 4.1-9　频率采样结构滤波器的二阶节实现形式

与 DTFT 相比，DFT 仅涉及有限项求和，而且存在快速算法，因此 DTFT 只能作为分析

工具使用，而 DFT 是能够付诸实用的处理工具。在以下几节中，我们将从实际应用的角度出发，先介绍其快速算法也即 FFT，然后对 DFT 两个最有实用价值的应用即频谱分析和快速卷积展开介绍。而在介绍快速卷积时，还将对 DFT 的时域卷积定理这一重要性质进行说明。

4.2　离散傅里叶变换的快速算法

4.2.1　引言

尽管 DFT 在理论上使其计算成为可能，但对较大的 N 值，其计算量仍然很大，现对此做以说明。

如果默认 $x(n)$ 是周期序列 $\tilde{x}(n)$ 的主值周期内的值，即

$$x(n) = x_N(n) = \tilde{x}(n)R_N(n)$$

则式(4.1-8)可以用通常使用的符号来表示：

$$x(n) \leftrightarrow X(k) \tag{4.2-1}$$

也即式(4.1-6)可以改写为

$$X(k) = \sum_{n=0}^{N-1} x(n) e^{-j\frac{2\pi}{N}kn} \qquad k = 0, 1, 2, \cdots, N-1 \tag{4.2-2}$$

可以看出，计算 $X(k)$ 的一个值需要 N 次复数乘法，$N-1$ 次复数加法。因此，对于 N 个 $X(k)$ 值的计算，共需要 N^2 次复数乘法，$N(N-1)$ 次复数加法。例如，当 $N = 1024 \approx 10^3$ 时，计算 N 个 $X(k)$ 值则需要约 10^6 次复数乘法和 10^6 次复数加法。IDFT 的直接计算量与 DFT 的直接计算量相同。随着 N 值的增大，DFT 与 IDFT 的运算量将急剧增加。在 20 世纪 60 年代前，由于没有硬件技术上的支持，无法满足信号实时处理应用中的计算需要，因此 DFT 的应用受到了极大的限制。

DFT 在数字信号处理中的重要意义早已被人们所认识，但它的计算量太大致使其在一段时间内难以得到应用。为解决这个问题，必须寻求 DFT 的快速算法，即快速傅里叶变换(FFT，Fast Fourier Transform)。事实上，早在 1903 年 Runge 就提出了类似的算法，之后 1942 年 Dauilsar，Lanczos 以及 1958 年 Goertzel 也提出了这类算法，但当时的集成电路技术仍未获得大的进展，因此这些算法在当时没有得到足够的重视。1965 年，Cooley(库利)和 Tukey(图基)重新提出了一种 DFT 的快速算法，符合当时电子技术的发展与应用需求，因此引起了广泛的关注和使用。

Cooley-Tukey 算法可以将计算 N 点序列的 DFT 和 IDFT 的复数乘法及复数加法次数降低到约为 $(N/2)\text{lb}N$。因此，当 N 较大时，利用这一算法可使 DFT 和 IDFT 的计算效率得到极为明显的提高。

在本节的以下部分，将着重介绍 Cooley-Tukey 提出的基 2 时间抽取算法和与之类似的 Sande-Tukey 基 2 频率抽取算法。

4.2.2　基 2 时间抽取 FFT 算法原理

基 2 是指数据长度 N 为 2 的整数次幂，即 $N = 2^M$，M 为正整数。基 2 时间抽取(DIT，Decimation In Time)的算法原理是在时域将序列逐次分解为两个子序列，利用旋转因子

(twiddle factor)W_N^{mk} 的特性，由子序列的 DFT 来逐次合成实现整个序列的 DFT，从而提高 DFT 的运算效率。

记 $W_N = e^{-j\frac{2\pi}{N}}$，称 W_N^{mk} 为旋转因子，它具有周期性、对称性及可约性等特性。

(1) 旋转因子 W_N^{mk} 以 N 为周期，即

$$W_N^{mk} = W_N^{k(N+m)} = W_N^{m(k+N)}$$

(2) 旋转因子 W_N^{mk} 存在对称性，即

$$W_N^{k+\frac{N}{2}} = -W_N^{mk}, \ (W_N^{mk})^* = W_N^{-mk}$$

(3) 旋转因子 W_N^{mk} 具有可约性，即

$$W_N^{mk} = W_{nN}^{nmk}, \ W_N^{mk} = W_{N/n}^{mk/n}$$

现将算法原理说明如下。

由定义

$$X(k) = \sum_{n=0}^{N-1} x(n) e^{-j\frac{2\pi}{N}kn} \qquad k = 0, 1, 2, \cdots, N-1 \tag{4.2-3}$$

将 $x(n)$ 按其序号分成偶数与奇数两部分，长度都为 $N/2$ 点，分别用 $x(2n)$ 和 $x(2n+1)$ 表示，则

$$
\begin{aligned}
X(k) &= \sum_{n=0}^{N/2-1} x(2n) e^{-j\frac{2\pi}{N}k(2n)} + \sum_{n=0}^{N/2-1} x(2n+1) e^{-j\frac{2\pi}{N}k(2n+1)} \\
&= \sum_{n=0}^{N/2-1} x(2n) e^{-j\frac{2\pi}{N}k(2n)} + e^{-j\frac{2\pi}{N}k} \sum_{n=0}^{N/2-1} x(2n+1) e^{j\frac{2\pi}{N/2}kn} \\
&= \sum_{n=0}^{N/2-1} x(2n) W_{N/2}^{kn} + W_N^k \sum_{n=0}^{N/2-1} x(2n+1) W_{N/2}^{kn} \quad k = 0, 1, \cdots, N-1
\end{aligned}
$$

$$\tag{4.2-4}$$

因为

$$W_N^k = -W_N^{N/2+k}$$

式 (4.2-4) 可按前后两段表示为

$$
\begin{cases}
X(k) = \displaystyle\sum_{n=0}^{N/2-1} x(2n) W_{N/2}^{kn} + W_N^k \sum_{n=0}^{N/2-1} x(2n+1) W_{N/2}^{kn} & k = 0, 1, 2, \cdots, \dfrac{N}{2}-1 \\[4mm]
X\left(\dfrac{N}{2}+k\right) = \displaystyle\sum_{n=0}^{N/2-1} x(2n) W_{N/2}^{kn} - W_N^k \sum_{n=0}^{N/2-1} x(2n+1) W_{N/2}^{kn} & k = 0, 1, 2, \cdots, \dfrac{N}{2}-1
\end{cases}
$$

$$\tag{4.2-5}$$

用 $X_1(k)$ 表示 $x(2n)$ 的 $N/2$ 点 DFT，$X_2(k)$ 表示 $x(2n+1)$ 的 $N/2$ 点 DFT，式 (4.2-5) 可以进一步表示为

$$
\begin{cases}
X(k) = X_1(k) + W_N^k X_2(k) & k = 0, 1, 2, \cdots, \dfrac{N}{2}-1 \\[3mm]
X(k+N/2) = X_1(k) - W_N^k X_2(k) & k = 0, 1, 2, \cdots, \dfrac{N}{2}-1
\end{cases}
$$

$$\tag{4.2-6}$$

这样，一个 N 点 DFT 就被分成两个 $N/2$ 点 DFT 的计算及 $N/2$ 个蝶形 (Butterfly) 运算，此蝶形运算可用如图 4.2-1 所示的信号流图表示。图中，如不注明支路传输比，则认为传输比为 1。

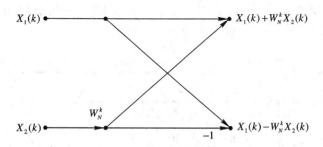

图 4.2-1　时间抽取法蝶形运算流图符号

按照同样的思路，图 4.2-1 中的两个 $N/2$ 点 DFT$X_1(k)$ 与 $X_2(k)$（$k = 0, 1, 2, \cdots,$ $N/2 - 1$），可再次按其时间序列序号的奇、偶进行分选，成为两个 $N/4$ 点序列，从而 $X_1(k)$ 与 $X_2(k)$ 又各自成为两个 $N/4$ 点 DFT 的计算及 $N/4$ 个蝶形运算。如此分选，直至最后分解为 2 点的 DFT。这样，每次分解各有 $N/2$ 个蝶形运算。

以 $N = 8$ 为例，上述的分解过程可分别表示为图 4.2-2 和图 4.2-3。

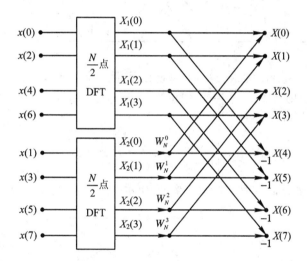

图 4.2-2　按时间抽取将一个 N 点 DFT 分解为两个 $N/2$ 点 DFT（$N=8$）

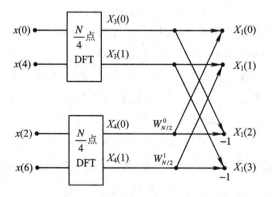

图 4.2-3　由两个 $N/4$ 点 DFT 组成一个 $N/2$ 点 DFT（$N=8$）

将系数统一表示为 $W_{N/2}^k = W_N^{2k}$，则一个 $N=8$ 点 DFT 就可分解为四个 $N/4 = 2$ 点 DFT，这样就得到了如图 4.2-4 所示的流图。

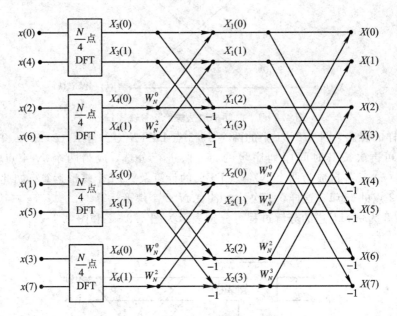

图 4.2-4　按时间抽取，将一个 N 点 DFT 分解为四个 $N/4$ 点 DFT($N=8$)

当 $N=2$ 时，也即对于 2 点序列的 DFT，分析可知，这实际上也是一个蝶形运算，如设 $v(n)$ 为 2 点序列，则由公式有

$$\begin{cases} V(0) = v(0) + v(1) \\ V(1) = v(0) - v(1) \end{cases} \tag{4.2-7}$$

故 2 点序列的 DFT 运算信号流图如图 4.2-5 所示。

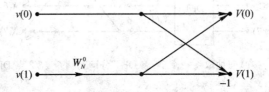

图 4.2-5　2 点的蝶形运算

综上所述，基 2 时间抽取 FFT 算法是通过对涉及序列的序号进行奇、偶分选，将 $N=2^M$ 的 N 点 DFT 分解成 $M = \mathrm{lb}N$ 级，每级各 $N/2$ 个蝶形运算，由于每个蝶形运算需要一次复数乘法，二次复数加法，故 $N=2^M$ 点 DFT 的计算量降至 $M \cdot 2^{M-1}$ 次复数乘法、$2M \cdot 2^{M-1}$ 次复数加法。由于 $2^{M-1} = N/2$，计算量为 $N/2\,\mathrm{lb}N$ 次复数乘法，$N\,\mathrm{lb}N$ 次复数加法。与直接计算相比，计算量下降了很多。

图 4.2-6 示出了一个 8 点序列 DFT 的分解及涉及的 W_N^k。

从图 4.2-6 中可见，当 $N=2^M=2^3=8$ 点时，基 2 的时间抽取法 FFT 的信号流图由 $M=3$ 级构成。每一级包含 $N/2=4$ 个蝶形运算，所以共有 $\dfrac{N}{2} \times M = \dfrac{N}{2}\mathrm{lb}N = 4 \times 3 = 12$ 个蝶形运算。若用 L 表示级数，则每一级具有 2^{L-1} 个旋转因子，在 $L=1$ 时也即第一级中，只有

一个旋转因子 $W_{N/4}^k(k=2^{L-1}=0)$；$L=2$ 时，第二级有两个旋转因子 $W_{N/2}^k(k=0,2)$；而第三级则具有四个旋转因子 $W_N^k(k=0,1,2,3)$。

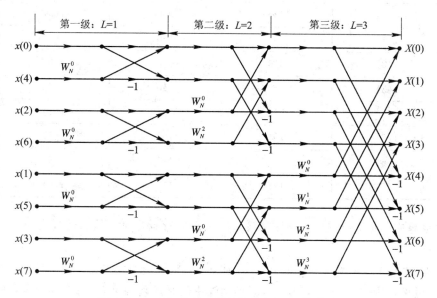

图 4.2－6　$N=8$ 按时间抽取的 DFT 运算流图

4.2.3 基 2 时间抽取 FFT 算法的进一步说明

（1）从信号流图看，基 2 时间抽取 FFT 算法的基本运算结构具有明显的规律性，由一次复数乘法和两次复数加法运算构成。算法实际上将 $N=2^M$ 点 DFT 分成 M 级运算，每级都有 $2^{M-1}=N/2$ 个蝶形运算，在每级中旋转因子个数不同，用 L 表示级数，每级的旋转因子个数是 2^{L-1} 个，每级中的旋转因子适用的蝶形运算也不相同。

（2）Cooley－Tukey 算法的优点是原位运算（in－place computation），也称同址运算。原位运算是指当数据输入到存储器后，每级运算的结果仍然存储在原来位置，直到最后的输出，无需存储中间计算结果。基 2 时间抽取 FFT 算法中，一个蝶形运算的两个输入量在计算完后已不再用到，故计算结果的两个输出量可以放回原来的存储单元，成为下一级的运算输入。因此，这一算法中，每一级的运算均可在原位上进行，直到最后一级。这种原位运算结构可以节省大量存储单元，降低设备成本，同时也便于硬件实现。

（3）应用 Cooley－Tukey 算法时，由于基 2 时间抽取 FFT 算法的输入需要将序列按照偶数和奇数的序列号分组而形成，例如 $N=8$，输入序列 $x(n)$ 的自然顺序的序列号为 $x(0)$，$x(1)$，$x(2)$，$x(3)$，$x(4)$，$x(5)$，$x(6)$，$x(7)$，而算法所要求的序列输入序号必须为 $x(0)$，$x(4)$，$x(2)$，$x(6)$，$x(1)$，$x(5)$，$x(3)$，$x(7)$，是非自然顺序排列。为将序列的序号排列从自然顺序调整为算法所需要的顺序，需要采用通常所称的倒位序整序运算，也即将二进制码表示正位序的序列号改变为倒位序，就可满足算法要求的输入序列排列。表 4.2－1 就 $N=8$ 的情况给出了以二进制码表示的序列序号的整序情况。

表 4.2-1 二进制倒序示意表($N=8$)

自然序列号	正位序	倒位序	整序后
$x(0)$	000	000	$x(0)$
$x(1)$	001	100	$x(4)$
$x(2)$	010	010	$x(2)$
$x(3)$	011	110	$x(6)$
$x(4)$	100	001	$x(1)$
$x(5)$	101	101	$x(5)$
$x(6)$	110	011	$x(3)$
$x(7)$	111	111	$x(7)$

实际运算中，通常先按自然顺序将输入序列存入存储单元，然后通过变址运算来得到倒位序的排列。

(4) 在 FFT 蝶形运算中，两个节点之间的距离和旋转因子 W_N^p 的变化有一定规律。由图 4.2-6 可见，$N=2^3=8$ 时，第一级蝶形运算中的系数均为 W_N^0，每个蝶形运算的两个节点的距离为 1。在第二级蝶形运算中的系数分别为 W_N^0、W_N^2，每个蝶形运算的两个节点的距离为 2。在第三级蝶形运算中的系数分别为 W_N^0、W_N^1、W_N^2、W_N^3，每个蝶形运算的两个节点的距离为 4。可见每级蝶形运算系数的数目比前一级增加一倍，节点间的距离也增加一倍。这个结论也可推广到 $N=2^M$ 的一般情况，即

第一级蝶形运算的系数均为 W_N^0，两个节点间的距离为 1。

第二级蝶形运算的系数分别为 W_N^0、$W_N^{N/4}$，两个节点间的距离为 2。

第三级蝶形运算的系数分别为 W_N^0、$W_N^{N/8}$、$W_N^{2N/8}$、$W_N^{3N/8}$，两个节点间的距离为 4。

……

第 M 级蝶形运算的系数分别为 W_N^0，W_N^1，…，$W_N^{N/2-1}$，两个节点间的距离为 $N/2$。

(5) 基 2 算法中，还存在频率抽取(DIF, Decimation In Frequency)的 Sande - Tukey 算法。该算法与基 2 时间抽取的 FFT 算法原理类似，也是将长序列逐次分解为两个短序列，最后分解为若干个 2 点 DFT，然后再由短序列的 DFT 逐次合成长序列的 DFT。不同的是，基 2 频率抽取 FFT 算法是将时域输入序列 $x(n)$ 以自然顺序分成等长的前后两部分，成为两个短序列，由这两个短序列的 DFT 合成的频域输出序列 $X(k)$ 是按奇偶顺序排列的。从信号流图的观点看，这一算法实际上可视为对"倒位序输入、正位序输出"的基 2 时间抽取 Cooley - Tukey 算法流图进行转置(图 4.2-6)，得到"正位序输入、倒位序输出"的 Sande - Tukey 算法流图[1](图 4.2-7)。信号流图中的转置就是将流图的所有支路方向都反向，交换输入与输出，求和节点与分支节点互换，但节点变量值不变。这样就得到了原流图的转置流图。

---

[1] 按照频率抽取的 FFT 算法是 Sande 在 Cooley - Tukey 算法提出之后提出的，它可以作为按照时间抽取的 Cooley - Tukey 算法的对偶形式。

比较图 4.2-6 与图 4.2-7，即可看出两图之间互为转置关系。同时还可看出，基 2 时间抽取 FFT 算法是以把时域输入序列 $x(n)$ 分解成越来越短的子序列进行 DFT 计算为基础，而基 2 频率抽取 FFT 算法则是以把频域输出序列 $X(k)$ 分解成越来越短的子序列进行 DFT 计算为基础。显然，两者实现 DFT 的计算复杂度相同。

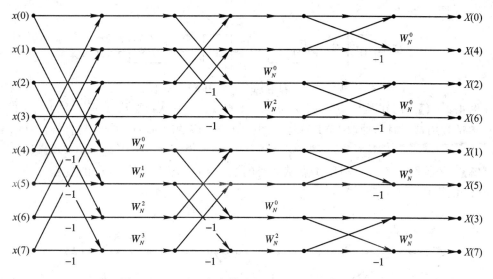

图 4.2-7   基 2 频率抽取的 FFT($N=8$)信号流图

此外，还存在其它一些众多的 FFT 算法，如基 3、复合基、分裂基算法等，但实际应用中，以基 2 算法最为广泛。如果数据长度不符合 2 的整数次幂条件，通常采取对数据尾部进行补零(zero padding)以满足基 2 算法条件。补零后，频域采样间隔将会相应变小，从而观察到更多的频域细节，而其代价是更大的计算负担和更多的存储单元。

4.2.4   IDFT 的快速算法

由于 IDFT 与 DFT 具有相似的运算结构，因而 FFT 算法的基本原理同样适用于 IDFT 的快速计算，称为 IFFT。

将序列的 DFT 定义重写为式(4.2-8)，IDFT 的定义重写为式(4.2-9)：

$$x(n) = \frac{1}{N}\sum_{m=0}^{N-1} X(k)W_N^{-kn} \tag{4.2-8}$$

$$X(k) = \sum_{n=0}^{N-1} x(n)W_N^{nk} \tag{4.2-9}$$

可以看出，只要把 FFT 流图中的每个系数 W_N^p 换成 W_N^{-p}，并且在最后一级乘以常数 $1/N$，则时间抽取或频率抽取的 FFT 流图结构都可以用来实现 IDFT。例如，将图 4.2-6 时间抽取的 FFT 流图转变为 IFFT 流图时，由于输入由 $x(n)$ 变成 $X(k)$，此时实际上是按照 $X(k)$ 进行奇偶分组的，故得到的是按照频率抽取 IFFT 流图。同样，将图 4.2-7 频率抽取 FFT 流图转变为 IFFT 流图时，得到的是按照时间抽取 IFFT 流图。

此外，还可以利用 DFT 与 IDFT 定义的对称性，直接由 FFT 计算 IFFT。这是因为 IDFT 可以由 DFT 表示为

$$x(n) = \frac{1}{N} \sum_{k=0}^{N-1} X(k) W_N^{-mk} = \frac{1}{N} \left(\sum_{k=0}^{N-1} X(k) W_N^{mk} \right)^* \qquad (4.2-10)$$

式(4.2-10)表明，由 $X(k)$ 通过 IFFT 计算 $x(n)$，可以转变为由 $X^*(k)$ 通过 FFT 来计算，只需将 FFT 的运算结果再取一次共轭，并乘以 $1/N$，就可得到 $x(n)$ 的值，该过程可以用框图表示，见图 4.2-8。

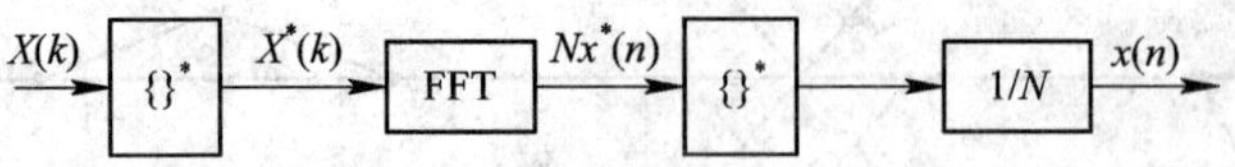

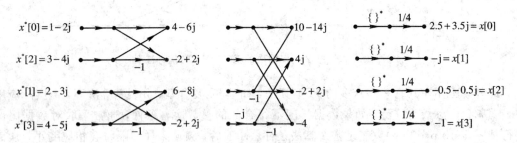

图 4.2-8 利用 FFT 计算 IFFT 的过程

【例 4.2-1】 已知某 4 点序列 $x(n)$ 的 4 点 DFT 为 $X(k) = \{1+2j,\ 2+3j,\ 3+4j,\ 4+5j\}$，试利用基 2 时间抽取 FFT 算法流图计算其对应的序列 $x(n)$，并与直接计算结果相比较。

【解】 根据图 4.2-8，利用 4 点基 2 时间抽取 FFT 流图计算 $x(n)$ 的过程可表示为图 4.2-9。由图 4.2-9 可得

$$x(n) = \{2.5+3.5j,\ -j,\ -0.5-0.5j,\ -1\}$$

图 4.2-9 例 4.2-1 的图

另一方面，根据式(4.2-10)给出的 IDFT 表达式，直接计算也可得到

$$x(0) = \frac{1}{4} \{X(0) + X(1) + X(2) + X(3)\} = 2.5 + 3.5j$$

$$x(1) = \frac{1}{4} \{X(0) + X(1)W_4^{-1} + X(2)W_4^{-2} + X(3)W_4^{-3}\} = -j$$

$$x(2) = \frac{1}{4} \{X(0) + X(1)W_4^{-2} + X(2)W_4^{-4} + X(3)W_4^{-6}\} = -0.5 - 0.5j$$

$$x(3) = \frac{1}{4} \{X(0) + X(1)W_4^{-3} + X(2)W_4^{-6} + X(3)W_4^{-9}\} = -1$$

所得结果与利用图 4.2-9 所示的 FFT 流图计算所得结果一致，但计算量变大。读者对此结论可自行作以验证。

4.3 离散傅里叶变换的应用——频谱分析

正是由于存在着快速算法 FFT，所以 DFT 在数字信号处理领域中得到了极为广泛的应用。这里就 DFT 的两种常用的重要应用做以介绍，一是连续时间信号的频谱分析，二是离散时间系统时域响应的快速卷积。本节介绍频谱分析，下一节介绍快速卷积。

4.3.1　频谱分析与时窗

在 4.1.2 节中，已给出了用 DFT 计算连续时间信号的傅里叶变换（CFT）的理论基础，并用实例进行了说明。本小节中，我们将对 DFT 用于频谱分析问题作进一步的介绍。

以下首先通过一个单频复正弦信号的实例再次说明 DFT 的频谱分析功能，并通过这个例子对使用时窗截取信号所产生的影响进行分析。

设信号为单频复正弦信号 $x(t)=\mathrm{e}^{\mathrm{j}\Omega_1 t}$，相应的采样序列 $x(t)\big|_{t=nT}=\mathrm{e}^{\mathrm{j}\Omega_1 nT}=\mathrm{e}^{\mathrm{j}\omega_1 n}$，现截取其长度为 N 的一段，记其为 $x(n)$，则有

$$x(n)=\mathrm{e}^{\mathrm{j}\omega_1 n}R_N(n) \tag{4.3-1}$$

为方便计，设 $\omega_1=l\dfrac{2\pi}{N}$，这里 l 是正数，不必为正整数。为满足采样定理要求，显然应有 $l<\dfrac{N}{2}$，这相应于数字频率 ω_1 的最大值不超过 π。于是得到 $x(n)$ 的 N 点 DFT 为

$$\begin{aligned}
X_N(k)&=\sum_{n=0}^{N-1}\mathrm{e}^{\mathrm{j}\frac{2\pi}{N}ln}R_N(n)\mathrm{e}^{-\mathrm{j}\frac{2\pi}{N}kn}\\
&=\frac{1-\left(\mathrm{e}^{\mathrm{j}\frac{2\pi}{N}(l-k)}\right)^N}{1-\mathrm{e}^{\mathrm{j}\frac{2\pi}{N}(l-k)}}\\
&=\mathrm{e}^{\mathrm{j}\pi(l-k)\left(1-\frac{1}{N}\right)}\frac{\sin\left[\pi(l-k)\right]}{\sin\left[\dfrac{\pi(l-k)}{N}\right]}\quad(k=0,1,\cdots,N-1)
\end{aligned} \tag{4.3-2}$$

在 l 为正整数时，由上式得

$$X_N(k)=\begin{cases}N & k=l\\ 0 & k\neq l\end{cases} \tag{4.3-3}$$

这表明，若复正弦信号 $x(t)=\mathrm{e}^{\mathrm{j}\Omega_1 t}$ 的频率 Ω_1 为 $\dfrac{2\pi}{NT}$ 的整数倍时，从 $x(t)$ 的采样序列所截取的 $x(n)$ 的 DFT 中将有一条对应的谱线出现。若被分析的信号中含有多个符合这一条件的正弦频率，则通过 DFT 后，相应位置将会出现它们各自的谱线。因此，DFT 本身构成了一个频谱分析仪。

在 l 不是正整数时，式(4.3-3)不成立，$X_N(k)$ 将由式(4.3-2)决定而在所有的 k 值处有输出，如图 4.3-1 所示。这种现象称为泄漏，也即单频正弦信号的能量被泄漏至所有频率 $k\dfrac{2\pi}{N}(k=0,1,\cdots,N-1)$ 处，从而造成了频谱分析的失真。

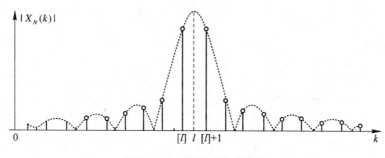

图 4.3-1　泄漏现象示意图

在实际应用中，输入信号的长度选取使信号中所有频率分量都是 $2\pi/NT$ 的整数倍是无法做到的，因此用 DFT 做频谱分析时，泄漏总会发生。泄漏的主要危害在于它所形成的假频谱线会与信号强度较弱的真实频率分量的谱线相混淆甚至将其淹没，所以必须采取措施以减小泄漏。

进一步分析可见，泄漏的原因是用于频谱分析的信号不符合 DFT 定义式(4.1-6)的要求。式(4.1-6)的要求是 $x_N(n) = \tilde{x}(n)R_N(n)$，也即是被分析信号 $x(n)$ 以 N 为周期进行周期延拓后再取其主值周期，但在实际应用中，被分析的信号本质上是随机的，所以只能在一个有限时长的窗口内观察被分析的实际信号。也即，在实际应用中，总是只能截取一定长度的信号，采样后把其视为 DFT 定义所要求的有限长信号。显然，这样得到的有限长信号段是实际信号经采样后与截取信号的时域窗口函数 $w(n)$ 两者的乘积，从而 DFT 分析的结果实际上是 $x(n)$ 的频谱与时窗函数 $w(n)$ 的频谱两者的卷积。由此可以推想，用 DFT 进行信号的频谱分析时，泄漏的大小应该与截取 $x(t)$ 采样序列时所使用的时窗 $w(n)$ 有关联。

上例的分析中使用了矩形窗 $R_N(n)$，也即用于频谱分析的长为 N 点的复正弦序列为

$$x(n) = e^{j\omega_1 n} \cdot R_N(n)$$

因此

$$X(e^{j\omega}) = \frac{1}{2\pi}\mathscr{F}\{e^{j\omega_1 n}\} * W_R(e^{j\omega})$$

式中，$\mathscr{F}\{e^{j\omega_1 n}\}$ 是无限长复正弦信号 $e^{j\omega_1 n}(-\infty < n < +\infty)$ 的 DTFT；$W_R(e^{j\omega})$ 是 $R_N(n)$ 的 DTFT。

因为

$$\mathscr{F}\{e^{j\omega_1 n}\} = 2\pi\delta(\omega - \omega_1)$$

$$W_R(e^{j\omega}) = \frac{\sin\left(\dfrac{\omega N}{2}\right)}{\sin\left(\dfrac{\omega}{2}\right)}e^{-j\frac{\omega}{2}(N-1)} \tag{4.3-4}$$

所以

$$X(e^{j\omega}) = \frac{\sin\left[\dfrac{(\omega - \omega_1)N}{2}\right]}{\sin\left(\dfrac{\omega - \omega_1}{2}\right)}e^{-j(\omega - \omega_1)\frac{N-1}{2}} \tag{4.3-5}$$

其幅度谱如图 4.3-2 所示。

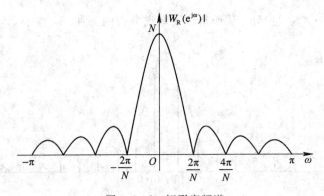

图 4.3-2　矩形窗频谱

由于 $x(n)$ 的 N 点 DFT 样本值就是 $X(e^{j\omega})|_{\omega=k\frac{2\pi}{N}}(k=0,1,2,\cdots,N-1)$，以 $\omega_1=l\dfrac{2\pi}{N}$

及 $\omega=k\dfrac{2\pi}{N}$ 代入式(4.3-5)中，即可得到与式(4.3-2)一致的结果。实际上，图 4.3-1 中示出的泄漏大小的包络线就是图 4.3-2 矩形窗 $R_N(n)$ 的幅频特性。

由图 4.3-2 可见，矩形窗的幅度谱由一个高度为 N 的主瓣(main-lobe)以及若干个幅度较小的旁瓣(side-lobe)构成。旁瓣也常称为副瓣。主瓣的中心在 $\omega=0$，主瓣的宽度为 $4\pi/N$。

通常定义窗函数幅度谱主瓣宽度的一半为有效宽度，对于矩形窗，其主瓣有效宽度为

$$\Delta\omega_W=\frac{2\pi}{N} \tag{4.3-6}$$

矩形窗频谱函数零点的位置由 $\sin(N\omega/2)$ 确定，分别位于 $\omega=2\pi n/N,(n=\pm1,\pm2,\cdots)$。

上述分析表明，频谱泄漏的主要危害来自窗函数频谱的旁瓣。其原因为，由于主瓣的宽度较窄，因此即使在主瓣范围内有泄漏，也仍然在正确的即实际存在的频率附近。而旁瓣产生的假频则会与信号中较弱的频谱分量相混淆。所以，为了减小泄漏，理想的时窗频谱应具有主瓣宽度窄而旁瓣峰值低的形状。

由矩形窗的幅度谱

$$|W_R(e^{j\omega})|=\left|\frac{\sin\left(\dfrac{\omega N}{2}\right)}{\sin\left(\dfrac{\omega}{2}\right)}\right| \tag{4.3-7}$$

可见，随着 N 的增大，主瓣的幅度将会变大，主瓣的宽度会变窄，但旁瓣的幅度也会随之同比增加。而且，在实际应用中，N 的取值还要受到允许的计算时间或即允许的计算量以及存储单元的限制，因此依靠增大 N 来改善矩形窗的幅度谱这一做法不具合理性。

减小泄漏的有效手段是寻求更好的窗函数。考虑到矩形窗对被分析信号采用了突然截断的做法，造成了窗谱旁瓣大的后果，因此，如果时窗的两端具有圆滑过度的形状，窗谱的旁瓣应能减小。这种对时窗两端采用平滑过度的处理手段被称为"渐减(Tapering)"。但令人遗憾的是，时窗频谱的"主瓣宽度窄，旁瓣峰值低"这两个要求仍然无法同时满足，通常是以主瓣宽度增宽为代价来满足窗谱旁瓣峰值低的要求的。

时窗两端具有圆滑过度形状的常用窗有以下几种：

(1) 广义的汉宁(Hanning)窗。

$$w_H(n)=\begin{cases}\alpha-(1-\alpha)\cos\left(\dfrac{2\pi n}{N-1}\right) & -\dfrac{N-1}{2}\leqslant n\leqslant\dfrac{N-1}{2}\\0 & \text{其余 } n\end{cases} \tag{4.3-8}$$

如时间起点设为 0，则

$$w_H(n)=\begin{cases}\alpha-(1-\alpha)\cos(\dfrac{2\pi n}{N-1}) & 0\leqslant n\leqslant N-1\\0 & \text{其余 } n\end{cases} \tag{4.3-9}$$

式中，$\alpha=0.54$ 称为海明窗(Hamming)；$\alpha=0.5$ 称为汉宁窗(Hanning)。

以下以汉宁窗为例。汉宁窗又被称为升余弦窗，将式(4.3-9)改写为

$$w_H(n)=0.5\left[1-\cos\left(\frac{2\pi n}{N-1}\right)\right]R_N(n)$$

$$=0.5R_N(n)-0.5\times\frac{1}{2}\left[e^{j\frac{2\pi n}{N-1}}+e^{-j\frac{2\pi n}{N-1}}\right]R_N(n) \tag{4.3-10}$$

并将矩形窗 $R_N(n)$ 的频谱即式(4.3-4)写为如下的形式：

$$W_R(e^{j\omega}) = \frac{\sin\frac{\omega N}{2}}{\sin\frac{\omega}{2}} e^{-j\frac{\omega}{2}(N-1)} = W_R(\omega) e^{-j\frac{\omega}{2}(N-1)}$$

式中，$W_R(\omega)$ 是矩形窗 $R_N(n)$ 的频谱 $W_R(e^{j\omega})$ 的幅度函数，与前面一直使用的幅度谱 $|W_R(e^{j\omega})|$ 不同，幅度函数允许幅度值有正负。这一表示法在有些场合下很有用，在第5章中我们会再次使用这一表示法。引入幅度函数这一表示法后，利用 DTFT 的频移性质，$e^{\pm j\frac{2\pi n}{N-1}}R_N(n)$ 的频谱即可很容易地求出，从而汉宁窗的频谱表达式(4.3-10)为

$$W_H(e^{j\omega}) = 0.5W_R(\omega)e^{-j\frac{\omega}{2}(N-1)} - 0.25\left[W_R\left(\omega-\frac{2\pi}{N-1}\right)e^{-j\left(\omega-\frac{2\pi}{N-1}\right)\frac{N-1}{2}} + W_R\left(\omega+\frac{2\pi}{N-1}\right)e^{-j\left(\omega+\frac{2\pi}{N-1}\right)\frac{N-1}{2}}\right]$$

$$= \left[0.5W_R(\omega) + 0.25W_R\left(\omega-\frac{2\pi}{N-1}\right) + 0.25W_R\left(\omega+\frac{2\pi}{N-1}\right)\right]e^{-j\frac{\omega}{2}(N-1)}$$

$$= W_H(\omega)e^{-j\frac{\omega}{2}(N-1)}$$

通常应用情况下，时窗函数的窗宽 N 总会比较大，因此上式中的 $N-1\approx N$，这样就近似有

$$W_H(\omega) = 0.5W_R(\omega) + 0.25W_R\left(\omega-\frac{2\pi}{N}\right) + 0.25W_R\left(\omega+\frac{2\pi}{N}\right) \tag{4.3-11}$$

图 4.3-3 示出了 $W_H(\omega)$ 的形成过程。

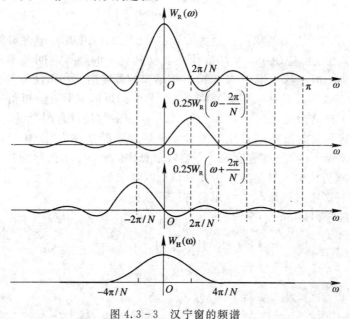

图 4.3-3 汉宁窗的频谱

由图 4.3-3 可见，由于式(4.3-11)右端的三项频谱幅值发生了旁瓣相互抵消的情况，因而使得汉宁窗的频谱旁瓣要小得多，能量更集中在主瓣内，但其代价是主瓣宽度增加了一倍。

海明窗，又称改进型的升余弦窗，由于 $\alpha=0.54$，其窗谱与汉宁窗谱稍有不同，主瓣宽度与汉宁窗基本相同，为 $8\pi/N$，而旁瓣峰值被进一步压低，可将 99.96% 的窗谱能量集中在主瓣中，最大旁瓣峰值比主瓣峰值可低至 -41 dB，而矩形窗的最大旁瓣峰值仅比主瓣峰值低 13 dB。

（2）凯塞（Kaiser）窗。

在所有的窗函数中，这是最优的，且适应性很强。其窗函数为

$$w_{\mathrm{K}}(n)=\begin{cases} \dfrac{I_0\left[\beta\sqrt{1-(2n/N-1)^2}\,\right]}{I_0(\beta)} & 0\leqslant n\leqslant N-1 \\[4mm] 0 & \text{其余 } n \end{cases} \qquad (4.3-12)$$

式中，$I_0(x)$ 表示零阶贝塞尔（Bessel）函数；β 是一个可自由选择的参数。

零阶贝塞尔函数的曲线如图 4.3-4 所示。开始 $I_0(x)$ 随 x 增长得很缓慢，随着 x 的进一步增长，$I_0(x)$ 将迅速地增长。

凯塞窗函数的曲线示于图 4.3-5，在时窗中点，也即当 $n=\dfrac{N-1}{2}$ 时，$w_{\mathrm{K}}\left(\dfrac{N-1}{2}\right)=\dfrac{I_0(\beta)}{I_0(\beta)}=1$；当 n 从中点向两边变化时，$w_{\mathrm{K}}(n)$ 逐渐减小，参数 β 越大，$w_{\mathrm{K}}(n)$ 变化越快；最后，$n=0$ 及 $n=N-1$ 时，$w_{\mathrm{K}}(0)=w(N-1)=1/I_0(\beta)$。参数 β 选得越大，其频谱的旁瓣峰值越小，但主瓣的宽度也相应增加。因而，改变 β 值就可以在主瓣宽度与旁瓣衰减之间进行选择。β 的典型值在 $4<\beta<9$ 范围内，在不同的 β 值下性能有所不同。在图 4.3-5 中，$\beta=0$ 相当于矩形窗，$\beta=8.5$ 的曲线接近于海明窗，$\beta=5.44$ 的曲线接近于布拉克曼窗。[①]

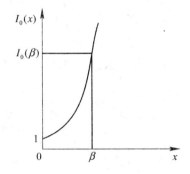

图 4.3-4　零阶贝塞尔函数

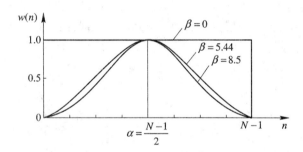

图 4.3-5　凯塞窗函数

凯塞窗的出发点是在一个有限区间上寻求一个时限函数使其最佳逼近一个带限函数，使它们的傅里叶变换误差最小。在连续时间域中，这样的函数是长球面波函数（Prolate spheroidal wave function），而凯塞给出的表达式是在离散时间域中对长球面波函数的逼近。因此，凯塞窗是最优的，也即，在主瓣宽度相同的情况下，凯塞窗的旁瓣峰值最低，而在旁瓣峰值相同的情况下，凯塞窗的主瓣宽度最窄。主瓣宽度与旁瓣峰值的交换通过调节参数 β 来实现。

凯塞窗 $W_{\mathrm{K}}(\mathrm{e}^{\mathrm{j}\omega})$ 的缺点在于无法获得其幅度谱的解析表达式，只能得到数值解，且计算过程较为复杂，所以比较其它时窗而言，应用时较为不方便。实际应用凯塞窗时，零阶贝塞尔函数可用无穷级数表达为

$$I_0(x)=\sum_{k=0}^{\infty}\left[\frac{1}{k!}\left(\frac{x}{2}\right)^k\right]^2 \qquad (4.3-13)$$

故可用有限项级数对其进行近似，项数由所要求的精度决定，正因为此，使用凯塞窗时须用计算机求解。

---

① 布拉克曼（Blackman）窗，是为了进一步抑制旁瓣，对升余弦窗函数再增加一个二次谐波的余弦分量构成。

4.3.2 频谱分析涉及的几个重要因素

1. 频率分辨率

我们从窗函数对信号频谱分析影响的进一步分析出发,由此引入频谱分析时的频率分辨率这一重要参数。

考虑一无限长余弦信号:

$$x(t) = \cos(\Omega_0 t) \qquad -\infty < t < \infty$$

该信号的频谱为

$$X(\mathrm{j}\Omega) = \pi \left[\delta(\Omega + \Omega_0) + \delta(\Omega - \Omega_0) \right]$$

现以采样频率 $f_s = 1/T$ 对其进行采样,满足采样定理,则采样后的序列为

$$x(n) = \cos(\Omega_0 T n) = \cos(\omega_0 n) \qquad -\infty < n < +\infty$$

其中 $\omega_0 = \Omega_0 T$。采样后序列 $x(n)$ 的频谱为

$$X(\mathrm{e}^{\mathrm{j}\omega}) = \pi \left[\delta(\omega + \omega_0) + \delta(\omega - \omega_0) \right] \tag{4.3-14}$$

若对无限长序列 $x(n)$ 用矩形窗 $w_R(n)$ 截断,也即构成 $x_N(n) = x(n) w_R(n)$,则加窗后的信号 $x_N(n)$ 的频谱为

$$X_N(\mathrm{e}^{\mathrm{j}\omega}) = 0.5 \left[W_R(\omega + \omega_0) + W_R(\omega - \omega_0) \right] \tag{4.3-15}$$

对序列 $x_N(n)$ 进行 N 点 DFT 运算,也即计算 $X_N(\mathrm{e}^{\mathrm{j}\omega})$ 在一个周期即 2π 上的 N 个等分点的样本值。在矩形窗宽度分别为 $N=32$ 和 $N=64$ 时,对应的幅频特性分别如图 4.3-6(b)、(c)所示。

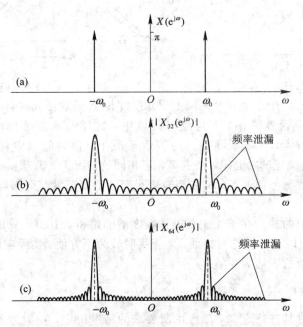

图 4.3-6 用矩形窗截断余弦序列的频谱

由图可见,在 $N=32$ 和 $N=64$ 时,矩形窗谱的旁瓣峰值并不随着 N 的增大而有所减小,这符合前面对矩形窗谱的分析。其原因为,信号长度的增加虽然使频谱中的主瓣幅度变大宽度变窄,但旁瓣幅度也随之同比例地增加。

由图还可见，所取的信号长度 N 越大，信号中的频率分量形成的谱峰，即相应的主瓣宽度就越窄。这意味着，若信号中存在着两个相邻频率分量，则为了使频谱能够显示这两个相邻频率分量形成的谱峰，可以用将信号长度取得足够大的方法来解决。也即，信号长度应取得足够大从而使谱峰的有效宽度小于相邻频率分量的频率差 Δf，这样得到

$$\Delta f \geqslant \Delta f_{\mathrm{w}} = \frac{\Delta \omega_{\mathrm{w}}}{2\pi T} \tag{4.3-16}$$

对于矩形窗来说，其主瓣有效宽度为 $\Delta \omega_{\mathrm{w}} = 2\pi / N$，由上式可得到

$$\Delta f \geqslant \Delta f_{\mathrm{w}} = \frac{2\pi}{2\pi TN} = \frac{1}{T_{\mathrm{p}}} = \frac{f_{\mathrm{s}}}{N} \tag{4.3-17}$$

其中，$T_p = NT$，也即 T_p 是用于进行频谱分析的时域信号的长度。式(4.3-17)定量地给出了信号长度与所能分辨的谱峰间隔之间的关系。用于分析的信号长度越长，所能分辨的谱峰间隔就越小，即分辨相邻谱峰的能力就越强，故将式(4.3-17)给出的 Δf_{w} 称为矩形窗计算频谱时的频率分辨率。

式(4.3-17)也可等价写为

$$N \geqslant \frac{f_{\mathrm{s}}}{\Delta f} \tag{4.3-18}$$

上式给出了使用矩形窗时能分辨相邻谱峰所需的最少样本数。

在使用其它时窗函数的情况下，需按相应的窗函数频谱主瓣宽度对式(4.3-17)和式(4.3-18)所要求的最少样本数 N 进行调整。显然，由于矩形窗的主瓣最窄，因此在相同的频率分辨率要求下，矩形窗所需的信号长度最短；而在相同的信号长度情况下，使用矩形窗就能够得到更大的频率分辨率。但以上的得益都要以更大的旁瓣频率泄漏为代价。

下面给出一个频率分辨率的例子。

【例 4.3 - 1】　已知一连续信号为

$$x(t) = \cos(2\pi f_1 t) + \cos(2\pi f_2 t)$$

其中 $f_1 = 100 \ \mathrm{Hz}$，$f_2 = 120 \ \mathrm{Hz}$。以采样频率 $f_{\mathrm{s}} = 600 \mathrm{Hz}$ 对该信号采样，求出由 DFT 分析其频谱时能够分辨此两个谱峰所需的最少样本点数。

【解】　由于采样频率 f_{s} 大于信号最高频率 f_2 的 2 倍，故采样过程没有造成频谱混叠，采样后的序列为

$$x(n) = x(t)|_{t=nT} = \cos\left(\frac{2\pi f_1 n}{f_{\mathrm{s}}}\right) + \cos\left(\frac{2\pi f_2 n}{f_{\mathrm{s}}}\right)$$

这是一个无限长序列，为得到最少样本点数，采用矩形窗对其进行加窗截断。为了能够分辨出信号中的两个频率间隔 $\Delta f = f_2 - f_1$ 的相邻谱峰，根据式(4.3-18)，矩形窗的长度 N 应满足

$$N \geqslant \frac{f_{\mathrm{s}}}{\Delta f} = 30$$

图 4.3 - 7 分别给出了信号样本点数 $N = 30$ 与 $N = 20$ 时由 512 点 DFT 计算出的频谱。由图 4.3 - 7(a)可见，当信号的长度 $N = 30$ 也即满足式(4.3-18)时，可清晰地分辨出信号中的两个不同频率分量。图 4.3 - 7(b)中，由于 $N = 20$ 不满足式(4.3-18)，所以几乎分辨不出信号中有两个频率分量。

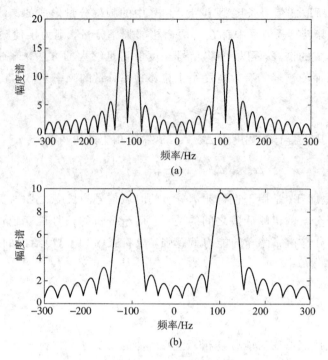

图 4.3-7　信号长度对频谱分辨率的影响

2. 栅栏效应

除了频率泄漏外，利用 DFT 分析连续时间信号频谱的过程中，还有一个无法避免的现象，这就是栅栏效应。

由于 N 点 DFT 的样本值 $X(k)$ 实际上是序列 $X(e^{j\omega})$ 在一个周期上也即 2π 上 N 个等间隔采样点上的值，两个相邻样本点之间的谱线间隔为

$$\Delta f_d = \frac{\omega_s}{2\pi N} = \frac{f_s}{N} \qquad (4.3-19)$$

显然，在两个频率样本点之间，$X(k)$ 无法反映 $X(e^{j\omega})$ 的构成情况，这就如同围栏上的木板栅栏挡住了视线一样，故称之为栅栏效应。减轻栅栏效应的常用方法是在加窗截取序列后，在其尾部补零(Zero Padding)，构成一个较长的序列 $x_L(n)$ $(L>N)$，也即构成

$$x_L(n) = \begin{cases} x_N(n) & 0 \leqslant n \leqslant N-1 \\ 0 & N \leqslant n \leqslant L-1 \end{cases} \qquad (4.3-20)$$

序列补零未涉及采样频率 f_s，也即采样频率 f_s 并未发生变化，从而 $x_L(n)$ 对应的有效信号长度仍然是 $T_p = NT$，因此它所对应的频谱函数也不会发生变化。但是，由于序列 $x_L(n)$ 所进行的是 L 点 DFT，因此两个相邻样点之间的谱线间隔为

$$\Delta f_d = \frac{f_s}{L}$$

比 N 点 DFT 的谱线间隔要小，从而序列补零后计算得到的频谱可以显示出更多的频谱细节。

需要注意的是，谱线间隔与频率分辨率是两个不同的概念。用于减小谱线间隔的补零是在对信号段加窗截取后进行的，它不会改变频谱的包络形状，所以补零不能提高频率分辨率。补零的作用是使谱线间隔变小从而使谱线增多，也即，补零是使"栅栏"数目增加而宽度变小，

从而使"栅栏"缝隙增多，这样就可以透过更多的"栅栏"缝隙观察到更多的频谱细节。

下面以实例来说明这两个概念的区别。

【例 4.3 - 2】 已知一连续信号为

$$x(t)=\cos(2\pi f_1 t)+0.15\cos(2\pi f_2 t)$$

其中 $f_1=100$ Hz，$f_2=150$ Hz。现以频率 $f_s=600$ Hz 对该信号进行采样，在 $N=25$ 和 $N=50$ 的条件下，对不同的时窗函数用 DFT 分析其频谱。并在使用矩形窗时，就 $N=30$ 分别补零至 $L=32$，64，128，256 的情况观察栅栏效应。

【解】 此例中，采样率足够高因而没有频率混叠。以下分别用矩形窗和海明窗这两种时窗函数进行信号截取，然后用 DFT 分析频谱。图 4.3 - 8 示出了 $N=25$ 和 $N=50$ 时采用两种时窗的频谱分析情况。

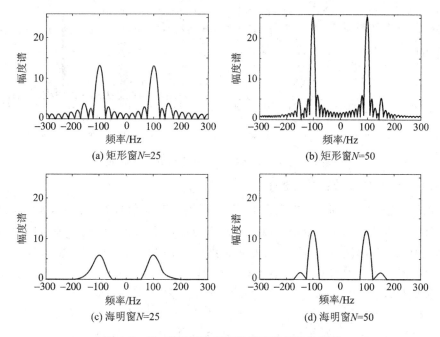

图 4.3 - 8 利用矩形窗和海明窗分析信号频谱

此例中，$x(t)$ 中有一个较弱的 f_2 频率分量，其信号强度是另一频率分量的 15%，由图 4.3 - 8(a)、(b)可见，利用矩形窗函数加窗时，由于其旁瓣泄漏较大，因此，虽然信号中的两个频率分量的频率差不是很小，但无论在 $N=25$ 还是在 $N=50$ 的情况下，都很难检测出这个幅度较小的 f_2 频率分量。另一方面，在使用旁瓣泄漏较小的海明窗时，由图 4.3 - 8(c)、(d)可见，在 $N=25$ 时，由于所取数据点较少，频率分辨率较低，由 DFT 计算出的频谱也不能显示幅度较小的 f_2 频率分量，而当 $N=50$ 时，已能清晰地显示出这一幅度较小的频率分量。

图 4.3 - 9 给出了此例中使用矩形窗时，采用不同长度补零后幅度谱细节的表达情况。由图可见，补零后可以使谱线间隔变小，从而使谱线数目得到增加，因而减轻了栅栏效应，但补零无助于提高频率分辨率。

这个例子说明了式(4.3 - 17)中的参数 Δf 与式(4.3 - 19)中的参数 Δf_d 所表达的不同意义，请读者务必理解，Δf 是频率分辨率，Δf_d 是谱线间隔，也即频域样本间隔。

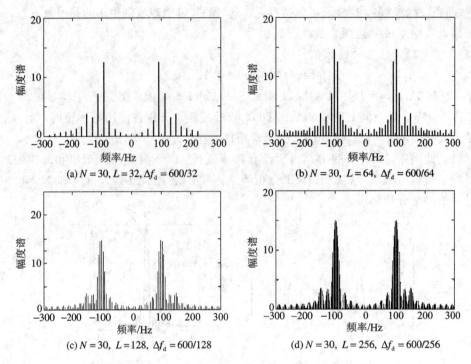

图 4.3-9 补零对 DFT 分析信号频谱的影响

3. DFT 作频谱分析时的参数选择

从上面两小节的分析可见，在利用 DFT 分析连续时间信号的频谱时，除了频谱混叠、频率泄漏外，还涉及到了频率分辨率以及栅栏效应这两个参数。频谱混叠与连续信号的时域采样间隔有关，频率泄漏与信号时域加窗截断时使用的窗函数有关，频域分辨率与信号长度有关，而栅栏效应则与 DFT 的点数有关。因此，实际用 DFT 进行频谱分析时，除了时窗函数的选取外，还需对采样频率、信号持续时间以及 DFT 分析时的样本点数等参数进行选择。下面做以归纳。

(1) 信号采样频率 f_s 的选定。f_s 至少应保证满足时域采样定理，即

$$f_s \geqslant 2f_m \qquad (4.3-21)$$

其中，f_m 为待分析的连续信号的最高频率，采样间隔 T 应满足

$$T = \frac{1}{f_s} \leqslant \frac{1}{2f_m} \qquad (4.3-22)$$

(2) 信号长度 N 的选定。N 的选取应满足频率分辨率 Δf 的要求，即

$$N \geqslant c\frac{f_s}{\Delta f} \qquad (4.3-23)$$

其中，c 为参数，随时窗函数不同而不同。例如矩形窗时取 $c=1$，海明窗时取 $c=2$。

(3) DFT 的点数 L 的选定。除了使 L 是 2 的整数次幂外，其取值应根据所要求的谱线间隔 Δf_d 确定，即

$$L \geqslant \frac{f_s}{\Delta f_d} \qquad (4.3-24)$$

【例 4.3-3】　试利用 DFT 分析一连续信号，已知其最高频率 $f_m = 1000$ Hz，要求频率分辨率 $\Delta f \leqslant 2$ Hz，谱线间隔 $\Delta f_d \leqslant 0.5$ Hz。试确定以下参数：(1) 最大的采样间隔；(2) 最少的信号持续时间；(3) 最少的 DFT 点数。

【解】　(1) 由式(4.3-22)可得最大的采样间隔 T_{max} 为

$$T_{max} = \frac{1}{2f_m} = \frac{1}{2 \times 1000} = 0.5 \times 10^{-3}\,(\text{s})$$

(2) 由式(4.3-23)可得最少的样本数 N 应满足

$$N \geqslant c\frac{f_s}{\Delta f}$$

故使用矩形窗时 $N = 1000$，使用海明窗时 $N = 2000$。信号最少持续时间为

$$T_{pmin} = NT_{max}$$

故在使用矩形窗时 $T_{pmin} = 0.5$ s，使用海明窗时 $T_{pmin} = 1$ s。

(3) 由式(4.3-24)可得最少的 DFT 点数 L 为

$$L \geqslant \frac{f_s}{\Delta f_d} = 4000$$

选择 DFT 的点数 $N = 4096$，以使其为 2 的整数次幂，从而可以使用基 2 快速算法。

还需指出的是，对一个未知的信号进行频谱分析时，数据长度 N 的选择除考虑计算量、频域分辨率外，实际上还需考虑被分析对象的本身特性。例如，由于测距精度的要求，脉冲雷达的脉冲宽度非常窄，因此需要很高的采样率。又如语音信号，元音是一个准周期信号，周期长约 5～8 毫秒，为此语音信号常取 2～3 个元音周期长度作为分析数据长度。再如 GSM 蜂窝系统中，语音分段为 20 毫秒，当采样率为 8 kHz 时，则 $N = 160$。总之，数据长度选择需根据应用所需综合考虑。对此有兴趣的读者请自行参看相应的书籍与文献。

4.4　离散傅里叶变换的应用——快速卷积

线性卷积是所有的信号通过系统问题都要涉及的运算。设 LSI 系统 $h(n)$ 的输入为序列 $x(n)$，则系统输出为

$$y(n) = x(n) * h(n) = \sum_{k=-\infty}^{+\infty} x(k)h(n-k) \tag{4.4-1}$$

在 $x(n)$ 的长度为 N_1，$h(n)$ 的长度为 N_2 时，$y(n)$ 的长度为 $N_1 + N_2 - 1$。

对于式(4.4-1)，根据 DTFT 的时域卷积定理，有

$$Y(e^{j\omega}) = X(e^{j\omega})H(e^{j\omega}) \tag{4.4-2}$$

由于 DFT 存在着通常称之为 FFT 的高效快速算法，可以大大减小计算量，因此对式(4.4-1)和(4.4-2)的计算可以通过 DFT 完成。而在使用 FFT 算法后，这样做的计算量比在时域内直接计算 $x(n) * h(n)$ 这一卷积和会少很多。这就是本节要介绍的线性卷积的快速算法，简称为快速卷积。快速卷积现已成为离散时间信号处理的一个极为重要的工具。

4.4.1　线性卷积与周期卷积

由于序列的 DFT 定义式中隐含着周期性，即使涉及有限长时域序列，也必须视为是周期序列的主值周期部分，这样，关于序列的移位、折叠和卷积等也就都与通常的序列移位、折叠和卷积不同，从而必须另行考察。

1. 周期移位

周期移位(Periodical shift)也可以称为循环移位(Circular shift)或圆周移位(Cyclic shift)，这几种称呼都可用于涉及 DFT 的序列的移位，实质相同，只是解释出发点略有不同。

通常意义下，一个序列 $x(n)$ 的线性移位只涉及左移和右移，如图 4.4-1 所示。

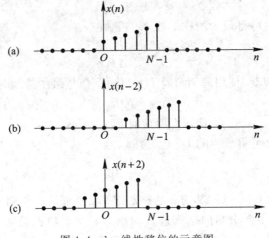

图 4.4-1　线性移位的示意图

如将 $x(n)$ 视为周期序列的主值周期部分，则对该序列的移位就是周期移位，周期移位的结果是指将整个周期序列移位后再取主值周期部分。图 4.4-2 示出了 $N=7$ 时的周期移位情况。

图 4.4-2 中同时给出了周期序列及其在主周期上的符号表达。也即，若原始序列为 $x(n)$，则其以 N 为周期进行周期延拓后的周期序列的符号为 $\tilde{x}(n)$ 或 $x((n))_N$，而这个周期序列在其主值周期 $[0, N-1]$ 上的符号表达为 $x((n))_N R_N(n)$。不过，很多时候周期序列符号中的下标往往省略不写。

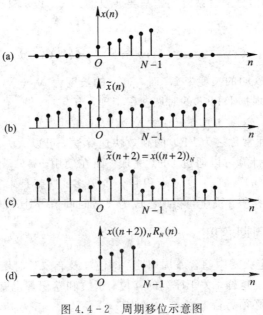

图 4.4-2　周期移位示意图

比较图 $4.4-1$ 和 $4.4-2$，就可以看出线性移位与周期移位的明显不同。当我们只观察 $0 \leqslant n \leqslant N-1$ 这一主值区间时，周期移位在主值周期的结果也可以视为某一样本点从主值区间的一端移出时，同一个样本点又从该区间的另一端循环移进，所以，周期移位又可称为循环移位。此外，还可以将 $x(n)$ 想象成排列在一个圆周的 N 个等分点上，这样，序列的移位就相当于 $x(n)$ 在圆周上的旋转，因而也可称为圆周移位，序列左移，即在圆周上顺时针旋转；序列右移，即在圆周上逆时针转。图 $4.4-3$ 给出了圆周移位的示意图。对初学者而言，可能周期移位的观点更易理解，且不易弄混淆。以下分析中，我们均从周期移位这一观点出发。

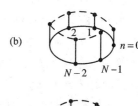

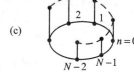

图 $4.4-3$　圆周移位示意图

【**例 4.4－1**】　一个有限长序列为
$$x(n) = \delta(n) + 2\delta(n-5)$$

（1）计算序列 $x(n)$ 的 10 点 DFT。

（2）若序列 $y(n)$ 的 DFT 为
$$Y(k) = \mathrm{e}^{\mathrm{j}2k\frac{2\pi}{10}} X(k)$$

式中，$X(k)$ 是 $x(n)$ 的 10 点 DFT，求序列 $y(n)$。

【**解**】　（1）由 DFT 定义式可求得序列 $x(n)$ 的 10 点 DFT 为
$$X(k) = \sum_{n=0}^{10-1} x(n)\mathrm{e}^{-\mathrm{j}\frac{2\pi}{10}kn} = \sum_{n=0}^{10-1} \left[\delta(n) + 2\delta(n-5) \right] \mathrm{e}^{-\mathrm{j}\frac{2\pi}{10}kn}$$
$$= 1 + 2\mathrm{e}^{-\mathrm{j}\frac{2\pi}{10}k5} = 1 + 2(-1)^k \qquad 0 \leqslant k \leqslant 9$$

（2）$X(k)$ 乘以一个 $\mathrm{e}^{-\mathrm{j}mk\frac{2\pi}{10}}$ 形式的复指数相当于对应时域序列 $x(n)$ 周期移位 m 点。本题中 $m = -2$，$x(n)$ 左移了 2 点，就有
$$y(n) = x((n+2))_{10} R_{10}(n) = 2\delta(n-3) + \delta(n-8)$$

式中，$x((n+2))_{10}$ 表示序列 $x(n+2)$ 以 $N=10$ 为周期进行周期延拓后得到的周期序列，它乘以矩形窗 $R_{10}(n)$ 的结果就是这个周期序列在其主值区间上的取值。

2. 周期卷积

涉及 DFT 的两个序列的卷积和操作，从步骤上而言与第 2 章所述的线性卷积相同。但在以下三个方面却截然不同：

（1）此处的两个序列必须具有相同周期；

（2）操作中涉及的移位为周期序列移位后在主值周期上的取值，涉及的折叠也是周期序列折叠后在主值周期上的取值；

（3）求卷积和涉及的相乘、相加运算只对主值区间内的序列样本值进行。

在给出周期卷积的定义后，将对以上这几个不同点作具体说明。

定义：设 $x_1(n)$ 和 $x_2(n)$ 都是点数为 N 的有限长因果序列（$0 \leqslant n \leqslant N-1$），则称
$$y(n) = \sum_{m=0}^{N-1} x_1(m)x_2((n-m)) = \sum_{m=0}^{N-1} x_2(m)x_1((n-m)) \qquad 0 \leqslant n \leqslant N-1$$

$$(4.4-3)$$

为 $x_1(n)$ 和 $x_2(n)$ 的 N 点周期卷积，记为

$$y(n) = x_1(n) \otimes x_2(n) \qquad (4.4-4)$$

这个卷积相当于两个周期序列 $\tilde{x}_1(n)$ 和 $\tilde{x}_2(n)$ 作卷积后在主值周期内取值的结果。注意卷积符号为 $\otimes$，这与线性卷积不同。作周期卷积时，基本步骤与线性卷积相同，但具体操作中的不同之处为：

（1）线性卷积中，参与卷积的两个序列的长度可以不等，如 $x(n)$ 的长度为 N_1，$h(n)$ 的长度为 N_2 时，则卷积结果 $y(n) = x(n) * h(n)$ 的长度为 $N_1 + N_2 - 1$。但在涉及 DFT 的周期卷积时，参与卷积的两个序列必须均应视为同周期的周期序列的主值周期部分，两序列必须等长，若两个序列不等长，须对较短的序列尾部补零至等长，或者对参与卷积的两个序列同时补零至等长。

（2）卷积过程中，卷（折叠）、移这两个步骤从操作上说，"卷"和"移"都是对周期序列而言的。周期移位在上一小节的图 4.4-2 已经给出，而图 4.4-4 则示出了将序列视为周期序列后的折叠操作。

（3）求卷积和的过程中，相乘、相加仅对两个序列的主值周期部分进行，不涉及主值区间 $[0, N-1]$ 之外。

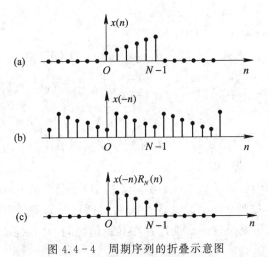

图 4.4-4 周期序列的折叠示意图

【例 4.4-2】 $x_1(n)$ 和 $x_2(n)$ 如图 4.4-5(a)、(b)所示，长度分别为 $N_1 = 4$，$N_2 = 5$。

（1）求 $x_1(n)$ 和 $x_2(n)$ 的线性卷积 $x_1(n) * x_2(n)$。

（2）取 $N = N_2 = 5$，求周期卷积 $x_1(n) \circledS x_2(n)$。

（3）取 $N = N_1 + N_2 - 1 = 8$，求周期卷积 $x_1(n) \circledS x_2(n)$。

【解】 此例用图解法求解，以便读者更好地理解线性卷积与周期卷积之间的不同。

（1）$x_1(n)$ 和 $x_2(n)$ 的线性卷积 $x_1(n) * x_2(n)$ 如图 4.4-5(c)所示。

（2）为求周期卷积，首先须将 $x_1(n)$ 补零至长度为 $N_2 = 5$ 的序列，随后在主值周期上求卷积和，图 4.4-6 示出了 $N = 5$ 时的周期卷积过程。

（3）分别将 $x_1(n)$ 和 $x_2(n)$ 补零 4 个和 3 个，使 $N = 8$，随后在主值周期上求卷积和，图 4.4-7 示出了 $N = 8$ 时的周期卷积过程。

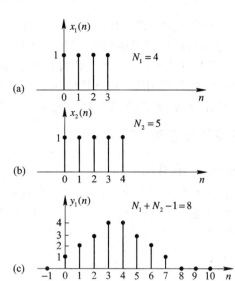

图 4.4－5　线性卷积 $x_1(n) * x_2(n)$

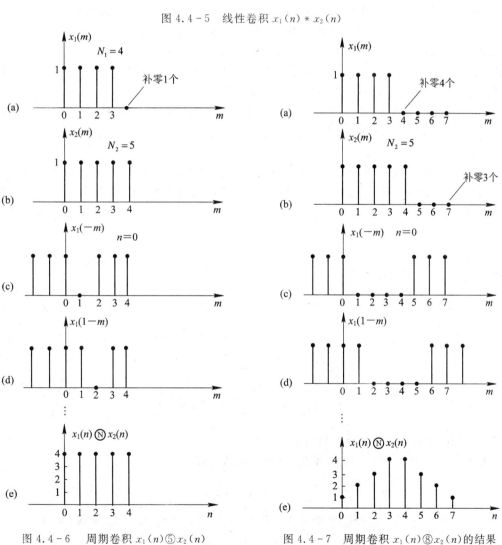

图 4.4－6　周期卷积 $x_1(n) ⑤ x_2(n)$　　　　图 4.4－7　周期卷积 $x_1(n) ⑧ x_2(n)$ 的结果

由此例可见，周期卷积是对两个同周期的周期序列的主值区间部分进行卷积，因此两个有限长序列周期卷积后，仍得到具有相同周期的一个周期序列的主值区间部分。而且，在长度分别为 N_1，N_2 的两个序列进行周期卷积时，若将这两个序列分别补零至 $N=N_1+N_2-1$ 时，则周期卷积结果与线性卷积相等。特殊性中包含着一般性，尽管本例得到的这一结果不能作为普遍规律的严格证明，但它对普遍性的规律给出了提示。

4.4.2 利用周期卷积计算线性卷积

1. 用周期卷积计算线性卷积的条件

周期卷积的特点在于，参与卷积的两个序列均需视为周期序列的主值周期部分，因此在折叠时出现了卷绕现象，也即被折叠的序列的尾部会卷绕回来从另一端进入主值周期区间。这样，对于有限长因果序列 $x(n)$ 和 $h(n)$，在周期卷积：

$$y(n) = \sum_{k=0}^{N-1} x(k)h((n-k)) \quad n=0, 1, \cdots, N-1 \tag{4.4-5}$$

中，当周期序列 $h((n-k))$ 的标号 $(n-k)<0$ 时，它在主值周期上的取值是 $h(n-k+N)$，而并不是像两个有限长序列作线性卷积时那样取零值。这样，如果两个序列的线性卷积结果长度为 M，则在对这两个序列作 $N<M$ 的 N 点周期卷积时，周期卷积结果中的前 $M-N$ 个值会由于周期折叠时的尾部卷绕而不正确。所以，如果想要周期卷积的结果能够正确表达线性卷积，就必须消除上述这个线性卷积中不会产生的卷绕现象。

解决办法是，使周期序列的主值周期长度 N 取得足够大，从而使卷绕回主值区间的 $h(n-k+N)$ 与 $x(k)$ 不再有公共的交迭区域，也即不再有公共的非零值区域。

以下对 N 的取值进行考察。

假设 $x(n)$ 的长度为 N_x 和 $h(n)$ 的长度为 N_h，以 $N(N>\max N_x, N_h)$ 为周期进行 N 点的周期卷积，考察的目的是要探索 N 满足何种条件时，周期卷积的结果可以与线性卷积的结果相同。

当 $n=0$ 时，$x(n)$ 与 $h(n)$ 的线性卷积结果为

$$y(0)=x(0)h(0) \tag{4.4-6}$$

而由式 (4.4-5)，周期卷积的结果为

$$\begin{aligned}
y(n) &= x(0)h(0) + \sum_{k=1}^{N_x-1} x(k)h((0-k)) \\
&= x(0)h(0) + \sum_{k=1}^{N_x-1} x(k)h((N-k)) \\
&= x(0)h(0) + \sum_{k=1}^{N_x-1} x(k)h(N-k)
\end{aligned} \tag{4.4-7}$$

在式 (4.4-7) 中，第二个式子中利用了 $h(n)$ 的周期性。

为使周期卷积结果与线性卷积结果相同，显然应有

$$\sum_{k=1}^{N_x-1} x(k)h(N-k) = 0 \tag{4.4-8}$$

由于 $x(n)$，$h(n)$ 是任意的长度分别为 N_x 和 N_h 的序列，要使 (4.4-8) 成立，必须有

$$x(k)h(N-k)=0 \quad k=1, 2, \cdots, N_x-1 \tag{4.4-9}$$

在 $k=N_x-1$ 时，$x(n)$ 取得其主值周期区间上的最后一点 $x(N_x-1)$，而在主值周期区间内，除去 $k=0$ 这一点外，对其余 k 值，都有 $h((-k))=h(N-k)$，在 $k=N_x-1$ 时，折叠后其取值是 $h(N-N_x+1)$。由于 $x(N_x-1)$ 不必为零，为使 $x(N_x-1)$ 与 $h(N-N_x+1)$ 的乘积为零，必须有

$$h(N-N_x+1)=0 \tag{4.4-10}$$

由于上式在 $h(n)$ 具有任何长度 N_h 时都应该成立，故只有 N 取得足够大，以保证

$$N-N_x+1>N_h-1$$

时，才能保证 $h(N-N_x+1)=0$。在上式成立时，对于和式(4.4-8)中的其余 k 值，也即 $k=1,2,\cdots,N_x-2$ 时，$h(N-k)$ 的标号 $N-k$ 都大于 $N-N_x+1$，从而必有

$$h(N-k)=0 \qquad k=1,2,\cdots,N_x-2$$

这意味着，$h(N-k)$ 与 $x(k)$ 不再存在公共的非零值区域。从而式(4.4-8)成立。

N 的取值可以写为

$$N>N_x+N_h-2$$

从而得到

$$N\geqslant N_x+N_h-1 \tag{4.4-11}$$

图 4.4-8 给出了求取 N 值的一种图解方法。

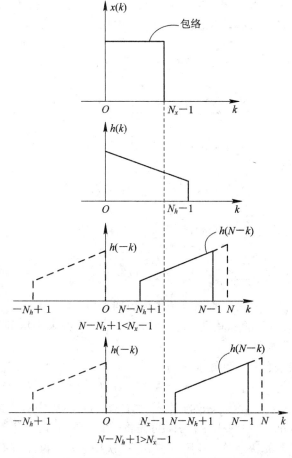

图 4.4-8　周期卷积结果表达线性卷积结果的条件

由图可以看出，$n=0$ 时，在主值区间中，折叠后得到的序列 $h(N-k)$ 的第一个样点位于标号 $N-N_h+1$ 处，因此，如果 N 的取值足够大，使得这个点在序列 $x(k)$ 的最后一个点 $x(N_x-1)$ 的右边，也即

$$N-N_h+1>N_x-1$$

则 $h(N-k)$ 与 $x(k)$ 就不会存在公共的非零值区域，从而由折叠而造成的尾部卷绕的后果就能够被去除。

容易看出，图 4.4-8 的图解方法所得结果与前面解析推导的结果相同。

以上推出了用周期卷积求出两个有限长序列的线性卷积的条件，接下来要考察的是如何使用 DFT 通过周期卷积求出线性卷积。

2. DFT 的时域卷积定理

在 DFT 中，也有相应的时域卷积定理，但现在涉及的是周期卷积，所以也需重新证明。

DFT 的时域卷积定理表达式为

$$y(n)=x(n)\text{ⓝ}h(n)\leftrightarrow X(k)H(k)=Y(k) \tag{4.4-12}$$

现对式 (4.4-12) 这个变换对的正确性予以说明。

设序列为 $x_1(n)$ 和 $x_2(n)$，其长度分别为 N_1、N_2，为用周期卷积求出它们的线性卷积，首先将它们分别补零 $(N-N_1)$ 和 $(N-N_2)$ 至 N 点序列长度，这里 N 满足式 (4.4-11)，然后求出 $y(n)=x_1(n)\text{ⓝ}x_2(n)$，再对其作 N 点 DFT，这样就有

$$
\begin{aligned}
Y(k) &= \sum_{n=0}^{N-1} y(n)\mathrm{e}^{-\mathrm{j}\frac{2\pi}{N}kn} = \sum_{n=0}^{N-1}\left[x_1(n)\text{ⓝ}x_2(n)\right]\mathrm{e}^{-\mathrm{j}\frac{2\pi}{N}kn} \\
&= \sum_{n=0}^{N-1}\left[\sum_{m=0}^{N-1}x_1(m)x_2((n-m))\right]\mathrm{e}^{-\mathrm{j}\frac{2\pi}{N}kn} \\
&= \sum_{m=0}^{N-1}x_1(m)\mathrm{e}^{-\mathrm{j}\frac{2\pi}{N}km}\sum_{n=0}^{N-1}x_2((n-m))\mathrm{e}^{-\mathrm{j}\frac{2\pi}{N}k(n-m)} \\
&= \sum_{m=0}^{N-1}x_1(m)\mathrm{e}^{-\mathrm{j}\frac{2\pi}{N}km}\sum_{l=-m}^{N-m-1}x_2((l))\mathrm{e}^{-\mathrm{j}\frac{2\pi}{N}kl} \\
&= \sum_{m=0}^{N-1}x_1(m)\mathrm{e}^{-\mathrm{j}\frac{2\pi}{N}km}\sum_{l=0}^{N-1}x_2((l))\mathrm{e}^{-\mathrm{j}\frac{2\pi}{N}kl} \\
&= \sum_{m=0}^{N-1}x_1(m)\mathrm{e}^{-\mathrm{j}\frac{2\pi}{N}km}\sum_{l=0}^{N-1}x_2(l)\mathrm{e}^{-\mathrm{j}\frac{2\pi}{N}kl}
\end{aligned}
\tag{4.4-13}
$$

式 (4.4-13) 中，由于和式的两个因子均为周期函数，故乘积也是周期的。对于周期序列来说，在任一个整周期上的和相同，故式中将后一和式的求和区间从 $[-m, N-m-1]$ 改换成 $[0, N-1]$ 不影响结果。

根据 DFT 的定义表达式，可知式 (4.4-13) 表明

$$Y(k)=X_1(k)X_2(k) \tag{4.4-14}$$

也即，周期卷积 $y(n)=x_1(n)\text{ⓝ}x_2(n)$ 与 $Y(k)=X_1(k)X_2(k)$ 是一对变换对。

因此，为求 $x_1(n)$ 和 $x_2(n)$ 的线性卷积，可先将 $x_1(n)$ 和 $x_2(n)$ 补零至满足式 (4.4-11) 要求的长度 N，利用 DFT 的快速算法 FFT，求出 $X_1(k)X_2(k)$，再经 IDFT，即可得到 $y(n)=x_1(n)\text{ⓝ}x_2(n)$。而在 N 满足前述条件，也即满足式 (4.4-11) 时，从周期卷积中就可以得到

$x_1(n)$ 和 $x_2(n)$ 的线性卷积, 也即有 $y(n) = x_1(n) * x_2(n)$。若 $N > N_1 + N_2 - 1$, 则 $y(n)$ 的前 $N_1 + N_2 - 1$ 点为 $x_1(n) * x_2(n)$, 其余为零。

以上说明了如何用序列的周期卷积计算序列的线性卷积, 下面对其应用做以简介。

3. FIR 滤波器的快速卷积实现结构

实际应用中, 用周期卷积计算线性卷积的重要应用之一是用于 FIR 滤波器的快速卷积结构实现。

设序列 $x(n)$ 的长度为 N_1, 滤波器的单位冲激响应 $h(n)$ 的长度为 N_2, 则输出为

$$y(n) = \sum_{k=0}^{N_1-1} x(k)h(n-k) \quad n = 0, 1, \cdots, N_1 + N_2 - 2 \qquad (4.4-15)$$

式中已指明了 $y(n)$ 的长度为 $N_1 + N_2 - 1$。若对其直接计算, 总的计算量为 $(N_1 + N_2)N_1$ 量级。若使用周期卷积来计算式(4.4-15)所示的线性卷积, 则借助于 DFT 的快速算法, 可使求取 $y(n)$ 的计算量大大减小。

根据上一小节的结果, 只需对 $x(n)$ 和 $h(n)$ 的尾部添零, 构成

$$x_N(n) = \begin{cases} x(n) & n = 0, 1, \cdots, N_1 - 1 \\ 0 & n = N_1, \cdots, N_1 + N_2 - 1 \end{cases}$$

$$h_N(n) = \begin{cases} h(n) & n = 0, 1, \cdots, N_2 - 1 \\ 0 & n = N_2, \cdots, N_1 + N_2 - 1 \end{cases}$$

然后分别对 $x_N(n)$ 和 $h_N(n)$ 作 $N = N_1 + N_2 - 1$ 点 DFT, 再对这两个 DFT 的乘积作 $N = N_1 + N_2 - 1$ 点 IDFT, 得到的 $y_N(n)$ 就是 $y(n)$。图 4.4-9 示出了这一计算过程的示意图, 其中省略了补零操作。

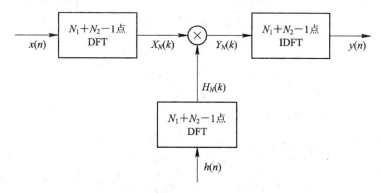

图 4.4-9　FIR 滤波器的快速卷积结构示意图

图中, 滤波器单位采样响应 $h(n)$ 的 $N_1 + N_2 - 1$ 点 DFT 可事先算出并予以存储, 故此结构也常称为 FIR 滤波器的快速卷积实现结构, 简称为快速卷积结构。

为便于应用 DFT 的快速算法 FFT, 实用中 N 的取值通常取为 2 的整数次幂。在 $N > N_1 + N_2 - 1$ 时, $Y_N(k)$ 的 N 点 IDFT $y_N(n)$ 的前 $N_1 + N_2 - 1$ 点就是 $y(n)$。

由图可知, 相应的计算涉及两个 $N_1 + N_2 - 1$ 点 DFT, 一个 $N_1 + N_2 - 1$ 点 IDFT, 扣除可事先计算的 $H_N(k)$ 计算量, 所需计算量为两个 $N_1 + N_2 - 1$ 点 DFT。使用 FFT 算法后, 一个 $N_1 + N_2 - 1$ 点 DFT 的计算量为 $(N_1 + N_2 - 1)\mathrm{lb}(N_1 + N_2 - 1)$。在 $N_1 = N_2 = 500$ 时, 取 $N = 1024$, 计算量约为 2×10^4 量级, 比直接计算线性卷积所需的 2.5×10^5 减小了一个数量级还多。

FIR 滤波器的快速卷积实现结构在工程上得到了广泛的应用，尤其是对于工程中经常遇到的信号持续通过系统进行滤波处理的情况，如语音信号处理、雷达信号处理以及水声信号处理等。这时采用的方法是，先将信号进行分段，各个分段依次逐一输入到这一快速卷积结构滤波器，对信号进行分段滤波，之后再将各个输出分段合成拼接为持续的输出信号流。这就是下一节中所要介绍的分段滤波技术。

4.4.3　分段滤波简介

在实际应用中，常涉及到两个序列长度相差很大时序列线性卷积计算的情况，这时若较长的序列长度尚不是很长，仍可采用上节所述的快速卷积方法。但在某些应用中，实际波形是非常长的信号流，这时如果要把整个波形存储起来以最终进行处理，不仅会使存储单元数量极度增大，还会在信号输入到信号输出之间产生很大的延时。而在实际信号是持续的信号流的情况下，则上述方法完全失效。在这种情况下，工程上通常采用的是分段滤波技术，把输入信号序列分割成等长的分段，对这些分段逐段进行快速卷积，再将经过处理后的各个输出分段作拼接合成，最终形成输出序列。

以下用 $h(n)$ 表示滤波器的单位采样响应序列，长度为 N_h，$x(n)$ 表示输入序列，$y(n)$ 表示输出序列。

分段滤波有两种方法，一种叫重叠相加法（overlap - add），另一种叫重叠保留法（overlap- save）。实用中，后一种方法使用较多，但在其原理的理解上稍难一些。

1. 重叠相加法

将输入序列分割成长为 L 的各段之和，于是输入序列 $x(n)$ 可表示为

$$x(n) = \sum_k x_k(n) \tag{4.4-16}$$

式中，

$$x_k(n) = \begin{cases} x(n) & kL \leqslant n \leqslant (k+1)L-1 \\ 0 & \text{其余 } n \end{cases} \tag{4.4-17}$$

$x(n)$ 与 $h(n)$ 的线性卷积可表示为

$$
\begin{aligned}
y(n) &= \sum_{m=0}^{N_h-1} h(m)x(n-m) = \sum_{m=0}^{N_h-1} h(m) \sum_k x_k(n-m) \\
&= \sum_k \left[\sum_{m=0}^{N_h} h(m)x(n-m) \right] = \sum_k y_k(n)
\end{aligned} \tag{4.4-18}
$$

式中，

$$y_k(n) = \sum_{m=0}^{N_h-1} h(m)x_k(n-m) = x_k(n) * h(n) \tag{4.4-19}$$

$y_k(n)$ 的长度为 $L+N_h-1$，故采用 $L+N_h-1$ 点 DFT 计算式（4.4-19）所示的线性卷积，并将各分段输出 $y_k(n)$ 之和作为总的输出序列 $y(n)$。

由上面的介绍可见，$y_k(n)$ 长度为 $L+N_h-1$，而 $x_k(n)$ 长度为 L，从而式（4.4-18）中第 k 个分段的输出 $y_k(n)$ 与下一个分段输出 $y_{k+1}(n)$ 会有 N_h-1 点重叠。因此，为了得到正确的输出，在将各输出分段拼接成总输出时，需将这些重叠部分予以相加，如图 4.4-10 所示。这也是"重叠相加法（overlap - add）"这一名称的来历。这一方法理解直观，其缺点是形

成总输出时需对各分段输出的重叠部分予以相加，造成了额外的计算开销。

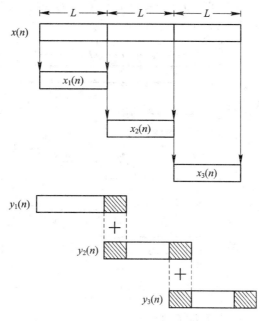

图 4.4 - 10　重叠相加法示意图

【例 4.4 - 3】　已知序列 $x(n)=2n+1$，$0{\leqslant}n{\leqslant}18$，$h(n)=\{1, 3, 2, 4\}$，试按 $L=7$ 对序列 $x(n)$ 分段，并利用重叠相加法计算线性卷积 $y(n)=x(n) * h(n)$。

【解】　序列 $x(n)$ 的长度 $N=19$，若按 $L=7$ 对序列进行分段，可以分解为以下 3 段：

$$x_1(n)=\{1, 3, 5, 7, 9, 11, 13\}$$
$$x_2(n)=\{15, 17, 19, 21, 23, 25, 27\}$$
$$x_3(n)=\{29, 31, 33, 35, 37\}$$

将 $x(n)$ 的各段 $x_1(n)$、$x_2(n)$、$x_3(n)$ 分别与序列 $h(n)$ 线性卷积，可得各段卷积结果为

$$y_1(n)=\{1, 6, 16, 32, 52, 72, 92, 97, 70, 52\}$$
$$y_2(n)=\{15, 62, 100, 172, 192, 212, 232, 223, 154, 108\}$$
$$y_3(n)=\{29, 118, 184, 312, 332, 313, 214, 148\}$$

由于序列 $h(n)$ 的长度 $M=4$，故相邻段会有 $M-1=3$ 项重叠相加，这样操作后即可得到输出的卷积序列 $y(n)=x(n) * h(n)$ 为

$y(n)=\{1, 6, 16, 32, 52, 72, 92, 112, 132, 152, 172, 192, 212, 232, 252, 272, 292,$
$312, 332, 313, 214, 148\}$

2. 重叠保留法

此方法与重叠相加法稍有不同。输入序列仍分成长为 L 的分段，但在各分段末尾截取 N_h-1 点，将其加至下一分段之前，而第一分段则是在其前面添加 N_h-1 个零。这样，这一方法中各分段 $x_k(n)$ 的长度仍然为 $L+N_h-1$，且相邻各分段有 N_h-1 点相重叠，如图 4.4 - 11 上半部分所示。这样分段后，$x_k(n)$ 可表示为

$$x_k(n)=x(n-N_h+1+kL) \quad 0{\leqslant}n{\leqslant}N-1, N=L+N_h-1, k=0, 1, \cdots$$

$$(4.4 - 20)$$

这样定义后，第一段 $x_0(n)$ 的起点已不再是输入序列 $x(n)$ 的起点，而是从 $x(n)$ 的起点左移了 N_h-1 点。也即当 $k=0$ 时，$x_0(n)=x(n-N_h+1)$，$0 \leqslant n \leqslant N-1$，在 $0 \leqslant n \leqslant N_h-2$ 时，$x_0(n)=0$。（注意 $n<0$ 时，$x(n)=0$。）

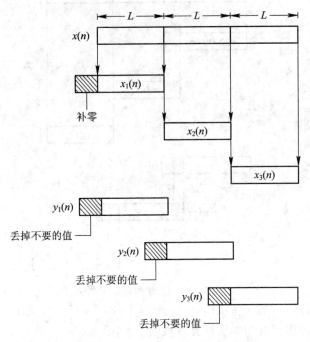

图 4.4 - 11　重叠保留法示意图

对输入分段后，作 $x_k(n)$ 与 $h(n)$ 的 $N=L+N_h-1$ 点 DFT 计算：

$$x_k(n) \otimes h(n) = y_k(n)$$

由于 DFT 是进行周期卷积，第 k 段输出分段的前 N_h-1 点涉及了 $h(n)$ 与第 k 个输入分段的后 N_h-1 点数据卷绕后卷积的结果，是不正确的输出。而且，这 N_h-1 点与上一段输出的尾部相重叠。所以在将各分段输出 $y_k(n)$ 拼接合成为总输出 $y(n)$ 时，仅取出每个分段输出序列的后 L 个值来进行拼接，而将每个分段输出 $y_k(n)$ 的前 N_h-1 点也即与前一个分段输出相重叠的部分留下不用。这就是此种方法被称为"重叠保留法（overlap - save）"（save，英语原意是保存不用）的由来。

最后拼接得到的总输出为

$$y(n) = \sum_k y_k(n+N_h-1-kL) \qquad n = 0, 1, 2, \cdots \qquad (4.4-21)$$

式中，每个分段输出 $y_k(n)$ 为

$$y_k(n) = \begin{cases} x_k(n) \otimes h(n) & N_h-1 \leqslant n \leqslant N-1，（丢弃 0 \leqslant n \leqslant N_h-2 部分） \\ 0 & 其余 n \end{cases} \qquad (4.4-22)$$

【例 4.4 - 4】　已知序列 $x(n)=2n+1$，$0 \leqslant n \leqslant 18$，$h(n)=\{1, 3, 2, 4\}$，试按 $L=7$ 对序列 $x(n)$ 分段，并利用重叠保留法计算线性卷积 $y(n)=x(n) * h(n)$。

【解】　由于序列的长度 $M=4$，故每段与前一段应重叠 $M-1=3$ 个样本。对于第一段需要在其前面添加 3 个 0。因为 $L=7$，且序列 $x(n)$ 的长度 $N=19$，所以序列 $x(n)$ 可划分为 6 段：

$$x_1(n)=\{0,0,0,1,3,5,7\}$$
$$x_2(n)=\{3,5,7,9,11,13,15\}$$
$$x_3(n)=\{11,13,15,17,19,21,23\}$$
$$x_4(n)=\{19,21,23,25,27,29,31\}$$
$$x_5(n)=\{27,29,31,33,35,37,0\}$$
$$x_6(n)=\{35,37,0,0,0,0,0\}$$

计算每段 $x_k(n)$ 与 $h(n)$ 的 7 点周期卷积，得

$$y_1(n)=x_1(n)\ⓉＨ(n)=\{43,34,28,1,6,16,32\}$$
$$y_2(n)=x_2(n)\ⓉＨ(n)=\{118,96,88,52,72,92,112\}$$
$$y_3(n)=x_3(n)\ⓉＨ(n)=\{198,176,168,132,152,172,192\}$$
$$y_4(n)=x_4(n)\ⓉＨ(n)=\{278,256,248,212,232,252,272\}$$
$$y_5(n)=x_5(n)\ⓉＨ(n)=\{241,258,172,292,312,332,313\}$$
$$y_6(n)=x_6(n)\ⓉＨ(n)=\{35,142,181,214,148,0,0\}$$

去掉各段的前面 3 个样本后，把各段相邻段拼接起来，即可得到

$$y(n)=\{1,6,16,32,52,72,92,112,132,152,172,192,212,232,252,272,292,$$
$$312,332,313,214,148\}$$

所得结果与重叠相加法一致。

4.5　本章小结与习题

4.5.1　本章小结

在前面几章的基础上，本章引入了 DFT 即离散傅里叶变换。由于离散傅里叶变换只涉及到有限和的计算，而且存在着通常称之为快速傅里叶变换（FFT）的快速算法，因此成为了真正能够用于实际的信号处理工具。

首先，本章从对离散时间傅里叶变换在区间 $[0,2\pi]$ 上进行 N 点等间隔采样引入了序列的离散傅里叶变换概念，着重说明了由此涉及到的时间序列的周期延拓、主值周期等概念，从而为后续的周期移位、周期折叠及周期卷积等概念的引入和理解打下了基础。

随后，本章以基 2 时间抽取 Cooley-Tukey 算法为主详细说明了 DFT 的快速算法即快速傅里叶变换的算法原理，同时介绍了基 2 频率抽取 Sandy-Tukey 算法。在此基础上，指出了用周期卷积计算两个有限长序列的线性卷积，也即用 DFT 计算线性卷积在减小计算量方面的好处，并详细考察了用 DFT 计算两个有限长序列的线性卷积的条件和步骤。

最后，本章对 DFT 在数字信号处理中的两个重要应用即频谱分析和快速卷积进行了介绍。在介绍频谱分析时，对时窗的泄漏效应进行了较为详尽的分析说明，并配置了众多实例。在介绍快速卷积时，首先阐明了周期移位、周期折叠及周期卷积等概念以及 DFT 中的时域卷积定理，在此基础上，给出了 FIR 滤波器的快速卷积结构实现，由此进一步对分段滤波作了简要的说明。

本章所介绍的内容在数字信号处理课程中有着极为重要的地位，涉及的概念也较多，初学者务必加以注意。

4.5.2 本章习题

4.1 验证 IDFT 表达式的正确性。

4.2 用闭式表达以下有限长序列的 $\text{DFT}[x(n)]$：

(1) $x(n)=\delta(n)$；

(2) $x(n)=\delta(n-n_0)$ $0<n_0<N$；

(3) $x(n)=a^n$ $0\leqslant n<N$；

(4) $x(n)=e^{j\omega_0 n}R_N(n)$；

(5) $x(n)=\sin(2\pi n/N)R_N(n)$；

(6) $x(n)=u(n)-u(n-n_0)$ $0<n_0<N$。

4.3 计算下面这个序列的 N 点 DFT：

$$x(n)=\cos(\omega_0 n) \qquad 0\leqslant n\leqslant N-1$$

比较 $\omega_0=k_0\dfrac{2\pi}{N}$ 与 $\omega_0\neq k_0\dfrac{2\pi}{N}$ 时 DFT 系数的值，其中 k_0 为整数，解释两者之间有何不同。

4.4 已知 $\text{DFT}[x(n)]=X(k)$，求

$$\text{DFT}\left[x(n)\cos\left(\frac{2\pi}{N}mn\right)\right]$$
$$\text{DFT}\left[x(n)\sin\left(\frac{2\pi}{N}mn\right)\right] \qquad 0<m<N$$

4.5 已知 $X(k)=\cos\left(\dfrac{2\pi}{16}3k\right)+3j\sin\left(\dfrac{2\pi}{16}5k\right)$，求 $X(k)$ 的 16 点 IDFT。

4.6 若 $X(k)$ 为

$$X(k)=\begin{cases} 3 & k=0 \\ 1 & 1\leqslant k\leqslant 9 \end{cases}$$

求其 10 点 IDFT。

4.7 已知序列 $x(n)=a^n u(n)$，$0<a<1$，今对其 Z 变换 $X(z)$ 在单位圆上进行 N 等分采样，采样值为

$$X(k)=X(z)\big|_{z=W_N^{-k}}$$

求有限长序列 $\text{IDFT}[X(k)]$。

4.8 一个有限长序列为

$$x(n)=\delta(n)+2\delta(n-5)$$

(1) 计算序列 $x(n)$ 的 10 点 DFT；

(2) 若序列 $y(n)$ 的 DFT 为 $Y(k)=e^{j2k\frac{2\pi}{10}}X(k)$，其中 $X(k)$ 是 $x(n)$ 的 10 点 DFT，求序列 $y(n)$；

(3) 若 10 点序列 $y(n)$ 的 DFT 为 $Y(k)=X(k)W(k)$，其中 $X(k)$ 是 $x(n)$ 的 10 点 DFT，$W(k)$ 是序列

$$w(n)=\begin{cases} 1 & 0\leqslant n\leqslant 6 \\ 0 & \text{其余 } n \end{cases}$$

的 10 点 DFT，求序列 $y(n)$。

4.9 已知序列为

$$x(n) = \delta(n) + 2\delta(n-2) + \delta(n-3)$$

(1) 求 $x(n)$ 的 4 点 DFT；

(2) 若序列 $y(n)$ 是 $x(n)$ 与它本身的 4 点周期卷积，求序列 $y(n)$ 及其 4 点 DFT $Y(k)$；

(3) $h(n) = \delta(n) + \delta(n-1) + 2\delta(n-3)$，求 $x(n)$ 与 $h(n)$ 的 4 点周期卷积。

4.10 已知序列 $x(n)$ 为

$$x(n) = 2\delta(n) + \delta(n-1) + \delta(n-3)$$

计算 $x(n)$ 的 5 点 DFT，设 $Y(k) = X^2(k)$，求 $Y(k)$ 的 5 点 IDFT $y(n)$。

4.11 已知 $x(n)$ 是长度为 N 的有限长序列，$X(k) = \text{DFT}[x(n)]$，现对 $x(n)$ 的尾部补零使其长度扩大 r 倍，得到一个长为 rN 的有限长序列 $y(n)$：

$$y(n) = \begin{cases} x(n) & 0 \leqslant n \leqslant N-1 \\ 0 & N \leqslant n \leqslant rN-1 \end{cases}$$

试求 $\text{DFT}[y(n)]$ 与 $X(k)$ 的关系，并以 $r=2$ 为例画出 $Y(k)$ 的示意图。

4.12 已知 $x(n)$ 是长度为 N 的有限长序列，$X(k) = \text{DFT}[x(n)]$，对 $x(n)$ 进行内插，每两点之间补进 $r-1$ 个零值，得到一个长为 rN 的有限长序列 $y(n)$：

$$y(n) = \begin{cases} x\left(\dfrac{n}{r}\right) & n = ir, \ i = 0, 1, \cdots, N-1 \\ 0 & \text{其余 } n \end{cases}$$

试求 $\text{DFT}[y(n)]$ 与 $X(k)$ 的关系，并以 $r=2$ 为例，画出 $Y(k)$ 的示意图。

4.13 若 $Y(k) = X(k)H(k)$，其中 $X(k)$ 和 $H(k)$ 分别是有限长序列 $x(n)$ 和 $h(n)$ 的 N 点 DFT，证明：$y(n) = \left[\displaystyle\sum_{k=0}^{N-1} h(k)\tilde{x}(n-k) \right] R_N(n)$。

4.14 $y(n)$ 是两个长度为 N 点的有限长序列 $x(n)$ 和 $h(n)$ 的线性卷积：

$$y(n) = h(n) * x(n)$$

设 $y_N(n) = h(n) \textcircled{N} x(n) = \left[\displaystyle\sum_{k=0}^{N-1} h(k)\tilde{x}(n-k) \right] R_N(n)$，试证明 $y(n)$ 和 $y_N(n)$ 具有如下关系：

$$y_N(n) = \left[\sum_{k=-\infty}^{\infty} y(n+kN) \right] R_N(n)$$

4.15 若 $x_1(n)$ 和 $x_2(n)$ 都是长度为 N 点的序列，$X_1(k)$ 和 $X_2(k)$ 分别是两个序列的 N 点 DFT。证明：

$$\sum_{n=0}^{N-1} x_1(n)x_2^*(n) = \frac{1}{N} \sum_{k=0}^{N-1} X_1(k)X_2^*(k)$$

4.16 计算和式 $s = \displaystyle\sum_{n=0}^{N-1} x_1(n)x_2^*(n)$ ，式中，

$$x_1(n) = \cos\left(\frac{2\pi n k_1}{N}\right) \qquad x_2(n) = \cos\left(\frac{2\pi n k_2}{N}\right)$$

4.17 已知 $x(n)$ 在区间 $[0, N-1]$ 以外部分的值均为 0，Z 变换为 $X(z)$。以下列出了三个从 $x(n)$ 得到的长度为 $2N$ 的序列，试用 $X(z)$ 的采样值表示出各序列 DFT：

(1) $y_1(n) = \begin{cases} x(n) & 0 \leqslant n < N \\ 0 & N \leqslant n \leqslant 2N \end{cases}$；

(2) $y_2(n) = x(n) + x(n-N)$;

(3) $y_3(n) = \begin{cases} x\left(\dfrac{n}{2}\right) & n \text{ 为偶数} \\ 0 & n \text{ 为奇数} \end{cases}$。

4.18 有限长序列 $x(n)$ 在区间 $[0, N-1]$ 以外为 0，设由 $x(n)$ 组成了下面一个新序列：

$$\tilde{x}(n) = \sum_{k=-\infty}^{+\infty} x(n-kM)$$

其中 $M < N$。现设

$$y(n) = \begin{cases} \tilde{x}(n) & 0 \leqslant n < M \\ 0 & \text{其余 } n \end{cases}$$

求序列 $y(n)$ 的 M 点 DFT，用 $x(n)$ 的 DTFT 表示所得结果。

4.19 一个单极点滤波器的单位采样响应为

$$h(n) = \left(\frac{1}{3}\right)^n u(n)$$

在 $\omega_k = \dfrac{2\pi}{16}k (k = 0, 1, 2, \cdots, 15)$ 这些点上对该滤波器的频率响应采样，得到的采样值为

$$G(k) = H(e^{j\omega}) \big|_{\omega = \frac{2\pi}{16}k} \qquad k = 0, 1, 2, \cdots, 15$$

求 $G(k)$ 的 16 点 DFT 反变换 $g(n)$。

4.20 对模拟信号 $x_a(t)$ 进行频谱分析，其最高频率为 4 kHz，采样频率为 10 kHz。若进行 1024 个采样点的 DFT，试确定对应的模拟域谱线间隔 Δf。第 129 根谱线所对应的连续信号频率为多少？

4.21 以 20 kHz 的采样率对最高频率为 10 kHz 的带限信号 $x_a(t)$ 采样，然后计算 $x(n)$ 的 $N = 1000$ 点 DFT，即

$$X(k) = \sum_{n=0}^{N-1} x(n) e^{-j\frac{2\pi}{N}nk}; \ N = 1000$$

$k = 150$ 对应的模拟频率是多少？$k = 800$ 又是多少？

4.22 画出 $N = 4$ 基 2 时间抽取的 FFT 流图。并利用该流图计算序列 $x(n) = \{1, 1, 1, 1\}$ 的 DFT。

4.23 画出 $N = 8$ 基 2 时间抽取的 FFT 流图。并利用该流图计算序列 $x(n) = \{1, 1, 1, 1, 0, 0, 0, 0\}$ 的 DFT。

4.24 设一次复乘需要 1 μs，且假定计算一个 DFT 总共需要的时间由所有乘法所需的计算时间决定。

(1) 直接计算一个 1024 点的 DFT 需要的时间。

(2) 计算一个 FFT 需要的时间。

(3) 对 4096 点 DFT 重复问题 (1) 和 (2)。

4.25 $x(n)$ 和 $h(n)$ 都是长度为 6 点的有限长序列，$X(k)$ 和 $H(k)$ 分别是 $x(n)$ 和 $h(n)$ 的 8 点 DFT。若组成乘积 $Y(k) = X(k)H(k)$，对 $Y(k)$ 作 DFT 反变换得到序列 $y(n)$。求出使 $y(n)$ 等于下式所示线性卷积的 n 值：

$$z(n) = \sum_{k=-\infty}^{\infty} x(k)h(n-k)$$

4.26　一个长度为 $N_1 = 100$ 点的序列 $x(n)$ 与长度为 $N_2 = 64$ 点的序列 $h(n)$ 用 $N = 128$ 点的 DFT 计算周期卷积时，在哪些 n 值上周期卷积与线性卷积相等？

4.27　对一个连续时间信号 $x_a(t)$ 采样 1 s，得到一个 4096 个采样点的序列。

(1) 若采样后没有发生频谱混叠，$x_a(t)$ 的最高频率是多少？

(2) 若计算采样信号的 4096 点 DFT，DFT 系数之间的频率间隔是多少赫兹？

(3) 假定我们仅仅对 $200 \leqslant f \leqslant 300$ Hz 频率范围所对应的 DFT 采样点感兴趣，若直接用 DFT，要计算这些值需要多少次复乘？

(4) 若用基 2 时间抽取 FFT 对采样信号进行 DFT，需要多少次复乘次数？

4.28　一个长度为 $N = 8192$ 的复序列 $x(n)$ 与一个长度为 $L = 512$ 的复序列 $h(n)$ 卷积。

(1) 求直接进行卷积所需复乘次数。

(2) 若用 1024 点基 2 按时间抽取算法 FFT 计算 DFT，用重叠相加法计算卷积，求所需复乘次数。

4.29　一个 3000 点的序列与线性时不变滤波器线性卷积，滤波器的单位采样响应长度为 60。为了利用快速傅里叶变换算法的计算效率，该滤波器用 128 点的离散傅里叶变换和离散傅里叶反变换实现。如果采用重叠相加法，为了完成滤波运算，需要多少次 DFT 变换？

4.30　假定以 8 kHz 速率对一段长为 10 s 的语音信号采样，现用一个长度为 $L = 64$ 的 FIR 滤波器 $h(n)$ 对其进行滤波。若采用 DFT 为 1024 点的重叠保留法，共需要多少次 DFT 和 IDFT 来进行卷积？

4.6　MATLAB 应　用

4.6.1　MATLAB 应用示例

离散时间傅里叶变换（DFT）是数字信号处理中最重要的处理工具之一。它建立了时域中有限长序列与频域中有限长序列之间的傅里叶变换对关系，且 DFT 有着多种快速算法，即 FFT，大大提高了信号处理的速度，从而使得利用计算机或数字硬件对信号进行实时处理得以实现。因此，DFT 既有重要的理论意义，又有广泛的实际应用价值。

回顾 DFT 的定义，设有限长序列 $x(n)$ 长度为 M，则 $x(n)$ 的 $N(N \geqslant M)$ 点离散傅里叶变换为

$$X(k) = \mathrm{DFT}[x(n)] = \sum_{n=0}^{N-1} x(n)W_N^{kn} \qquad k = 0, 1, 2, \cdots, N-1$$

$$x(n) = \mathrm{IDFT}[X(k)] = \frac{1}{N}\sum_{n=0}^{N-1} X(k)W_N^{-kn} \qquad n = 0, 1, 2, \cdots, N-1$$

其中，$W_N = \mathrm{e}^{-\mathrm{j}\frac{2\pi}{N}}$。在 MATLAB 中，$N$ 被称为 DFT 变换区间长度。

MATLAB 中，DFT 的定义式通常写成矩阵乘法运算形式，也即写成

$$X = x \cdot w$$

式中，X 为 DFT 样本值 $X(k)$，x 为序列 $x(n)$ 行向量：

$$x = [x(0), x(1), \cdots, x(N-1)]$$

而 W 是由 W_N^{kn} 组成的一个 $N \times N$ 阶方阵，常称之为旋转因子矩阵：

$$W = \begin{bmatrix} W_N^{0 \times 0} & W_N^{0 \times 1} & \cdots & W_N^{0 \times (N-1)} \\ W_N^{1 \times 0} & W_N^{1 \times 1} & \cdots & W_N^{1 \times (N-1)} \\ \vdots & \vdots & & \vdots \\ W_N^{(N-1) \times 0} & W_N^{(N-1) \times 1} & \cdots & W_N^{(N-1) \times (N-1)} \end{bmatrix}$$

在 MATLAB 中的实现可表示为

```
W=WN.^([0:N-1]' * [0:N-1])
```

因此，当已知有限长序列 $x(n)$ 时，可以通过 MATLAB 编程计算其 N 点 DFT 值。

【例 4.6 - 1】 已知 $x(n) = \sin(n\pi/8) + \sin(n\pi/4)$ 是一个 $N = 16$ 的有限长序列，用 MATLAB 求其 DFT 结果，并画出其结果。

【解】 MATLAB 程序如下：

```
N=16;
n=0:1:N-1;              %时域采样；
xn=sin(n * pi/8)+sin(n * pi/4);
k=0:1:N-1;              %频域采样；
WN=exp(-j * 2 * pi/N);
nk=n' * k;
WNnk=WN.^nk;
Xk=xn * WNnk;
subplot(211)
stem(n, xn);
subplot(212)
stem(k, abs(Xk));
```

运行结果如图 4.6 - 1 所示。

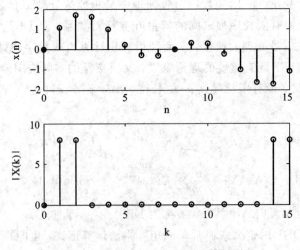

图 4.6 - 1　例 4.6 - 1 的运行结果图

同理，也可以采用矩阵运算的方法计算离散傅里叶反变换（IDFT）。而且可以将 IDFT（或 DFT）的计算编写成函数，供需要时直接调用。

```
function xn＝IDFT(Xk，N)
％ Computing IDFT
％ xn＝IDFT(Xk，N)
％ N is the length of IDFT
％ xn is N－point sequence
％ Xk is DFT coefficient
n＝0:1:N－1;
k＝0:1:N－1;
WN＝exp(－j＊2＊pi/N);
nk＝n′＊k;
WNnk＝WN.^(－nk);
xn＝(Xk＊WNnk)./N;
subplot(2，1，1)
stem(k，abs(Xk));
subplot(2，1，2)
stem(n，real(xn));
```

实际上，MATLAB 中已有两个内部函数 fft 和 ifft 可分别用于计算有限长序列的快速傅里叶变换和快速傅里叶反变换。

函数 fft 和 ifft 是用机器语言而不是用 MATLAB 命令写成的，也即不是作为.m 文件来用的，因此执行起来非常快。并且它是用混合基算法写成的，如果 N 是 2 的整数次幂，则 fft 就使用一个高速的基 2 FFT 算法进行运算，如果 N 不是 2 的整数次幂，那么 fft 就将 N 分解为若干个素因子的乘积并用一个较慢的混合基 FFT 算法进行运算。

调用方式也非常简单：

$\qquad$ X＝fft(x，N)　　　　　％ 采用 FFT 算法计算序列 x(n)的 N 点 DFT。

因此，在有需要进行序列 DFT 操作时，通常可直接调用 fft 函数，无需自己根据定义进行 MATLAB 编程。

如前所述，DFT 的应用主要有两种，一是连续时间信号的频谱分析，二是离散时间系统时域响应的快速卷积。下面介绍用 MATLAB 进行这两种运算。

1. 连续时间信号的频谱分析

实际上，4.3 节中的几个例子都是用 MATLAB 的 fft 函数所进行的连续时间信号频谱分析。因此这几个例子都是很典型的 MATLAB 应用示例。这些示例说明了，在利用 DFT 分析连续时间信号的频谱时，会涉及到频谱混叠、频率泄漏、频率分辨率以及栅栏效应等几个因素。这里再次强调一下：频谱混叠与连续信号的时域采样间隔有关；频率泄漏与信号时域加窗截断时使用的窗函数有关；频域分辨率与所分析信号的长度有关；而栅栏效应则与 DFT 的点数有关。实际使用时，除时窗函数的选取外，还需对采样频率、信号持续时间以及 DFT 分析时的样本点数等参数进行选择，甚至还需考虑信号本身的特点等。

以下从 MATLAB 编程角度出发再次对信号频谱分析进行举例说明。

【例 4.6 - 2】 已知以下序列：

(1) 复正弦序列 $x_1(n) = e^{j\frac{\pi}{8}n} \cdot R_N(n)$；

(2) 余弦序列 $x_2(n) = \cos\left(\dfrac{\pi}{8}n\right) \cdot R_N(n)$；

(3) 正弦序列 $x_3(n) = \sin\left(\dfrac{\pi}{8}n\right) \cdot R_N(n)$。

分别对 $N = 16$ 和 $N = 8$ 计算以上序列的 N 点 DFT，并绘出幅频特性曲线，并对两次结果差别作解释。

【解】 对已知序列进行 DFT 分析，可以直接利用 MATLAB 产生序列 x1n，x2n，x3n，然后调用 fft 函数求解即可。

MATLAB 程序如下：

```
clear; close all
N=16;N1=8;
k1=0:N-1;
k2=0:N1-1;
% 产生序列 x1(n)，计算 DFT[x1(n)]
x1n=exp(j*pi*k1/8);          %产生 x1(n)序列
X1k=fft(x1n, N )             %计算 N 点 DFT[x1(n)]
X1k1=fft(x1n, N1 )          %计算 N1 点 DFT[x1(n)]
% 产生序列 x2(n)，计算 DFT[x2(n)]
x2n=cos(pi*k1/8);           %产生 x2(n)序列
X2k=fft(x2n, N )            %计算 N 点 DFT[x2(n)]
X2k1=fft(x2n, N1 )         %计算 N1 点 DFT[x2(n)]
% 产生序列 x3(n)，计算 DFT[x3(n)]
x3n=sin(pi*k1/8);          %产生 x3(n)序列
X3k=fft(x3n, N )           %计算 N 点 DFT[x3(n)]
X3k1=fft(x1n, N1 )         %计算 N1 点 DFT[x3(n)]
subplot(231)
stem(k1, abs(X1k), '.');
subplot(232)
stem(k1, abs(X2k), '.');
subplot(233)
stem(k1, abs(X3k), '.');
subplot(234)
stem(k2, abs(X1k1), '.');
subplot(235)
stem(k2, abs(X2k1), '.');
subplot(236)
stem(k2, abs(X3k1), '.');          %图形划分及标注语句从略
```

程序运行结果如图 4.6 - 2 所示。

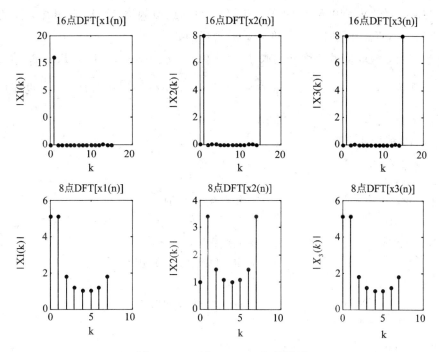

图 4.6 - 2　例 4.6 - 2 运行结果图

图 4.6 - 2 表明，作 DFT 的点数 N 与 N1 不同时，同一序列的 DFT 结果不一样。其原因为，当 N＝16 时，作 DFT 的序列的单频信号 x1n，x2n，x3n 的序列长度是 $2\pi/16$ 的整数倍，因此，进入 DFT 的时域序列是频率为 $\pi/8$ 的单频信号一个整数周期的样本值，频谱分析中不会出现频率泄漏的现象；而当取 N1＝8 时，进入 DFT 的时域序列只是频率为 $\pi/8$ 的单频信号的半个周期的样本值，由于此时 x1n，x2n，x3n 的长度不是 $2\pi/8$ 的整数倍。所以，频谱分析中出现了频率泄漏的现象，其 DFT 样本值受到了矩形窗的窗谱影响。

【例 4.6 - 3】　已知连续信号：
$$x_a(t)=\cos(2000\pi t)+\sin(100\pi t)+\cos(50\pi t)$$
用 DFT 分析 $x_a(t)$ 的频谱结构。选择不同的截断长度 T_p，观察用 DFT 进行频谱分析时的频率分辨率以及所存在的频谱泄漏影响，试用加窗的方法加以改善。

【解】　在 MATLAB 中，用 DFT 对连续时间信号 $x_a(t)$ 进行频谱分析时，只能用有限的采样频率 f_s 对 $x_a(t)$ 采样，得到数字序列
$$x(n)=x_a(t)\big|_{t=nT_s}=x_a(t)\big|_{t=\frac{n}{f_s}}=x_a\left(\frac{n}{f_s}\right)$$
对这样的 $x(n)$ 作 N 点 DFT 后，实际上得到的是 $X_a(j\Omega)\big|_{\Omega=\frac{2\pi}{NT_s}k}$ （$k=0，1，2，\cdots，N-1$）的近似值。其误差来源为：① 频谱泄漏；② 频谱混叠。因此，改善方法有以下几种：加大序列的截取长度；选择合适的窗函数；提高采样频率等。

选用的参数为：

(1) 采样频率 $f_s＝400$ Hz，也即 $T_s=\dfrac{1}{f_s}=\dfrac{1}{400}$ s；

(2) 采样序列为 $x(n)=x_a(nT_s)w(n)$，$n=0$，1，2，$\cdots$，$N-1$；

(3) 对 $x(n)$ 作 $N=4096$ 点 DFT，作为 $x_a(t)$ 的近似频谱 $X_a(jf)$，其中，N 为采样点数，由 $N=f_sT_p$，T_p 为截取时间长度，$w(n)$ 为窗函数。

为比较起见，截取信号长度分别取 $T_{p1}=0.04$ s，$T_{p2}=4*0.04$ s，$T_{p3}=8*0.04$ s，而窗函数分别取为 $w(n)=R_N(n)$ 和 $w(n)=\left[0.54-0.46\cos\left(\dfrac{2\pi n}{N-1}\right)\right]R_N(n)$，也即矩形窗和海明窗。

MATLAB 编程如下：

```
clear, close all;
fs=400;
T=1/fs;                          %采样频率为 400 Hz
Tp=0.04;
N=Tp*fs                          %采样点数 N
N1=[N, 4*N, 8*N];                %设定三种截取长度供调用
st=['|X1(jf)|';
'|X4(jf)|'; '|X8(jf)|']          %设定三种标注语句供调用
%   矩形窗截断
for m=1:3
    n=1:N1(m);
    %产生采样序列 x(n)
    xn=cos(200*pi*n*T)+sin(100*pi*n*T)+cos(50*pi*n*T);
    Xk=fft(xn, 4096);%4096 点 DFT，用 fft 函数实现
    fk=[0:4095]/4096/T;
    subplot(3, 2, 2*m-1)
    plot(fk, abs(Xk)/max(abs(Xk)));ylabel(st(m, :))
    if m==1 title('矩形窗截取');end
end
%   海明(Hamming)窗截断，以期改善频谱分析
for m=1:3
    n=1:N1(m);
    wn=hamming(N1(m));           %调用信号处理工具箱 hamming 产生 N 点海明窗序列
    xn=(cos(200*pi*n*T)+sin(100*pi*n*T)+cos(50*pi*n*T)).*wn';
    Xk=fft(xn, 4096);            %4096 点 DFT，用 fft 函数实现
    fk=[0:4095]/4096/T;
    subplot(3, 2, 2*m)
    plot(fk, abs(Xk)/max(abs(Xk)));
    ylabel(st(m, :))
    if m==1 title('Hamming 窗截取');
    end
end
```

程序运行结果如图 4.6-3 所示。

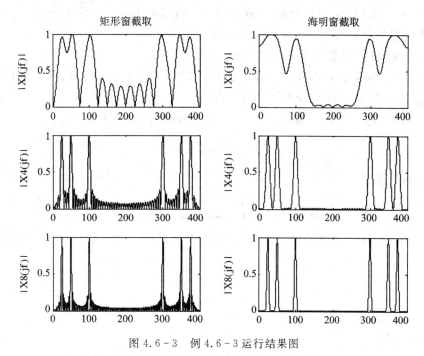

图 4.6-3　例 4.6-3 运行结果图

图中，X1(jf)、X4(jf) 和 X8(jf) 分别表示 $T_p = 0.04$ s、$0.04 * 4$ s 和 $0.04 * 8$ s 时的频谱分析结果。

由图可见，信号截断使原频谱中的单频谱线展宽，这是由时窗频谱的主瓣引起的频率泄漏，其后果是使频率分辨率降低。比较可见，对于相同的信号长度 T_p，使用矩形窗时的频率分辨率较高，这是因为矩形窗频谱主瓣比海明窗谱的主瓣要窄一半的缘故。T_p 越大，时窗频谱主瓣越窄，主瓣引起的泄漏越小，频率分辨率越高。由图可见，$T_p = 0.04$ s 时，25 Hz 与 50 Hz 两根谱线在两种窗的情况下都无法清晰分辨。所以实际进行谱分析时，信号的截取时间 T_p 需由频率分辨率决定。

此外，图中还表明，在用矩形窗时，本应为零的频段上明显地出现了连绵不断参差不齐的小谱峰，这是由时窗频谱的旁瓣造成的频率泄漏引起的，也有人把这种现象称为谱间干扰，其大小与窗函数的旁瓣电平有关。实际上，把这种窗谱旁瓣引起的频率泄漏称为谱间干扰不能完全反映问题的本质。这是因为，如果在这些频率范围内存在信号强度比较低的谱线，则在窗谱旁瓣峰值较高的情况下，这些比较弱的信号谱线有可能会被旁瓣频率泄漏产生的假频所掩没。

综上分析可知，加矩形窗和海明窗进行频谱分析时，由于矩形窗的主瓣宽度比海明窗窄一半，所以在相同的信号长度下，加矩形窗时的频率分辨率高；另一方面，由于矩形窗的旁瓣电平高，所以矩形窗谱旁瓣引起的频率泄漏更大，从而造成的谱间干扰更大，也更有可能淹没掉比较弱的信号谱线。本例中，海明窗以损失频率分辨率为代价换取了旁瓣频率泄漏的降低。

本例比较了矩形窗与海明窗，也再次说明了无法使时窗频谱具有很窄的主瓣的同时具有很低的旁瓣电平。

【例 4.6 - 4】 设信号中现含有 3 种频率成分，$f_1 = 20$ Hz，$f_2 = 20.5$ Hz，$f_3 = 40$ Hz，采样频率为 $f_s = 100$ Hz，$x(n) = \sin(2n\pi f_1/f_s) + \sin(2n\pi f_2/f_s) + \sin(2n\pi f_3/f_s)$，

(1) 求满足频率分辨率所要求的最少记录点数；

(2) 求 $x(n)$ 在 0～128 之间的 DFT 的 $X(k)$；

(3) 求把 (2) 中的 $x(n)$ 以补零的方式使其加长到 0～512 之间后的 DFT 的 $X(k)$；

(4) 求 $x(n)$ 在 0～512 之间的 DFT 的 $X(k)$。

【解】 (1) 由于 f_1 与 f_2 频率相差 0.5 Hz，因而频谱分辨率应该为

$$F = \frac{f_s}{N} = 0.5 \text{ Hz}$$

所以记录长度应满足

$$N \geqslant \frac{2f_h}{F} = \frac{2 \cdot 40}{0.5} = 160$$

确定了满足频率分辨率要求的最少记录点数后，(2)～(4) 的 MATLAB 编程如下：

```
%(2)
N=128;
fs=100;
n=0:1:N-1;
f1=20;f2=20.5;f3=40;
xn=sin(2*pi*f1*n/fs)+sin(2*pi*f2*n/fs)+sin(2*pi*f3*n/fs);
Xk=fft(xn);
AXk=abs(Xk(1:N/2));
figure(1)
subplot(211)
plot(n,xn);
k=(0:N/2-1)*fs/N;
subplot(212)
plot(k,AXk);
%(3)
M=512;
xn=[xn zeros(1,M-N)];
Xk=fft(xn);
AXk=abs(Xk(1:M/2));
m=0:1:M-1;
figure(2)
subplot(211)
plot(m,xn);
k=(0:M/2-1)*fs/M;
subplot(212)
plot(k,AXk);
%(4)
n=0:1:M-1;
```

```
xn＝sin(2 * pi * f1 * n/fs)＋sin(2 * pi * f2 * n/fs)＋sin(2 * pi * f3 * n/fs)；
Xk＝fft(xn)；
AXk＝abs(Xk(1:M/2))；
figure(3)
subplot(211)
plot(n，xn)；
k＝(0:M/2−1) * fs/M；
subplot(212)
plot(k，AXk)；
```

运行结果如图 4.6−4～图 4.6−6 所示。

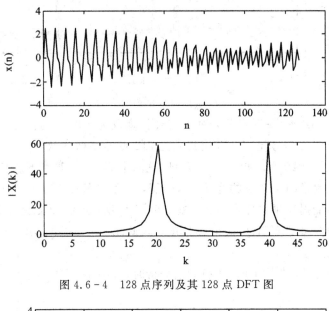

图 4.6−4　128 点序列及其 128 点 DFT 图

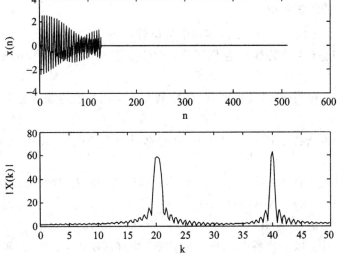

图 4.6−5　128 点序列补零后的序列及其 512 点 DFT 结果图

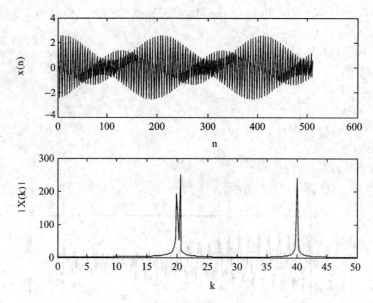

图 4.6-6 512 点序列及其 512 点 DFT 结果图

由图 4.6-4 和图 4.6-5 可见，对于信号长度取为 128 点的情况，无论是按 128 点 DFT 进行分析，还是在信号尾部补零使其成为 512 点的序列从而可用 512 点 DFT 进行分析，都无法分辨出 $f_1=20$ Hz 和 $f_2=20.5$ Hz 这两个信号。其原因是由于信号长度小于满足频谱分辨率最低要求的 160 点的缘故。这表明，当信号长度低于频率分辨率要求时，在信号段后面补零不能提高频率分辨率。由图 4.6-6 可见，当信号长度取为 512 点时，已大大超过了频率分辨率要求的 160 点记录长度，因此 DFT 分析已能清晰地分辨出这两个频率。

所以，此例说明了，在用 DFT 进行频谱分析时，为了保证频率分辨率，截取信号的长度必须取得足够大。

2. 利用 DFT 的线性卷积

除了利用 DFT 进行 CFT 的运算和频谱分析外，DFT 的另一个重要应用是利用 DFT 的快速算法 FFT 进行信号的线性卷积运算，即快速卷积。快速卷积的框图如图 4.4-9 所示。

对于长度 N_1 的序列 $x(n)$ 与长度 N_2 的序列 $h(n)$，用快速卷积计算其线性卷积的步骤如下：

（1）用补零的方法将序列 $x(n)$ 和序列 $h(n)$ 都延长为长度 $N \geqslant N_1+N_2-1$ 的序列 $x_N(n)$ 和 $h_N(n)$；

（2）分别计算 $x_N(n)$ 和 $h_N(n)$ 的 N 点 DFT，得到 $X_N(k)$ 和 $H_N(k)$；

（3）计算乘积 $Y_N(k)=X_N(k)H_N(k)$；

（4）计算 $Y_N(k)$ 的 N 点 IDFT，得到 $y_N(n)=x(n)*h(n)$。

在 MATLAB 中，以上步骤中，DFT 和 IDFT 均直接使用 fft 和 ifft 函数。

【例 4.6-5】 用快速卷积法计算两序列的卷积，并测试直接卷积和快速卷积的时间。设 $x(n)=\sin(0.4*n)R_{N_1}(n)$，$N_1=15$；$h(n)=0.9^n R_{N_2}(n)$，$N_2=20$。

【解】　MATLAB 程序如下：

```
clear;close all
xn＝sin(0.4 * [1:15]);
hn＝0.9.^[1:20];
N1＝length(xn);N2＝length(hn);
nx＝1:N1;nh＝1:N2;
％利用周期卷积计算线性卷积，应取 N≥N1＋N2－1
N＝pow2(nextpow2(N1＋N2－1));        ％取 N 为大于等于最接近(N1＋N2－1)的 2 的正次幂
tic,％快速卷积计时开始
Xk＝fft(xn, N);                     ％N 点 FFT[x(n)]
Hk＝fft(hn, N);                     ％N 点 FFT[x(n)]
Yk＝Xk. * Hk;                       ％频域相乘得 Y(k)
yn＝ifft(Yk, N);                    ％N 点 IFFT 得到卷积结果 y(n)
toc                                ％快速卷积计时结束
subplot(221), stem(nx, xn, '.');
ylabel('x(n)')
subplot(222), stem(nh, hn, '.');
ylabel('h(n)')
subplot(212);ny＝1:N;
stem(ny, real(yn), '.');ylabel('y(n)')
tic, yn＝conv(xn, hn);toc           ％直接调用函数 conv 计算卷积与快速卷积比较
```

　　程序运行结果如图 4.6-7 所示。两种方法得到的结果相同，而命令窗口所显示的程序运行时间分别为

Elapsed time is 0.016000 seconds；

Elapsed time is 0.047000 seconds.

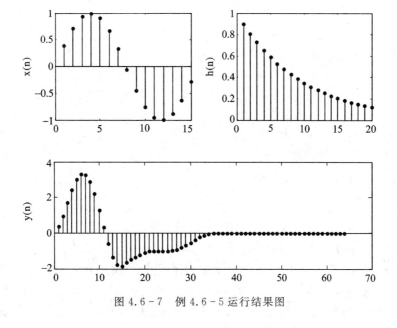

图 4.6-7　例 4.6-5 运行结果图

在 MATLAB 中，conv 函数是用 C 语言编写的 filter 函数实现的，对于较小的 N（N<50）值非常高效。此例中，N=N1+N2-1=39，直接调用函数 conv 计算卷积时 N 就取为 39；而采用快速卷积时，fft 和 ifft 取 N 为大于等于最接近（N1+N2-1）的 2 的整数次幂，也即取为 64。程序运行结果表明，用快速卷积计算的情况下耗时 0.016 000 s，而用线性卷积计算时，耗时为 0.047 000 s。因此，此例表明，即便对于较小的 N 值，虽然 conv 函数非常高效，也仍然很难与快速卷积相比。对于大的 N 值，这一点将会更加明显。所以，在实际应用中，总会采用快速卷积算法来减小运算量，提高运算速度。而且，在 N 为 2 的整数次幂的情况下，MATLAB 自带的 fft 和 ifft 将自动选择高效的基 2 快速 FFT 算法实现卷积的高速运算。

为说明快速卷积与线性卷积在计算负荷方面的差距，下面再举一例。

【例 4.6 - 6】 为了说明快速卷积的高效，本例比较两种方法的执行时间。令 $x_1(n)$ 是一个在 [0, 1] 之间均匀分布的 L 点随机数序列，$x_2(n)$ 是一个均值为 0，方差为 1 的 L 点高斯随机序列。用线性卷积和快速卷积两种方法求取这两个序列的卷积和。先在信号长度为 $1 < L < 500$ 的情况下用 MATLAB 求取两种卷积的执行时间，再对 100 次运行结果计算所得的平均执行时间。

【解】 MATLAB 编程如下：

```
conv_time=zeros(1, 500);fft_time=zeros(1, 500);
%
for L=1:500
    tc=0;tf=0;
    N=2*L-1;nu=ceil(log10(N)/log10(2));N=2^nu;
    for I=1:100
        h=randn(1, L);
        x=rand(1, L);
        t0=clock;y1=conv(h, x);t1=etime(clock, t0);
        tc=tc+t1;
        t0=clock;y2=ifft(fft(h, N).*fft(x, N));
        t2=etime(clock, t0);
        tf=tf+t2;
    end
%
    conv_time(L)=tc/100;
    fft_time(L)=tf/100;
end
%
n=1:500;subplot(111);
plot(n(25:500), conv_time(25:500), fft_time(25:500))
```

程序运行结果如图 4.6 - 8 所示。

图 4.6 - 8 清楚地示出了 $L=50 \sim 500$ 时的线性卷积与快速卷积的执行时间比较，虽然这个比较结果的差异还与 MATLAB 脚本运行的计算机硬件平台有关，但所得结果已经可以反映出，对于相对较短的序列卷积，线性卷积与快速卷积所需的时间相差尚不是很大，

而当序列超过一定的长度，如图中从序列长度 N 为 100 左右开始，快速卷积的运算速度就明显超过了线性卷积。而在 N 为 500 左右时，线性卷积所需时间约为快速卷积所需时间的 8 倍之多。

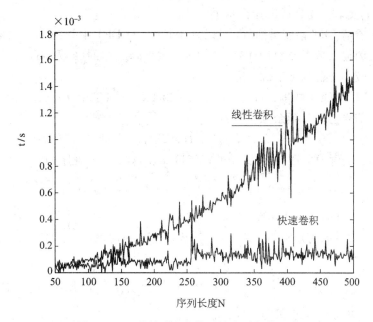

图 4.6 - 8　线性卷积与快速卷积时间的比较

此外，从运行结果还可以看出，对快速卷积而言，在本例的序列长度范围内，信号长度可大致分为三段，其分界点为 128 点和 256 点，与这三个信号长度相对应，也有三种不同平均执行时间，而在每一信号长度范围内，不同的序列长度基本上不影响快速卷积所需的平均执行时间。这反映了 MATLAB 中，由于 fft 的运算是取 N 为大于等于最接近（N1＋N2－1)的 2 的整数次幂，因此在这三段长度范围中，快速卷积所需的平均执行时间大致相同。

还要指出的是，这里的平均执行时间是在 100 次运行结果的基础上得到的，因此，运行次数稍嫌过小，故仍然存在着明显的随机起伏。如果采用更多次运行结果来求取平均执行时间，所得结果应将趋于平滑。但这里所得结果已能够对线性卷积与快速卷积所需的运行时间进行大致的定量比较。

4.6.2　MATLAB 应用练习

1. 设模拟信号 $x(t)$ 由频率为 f_1 和 f_2 的两个正弦分量组成：

$$x(t)=A_1\cos(2\pi f_1 t)+A_2\cos(2\pi f_2 t)$$

以采样频率 f_s 进行采样，用宽度为 N 的矩形窗进行截断，得到序列

$$x(n)=A_1\cos\left(\frac{2\pi f_1 n}{f_s}\right)+A_2\cos\left(\frac{2\pi f_2 n}{f_s}\right)\qquad n=0,1,\cdots,N-1$$

设 $f_s=8$ kHz，$f_1=1.5$ kHz，$f_2=1.55$ kHz 或 $f_2=2.05$ kHz，$A_1=A_2=1$，$N=64$。

（1）写出经采样截断后的数字序列 $x(n)$ 的表达式，并求出数字频率 ω_1、ω_2。

（2）调用 fft 函数，计算 $x(n)$ 的 64 点 DFT $X_{64}(k)$。问 64 点 DFT 的分析频率间隔与频

率分辨率各等于多少?

(3) 分别绘出 $f_2=1.55$ kHz 和 $f_2=2.05$ kHz 两种情况下的 DFT 的幅度谱 $|X_{64}(k)|$。

2. 用补零的方法将题 1 输入数据点数增加到 $N=128$,重做上题的(2)和(3)问,并将结果与上题进行比较,你能得出什么结果?

提示:为了看清 DFT 幅度谱细节,可以只画出 128 点 DFT 中 $0 \leqslant k \leqslant 63$ 时的幅度谱图形。

3. 将采集的输入数据点数增加到 $N=128$,重做题 1 中的(2)和(3)问,并将结果与题 1、题 2 进行比较,又能得到什么结论?

提示:为了看清 DFT 幅度谱细节,可以只画出 128 点 DFT 中 $0 \leqslant k \leqslant 63$ 时的幅度谱图形。

4. 设模拟信号为一单频余弦信号:

$$x(t)=A\cos(2\pi ft)$$

以采样频率 f_s 进行采样,用宽度为 N 的窗函数 $w(n)$ 截断,得到序列:

$$x(n)=A\cos\left(\frac{2\pi fn}{f_s}\right) \qquad n=0,1,\cdots,N-1$$

设 $f_s=8$ kHz, $f=1.655$ kHz, $A=1$, $N=64$。

(1) $w(n)=R_N(n)$ 为矩形窗,调用 fft 函数,计算 $x(n)$ 的 64 点 DFT $X_{64}(k)$,并画出幅度谱 $|X_{64}(k)|$。

(2) $w(n)=\left[0.54-0.46\cos\left(\frac{2\pi n}{N-1}\right)\right]R_N(n)$ 为海明窗,调用 fft 函数,计算 $x(n)$ 的 64 点 DFT $X_{64}(k)$,并画出幅度谱 $|X_{64}(k)|$。

(3) 比较(1)和(2)所得结果。

5. 设两个正弦信号之和被噪声所污染,按照下式采集 256 个数据:

$$x(n)=\sin\left(\frac{2\pi f_1 n}{f_s}\right)+0.5\sin\left(\frac{2\pi f_2 n}{f_s}\right)+v(n) \qquad 0 \leqslant n \leqslant 255$$

式中,$f_s=8$ kHz, $f_1=500$ Hz, $f_2=1$ kHz, $v(n)$ 是在 $[-1,1]$ 内均匀分布的白噪声。

(1) 画出 $x(n)$ 的波形。

(2) 调用 fft 函数,计算 $x(n)$ 的 256 点 DFT,画出在 $0 \leqslant k \leqslant 64$ 区间的幅度谱。

(3) 根据幅度谱的峰值的位置,确定信号中的频率成分的幅度和频率,并将结果与题中给出的数据进行比较。

第 5 章 数 字 滤 波 器

本章要求：

1. 掌握数字滤波器设计步骤及设计指标的给定，理解设计指标用滤波器幅度误差容限方式给定的原因。

2. 理解从幅度平方函数求出模拟滤波器系统函数的方法，掌握巴特沃斯模拟滤波器逼近方法。

3. 掌握用脉冲响应不变与双线性变换设计 IIR 数字滤波器的方法，并了解其适用范围。

4. 理解 FIR 数字滤波的线性相位性质的要求，理解四类线性相位 FIR 滤波器的适用范围。

5. 能够借助表格，用 FIR 数字滤波器的两种设计方法设计简单的滤波器。

5.1 基 本 概 念

5.1.1 引言

此前，我们一直是从广义的角度讨论数字滤波器，按照 J. F. Kaiser 的定义，数字滤波器是"一种把一个采样信号或一系列数值作为输入转换成另一系列数值的计算过程或算法"，也即就其功能而言，数字滤波器是指通过加法、延迟、常数乘法器等基本运算将输入序列 $x(n)$ 处理成能满足应用所需的输出序列 $y(n)$ 的运算或算法。但在这一章中，我们将在狭义上，也即在传统的"选频滤波器"意义上考察数字滤波器，这样，我们将从系统的频域响应指标角度出发对滤波器进行讨论。

数字滤波器是一个线性时不变系统。设其单位冲激响应为 $h(n)$，则输入序列 $x(n)$ 通过后所得到的输出序列 $y(n)$ 为

$$y(n) = x(n) * h(n)$$

在频域中，相应的关系为

$$Y(e^{j\omega}) = X(e^{j\omega}) \cdot H(e^{j\omega})$$

式中，$Y(e^{j\omega})$、$X(e^{j\omega})$ 分别为输出序列、输入序列的频谱函数，$H(e^{j\omega})$ 是数字滤波器的频率响应函数，即频率特性。

频谱为 $X(e^{j\omega})$ 的输入序列的经过数字滤波器 $H(e^{j\omega})$ 滤波后，改变为频谱为 $X(e^{j\omega}) \cdot H(e^{j\omega})$ 的输出序列，这表明输入信号中的某些频率分量会受到 $|H(e^{j\omega})|$ 的影响，从而达到滤波器设定的对输入序列的频域处理目的。按幅频特性 $|H(e^{j\omega})|$ 划分，常用的数字滤波器可分为如图 5.1-1 所示的低通(LP, Low Pass)、高通(HP, High Pass)、带通(BP, Band Pass)和带阻(BS, Band Stop)等几种。数字信号处理课程中所谈及的数字滤波器设计，通常均指这类选频滤波器的设计。

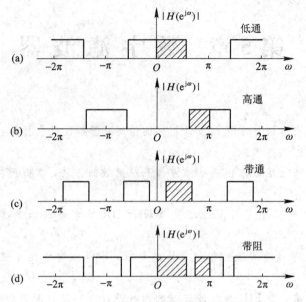

图 5.1-1 数字滤波器的理想幅频特性

数字滤波器在设计方法上，按无限冲激响应 IIR(Infinite Impulse Response)和有限冲激响应 FIR(Finite Impulse Response)数字滤波器分成两类。而在运算实现结构上也即在网络结构上，则分为递归结构和非递归结构滤波器。

在第 3 章中已得到了 IIR 滤波器的系统函数为

$$H(z) = \frac{\sum\limits_{k=0}^{M} b_k z^{-k}}{1 - \sum\limits_{k=1}^{N} a_k z^{-k}} \tag{5.1-1}$$

式中，$a_k (k=1, 2, \cdots, N)$，$b_k (k=0, 1, \cdots, M)$为实常数，且系数 a_k 至少有一项不为零，从而系统函数具有非零极点。$a_k \neq 0$ 说明必有输出序列的样本反馈回来，故须采用递归型结构实现。

FIR 滤波器的系统函数为

$$H(z) = \sum_{n=0}^{N-1} h(n) z^{-n} \tag{5.1-2}$$

表明系统所有的极点都为零，所以通常采用非递归型的实现结构。但前已学过，FIR 滤波器也可以采用递归型的结构实现，如频率采样结构实现。这里再强调一遍，除了 IIR 滤波器必须用递归结构实现外，递归结构、非递归结构与 IIR、FIR 滤波器之间别无其它确定的对应关系。

还须指出的是，在根据应用所需的频域性能指标确定出可实现的数字滤波器系统函数后，数字滤波器的具体运算实现结构问题也是数字滤波器设计问题中的重要论题。运算结构的不同将会影响系统运算的精度、速度和成本等性能指标，由于这部分内容已超出了本科学生的学习范围，故本书对此不予涉及，而仅讨论根据给定的频域性能指标求取可实现的数字滤波器系统函数这一问题。

5.1.2　数字滤波器的设计步骤

一个数字滤波器的设计过程包括以下基本步骤：

（1）指标确定（Specification）。尽管系统的时域性能与频域性能之间有联系，但对二阶以上系统而言，不存在这两种性能之间的解析闭式联系。因此，在给定滤波器设计指标时，不存在可同时考虑时域性能指标与频域性能指标的设计技术，而通常仅从频域技术指标出发。由于指标给定是初学者容易感到困惑的问题，故安排在下一节中对此作较为详细的说明。

（2）逼近（Approximation）。在给出一组指标要求后，问题就成为寻求可实现的线性时不变系统的系统函数 $H(z)$ 来满足所给的指标。如前所述，由于系统的基本运算为相加、单位延迟、标量乘法这三种，因此可实现的系统函数 $H(z)$ 必然是 z^{-1} 的有理分式函数。由于存在着不同的逼近方法也即滤波器设计方法可以满足同样的指标，所以，不同的逼近方法会得到不同的系统函数，但它们均满足设计指标。

还须指出的是，在这一寻求可实现的 $H(z)$ 过程中，已隐含了系统函数的因果性和稳定性。尽管用数字技术处理信号也可使用非因果系统，例如把输入序列进行倒序，但这样做通常只能形成非实时处理。因此，通常所说的数字滤波器设计，均指满足因果性的滤波器。

（3）实现（Realization）。这是指对已得到的 $H(z)$ 的具体实现结构进行选择确定。同一个 $H(z)$ 存在着不同的实现结构，使用何种结构涉及到两个问题，一是计算复杂性，二是实现时的有限精度选择，尤其是后者，不同的结构在相同的有限精度运算下的性能可能会有很大出入。在对系统结构进行选择确定时，尽管存在着一些共同的要求，如存储器数目越少越好，计算量越小越好，存储器字长尽可能小，等等，但前提是能在有限精度实现时保证满足性能指标。

（4）算术误差考察（Study of arithmetic errors）。这实际上是上一步骤的继续，也即在选定滤波器实现结构后，必须考察其有限字长效应。这一步通常通过计算机仿真（simulation）来进行，验证所选结构在所用字长下是否稳定，是否能满足性能要求，如不能稳定或不能满足性能要求，则需重选结构，或增加字长。但对 FIR 滤波器而言，由于它没有非零极点，所以在使用非递归结构实现时不存在由有限字长引起的不稳定问题。

（5）制作（Implementation）。这是滤波器设计的最后一个步骤，用软件或硬件对结构选定且经过有限字长效应验证满足性能要求的滤波器予以制作实现。

上述（3）、（4）、（5）步骤，也可概括为一个步骤，即用有限精度算法实现根据性能要求设计得到的 $H(z)$。

在完成滤波器设计步骤（1）后也即给出滤波器指标后，本章的学习内容将限于讨论上述步骤中的第（2）步骤而不涉及用有限精度算法实现的问题。数字信号处理课程中通常所说的数字滤波器设计也就是指的这一步骤，即寻求 z^{-1} 的有理分式函数 $H(z)$ 满足给定的指标。

5.1.3　数字滤波器的指标给定

如前所述，在给定滤波器设计指标时，不存在可同时考虑时域性能指标与频域性能指标的设计技术，因此数字滤波器的设计指标是频域指标。但给出数字滤波器指标并非任意，还须受到可实现的数字滤波器所受的基本限制带来的约束。这些基本限制为：① 稳定，

② 因果，③ 有限基本运算实现，也即 $H(z)$ 是 z^{-1} 的有理分式函数。以上三个限制条件中，稳定性要求是最基本的，而后两个限制条件则对滤波器设计指标的给定带来了直接的约束。以下对此进行说明。

1. 因果性带来的约束

因果性带来的约束为，$H(e^{j\omega})$ 的模 $|H(e^{j\omega})|$ 与幅角 $\arg[H(e^{j\omega})]$ 之间存在着通常被称为希尔伯特(Hilbert)关系的联系，因此不能对 $|H(e^{j\omega})|$ 和 $\arg[H(e^{j\omega})]$ 分别给定指标。对这一问题的说明这里不作展开。

在大多数应用情况下，幅度特性更为重要，所以选频滤波器的指标是以幅度指标方式给定的。但要注意的是，上述做法并不意味着相位指标无关紧要。为说明此点，在这里回顾一下"信号与系统"课程中讨论过的不失真传输条件。

信号通过系统后，如组成信号的所有频率分量在幅度上受到相同的放大或衰减，在时间延迟上也相同，则系统的输出波形将不发生失真。即

$$y(t) = kx(t - t_0) \tag{5.1-3}$$

式中，k 是系统增益或放大倍数，t_0 是滞后时间。如果各个频率分量没有受到相同的放大或衰减，输出就会发生由于幅度失真造成的信号波形失真；如果各频率分量经过系统后延迟时间不一样，就会发生由于相位失真引起的信号波形失真。

为使系统对所有输入正弦频率分量的时间延迟相同，就要求相位延迟量 $\theta(\omega)$ 是 ω 的线性函数，从而有

$$\frac{d\theta(\omega)}{d\omega} \triangleq \tau(\omega) = 常数 \tag{5.1-4}$$

或即

$$\theta(\omega) = -\omega k \tag{5.1-5}$$

式(5.1-5)称为线性相位(延迟)特性，式(5.1-4)中的 $\tau(\omega)$ 称为群延迟。线性相位条件在某些类型的信号处理如图像处理中十分重要。

FIR 滤波器可以严格地使 $H(e^{j\omega})$ 具有线性相位(延迟)特性，只需在给定幅度指标的同时对系统的单位采样响应附加一定的对称性约束条件就可以做到这一点。事实上，在设计 FIR 滤波器时，也总是将其设计为具有线性相位特性的。

IIR 滤波器无法做到线性相位，只能在其后连接相位校正网络来改善其相位特性。因此，凡有线性相位要求的应用场合，通常均采用 FIR 滤波器。

2. 有限基本运算带来的约束

可实现的 $H(z)$ 只能由有限基本运算构成，也即 $H(z)$ 是 z^{-1} 的有理分式函数。事实上，从时域而言，当前输出由当前至前 M 个时刻的输入及前 N 个时刻的输出决定，因此

$$y(n) = \sum_{k=0}^{M} b_k x(n-k) + \sum_{k=1}^{N} a_k y(n-k) \tag{5.1-6}$$

式中，a_k、b_k 均为实常数。这样，相应的 $H(z)$ 就是如式(5.1-7)所示的 Z^{-1} 的有理分式函数：

$$H(z) = \frac{\sum\limits_{k=0}^{M} b_k z^{-k}}{1 - \sum\limits_{k=1}^{N} a_k z^{-k}} \tag{5.1-7}$$

注意到 a_k，b_k 均只有有限个，这意味着 $H(\mathrm{e}^{\mathrm{j}\omega})$ 只能由有限个参数 a_k，b_k 加以调节，从而无法满足任意的幅度特性要求。

现就如图 5.1-2 所示的理想低通滤波器的幅频特性对此加以说明。从几种观点均可认为如图所示的理想低通指标无法做到，① 单位圆上 Z 变换不存在；② 具有非因果的 $h(n)$，$-\infty<n<+\infty$，因此理想低通滤波器不能实现。而从只有 a_k，b_k 有限个参数可供调节来看，这一理想低通指标也无法达到，因为这意味着依靠对有限个参数进行调节来实现图 5.1-2 所示的无数点处的幅频特性要求：

$$|H(\mathrm{e}^{\mathrm{j}\omega})|=\begin{cases}1 & |\omega|\leqslant\omega_{\mathrm{c}}\\0 & \omega_{\mathrm{c}}<|\omega|<\pi\end{cases}\tag{5.1-8}$$

这显然是无法办到的。所以，在滤波器设计中，不能用图 5.1-2 方式的理想滤波器幅度特性给出设计指标，通常必须以滤波器的幅度特性的允许误差容限来给定指标。

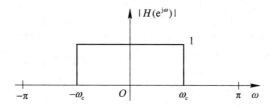

图 5.1-2　理想低通滤波器

仍以上面的低通滤波器为例，幅度特性的误差容限指标的一种给定方式如图 5.1-3 所示。

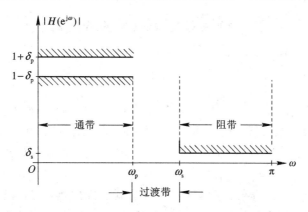

图 5.1-3　低通滤波器幅度频率特性的容限图

在通带内，幅度响应以允许的最大误差 $\pm\delta_{\mathrm{p}}$ 逼近于 1，即

$$1-\delta_{\mathrm{p}}\leqslant|H(\mathrm{e}^{\mathrm{j}\omega})|\leqslant1+\delta_{\mathrm{p}}\qquad|\omega|\leqslant\omega_{\mathrm{p}}\tag{5.1-9}$$

在止带内，幅度响应以误差小于而逼近于零，即

$$|H(\mathrm{e}^{\mathrm{j}\omega})|\leqslant\delta_{\mathrm{s}}\qquad\omega_{\mathrm{s}}\leqslant|\omega|<\pi\tag{5.1-10}$$

式中，ω_{p}，ω_{s} 分别为通带截止频率(Pass band cutoff frequency)和止带截止频率(Stop band cutoff frequency)。频带 $\omega_{\mathrm{s}}\sim\omega_{\mathrm{p}}$ 称为过渡带(Transient band)，滤波器设计中，这一段频率范围内的幅度特性通常不作要求。δ_{p} 为通带波纹或通带起伏(Pass band ripple)，δ_{s} 为止带波纹或止带起伏(Stop band ripple)。实用中，常用 $20\,\lg(1-\delta_{\mathrm{p}})=\varepsilon(\mathrm{dB})$ 给出通带允许的最大波纹(最大衰减)，用 $20\,\lg(\delta_{\mathrm{s}})=A(\mathrm{dB})$ 给出止带允许的最小衰减。

其它类型的滤波器指标给定与上面所述的低通滤波器类似。

在 IIR 滤波器设计中，设计指标常以幅度平方 $|H(e^{j\omega})|^2 = A^2(\omega)$ 的误差容限方式给出，如图 5.1 - 4 所示。其原因在于，IIR 频域滤波器的设计常借助于模拟滤波器的设计技术，即先把数字域指标转换为模拟域指标，设计出模拟滤波器，再通过变换把 $H(s)$ 变换为 $H(z)$，而在模拟域中，$H(s)$ 的设计是通过幅度平方 $|H(j\Omega)|^2$ 完成的。因此 IIR 滤波器的设计指标常以幅度平方 $|H(e^{j\omega})|^2 = A^2(\omega)$ 的误差容限方式给出。对此后面将作进一步说明。

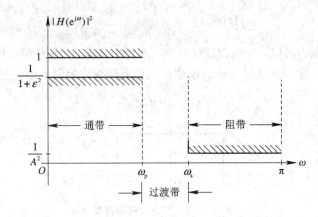

图 5.1 - 4 低通滤波器幅频平方特性的容限图

5.2 模拟滤波器设计简介

5.2.1 引言

实际使用的数字滤波器中，IIR 滤波器仍然占有一定的地位。而如前所述，IIR 滤波器的设计通常借助于模拟滤波器的设计技术。考虑到很多读者在"信号与系统"课程中可能没有学习过模拟滤波器的相关内容，这里专列一节简单介绍三种常用的模拟滤波器及其设计的基本方法。

模拟滤波器的设计技术早在上世纪 50 年代前就已经成熟，若要设计符合指标要求的模拟滤波器，一般都有现成的设计表格可供使用。在给出了设计指标后，经过适当的频率转换，所有类型的滤波器（如带通、高通、带阻）都可转化为在归一化频率域内（即通带截止频率 $\Omega_c' = 1$ rad/s）的原型（Prototype）低通滤波器设计，设计时借助表格可容易地得到原型低通滤波器的参数，再经频率变换，就可得到所要求设计的实际滤波器参数。

归一化原型低通滤波器的系统函数一般形式是

$$H_p(s) = \frac{d_0}{a_0 + a_1 s + a_2 s^2 + \cdots + a_N s^N} \tag{5.2-1}$$

式(5.2 - 1)中，$H_p(s)$ 的下标"p"表示"原型(Prototype)"。对于常用的巴特沃斯和切比雪夫低通滤波器，相应的归一化原型低通滤波器的分母多项式的系数都已算出，并列成表格供设计时使用。

对于截止频率为某个 Ω_c 的实际低通滤波器，可用 s/Ω_c 代替式(5.2 - 1)中的 s，即

$$s \to \frac{s}{\Omega_c} \tag{5.2-2}$$

对于其它高通、带通、带阻滤波器的设计，则需由归一化原型低通滤波器经频带变换法转换得到。

一个可实现的系统函数 $H(s)$ 通常总具有如下形式：

$$H(s) = \frac{N(s)}{D(s)} = \frac{b_0 s^m + b_1 s^{m-1} + \cdots + b_m}{a_0 s^n + a_1 s^{n-1} + \cdots + a_n} \tag{5.2-3}$$

因此，这里主要以低通滤波器为例，说明如何给出滤波器指标，并对三种常用的模拟滤波器进行介绍，在此基础上进一步说明如何根据指标要求来寻求合适的可实现系统函数 $H(s)$，也即寻求合适的分子、分母多项式系数，以使 $H(s)$ 的频率特性满足要求。

5.2.2　设计指标给定

如前所述，模拟滤波器设计均可转化为低通原型的设计，而一个实际低通滤波器的性能指标如图 5.2-1 所示，用幅频特性或幅频平方特性的误差容限图方式给出。

注意，图 5.2-1(a) 中的幅频特性误差容限给定方式与图 5.1-4 略有不同。这里，规定了通带内幅频特性的最大值为 1，而不是图 5.1-4 中的 $1+\delta_p$。在实用中，以这里的给定方式更为多见。

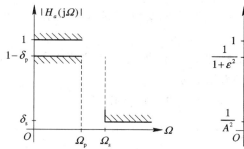
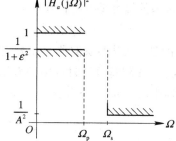

(a) 用 δ_p 和 δ_s 描述的技术指标　　　　(b) 用 ε 和 A 描述的技术指标

图 5.2-1　对模拟低通滤波器通带和止带波动的两种不同给定方式

图 5.2-1 表明，对于模拟滤波器而言，其设计指标也同样以三个频率范围分段给出。即，通带 $0 \sim \Omega_p$、过渡带 $\Omega_p \sim \Omega_s$ 以及止带 $\Omega_s \sim \infty$。其中 Ω_p 称为通带截止频率，Ω_s 称为止带截止频率。有些设计中仅涉及通带截止频率(Cut off frequency)这个参数，此时就用 Ω_c 表示。

1. 通带指标

在通带内，希望该频率范围内的所有信号分量都能接近无损地通过，因此有

$$1 - \delta_p \leqslant |H_a(j\Omega)| \leqslant 1 \tag{5.2-4}$$

$$\frac{1}{1+\varepsilon^2} \leqslant |H_a(j\Omega)|^2 \leqslant 1 \tag{5.2-5}$$

上两式中的 δ_p 和 ε 都表征了通带内幅频特性的允许误差，应尽可能小。工程上，设计指标也常常以通带内允许的最大起伏(波纹) γ(dB)给出：

$$\gamma = 20 \lg \frac{A_{max}}{A_{min}} (\mathrm{dB}) \qquad (5.2-6)$$

式中，A_{max} 为通带内幅频特性的最大值，A_{min} 为通带内幅频特性的最小值。式(5.2-6)还可写成：

$$\gamma = 10 \lg \frac{A_{max}^2}{A_{min}^2} (\mathrm{dB}) \qquad (5.2-7)$$

对照图 5.2-1(b)中，$A_{max}^2 = 1$，$A_{min}^2 = \dfrac{1}{1+\varepsilon^2}$，因此式(5.2-7)相当于

$$\gamma = 10 \lg(1+\varepsilon^2) \qquad (5.2-8)$$

2. 止带指标

在止带内，幅频特性应接近于零，因此滤波器的止带指标是可以容忍的最小衰减 δ_s：

$$|H_a(j\Omega)| \leqslant \delta_s \qquad (5.2-9)$$

上式也可表达为

$$|H_a(j\Omega)|^2 \leqslant \frac{1}{A^2} \qquad (5.2-10)$$

若以分贝表示，则有

$$\delta_s = 10 \lg \frac{1}{A^2} (\mathrm{dB}) \qquad (5.2-11)$$

上式表明，止带内的幅度平方特性在 0 与 $1/A^2$ 之间变动。所以，$1/A$ 表征了止带内幅频特性的起伏。

需要说明的是，在某些滤波器设计方法中，不涉及 ε、$1/A$ 这两个参数，而在另外一些设计方法中，ε、$1/A$ 将是设计过程中的有用参数。

例如，若通带波纹 δ_p 以分贝数表达为 $\delta_p = 2$ dB，则表示

$$20 \lg \frac{A_{max}}{A_{min}} = 10 \lg \frac{A_{max}^2}{A_{min}^2} = 2 \text{ dB}$$

按照图 5.2-1，$A_{max}^2 = 1$，$A_{min}^2 = \dfrac{1}{1+\varepsilon^2}$，因此

$$\frac{A_{max}^2}{A_{min}^2} = 1+\varepsilon^2 = 10^{2/10} = 1.5849$$

从而

$$\frac{A_{max}}{A_{min}} = \frac{1}{0.7943} = 1.2589$$

这相当于在图 5.2-1(a)中有

$$A_{max} = 1, \ A_{min} = 1-\delta_p, \ 1-\delta_p = 10^{-2/10} = 0.7943$$

同理，如果以分贝数表达的止带波纹 $\delta_s = -20$ dB，则

$$20 \lg(\delta_s) = -20$$

即得

$$\delta_s = 0.1$$

这意味着止带内最小衰减 10 倍。通常应用情况下，这样的止带衰减是不够的，一般至少要求 $\delta_s \not< 0.01$，相当于在止带内的信号频率成分至少衰减 40 dB。

5.2.3　三种常用的模拟滤波器

工程中最常使用三种模拟滤波器来逼近满足给定的幅度指标,它们是巴特沃斯滤波器、切比雪夫滤波器和椭圆滤波器。由于切比雪夫滤波器的幅度平方函数的极点分布在一个椭圆上,设计较为复杂,而椭圆滤波器的设计则更为困难,较难理解,所以这两种滤波器仅作简单介绍,而对巴特沃斯滤波器的设计则给出较为全面的介绍。

1. 巴特沃斯滤波器

巴特沃斯滤波器是最简单的,也是比较而言最常用的模拟滤波器。在低通情况下,其幅度平方特性如图 5.2-2 所示,随着 Ω 的增加呈单调下降特性,表达式为

$$|H_a(j\Omega)|^2 = \frac{1}{1 + \left(\dfrac{\Omega}{\Omega_c}\right)^{2N}} \tag{5.2-12}$$

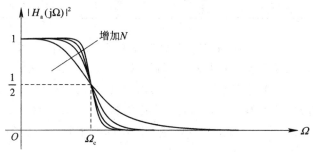

图 5.2-2　阶数为 $N=2,4,8$ 时的巴特沃斯滤波器的幅度平方特性

这一幅度特性中没有 Ω_p 和 Ω_s 这两个参数,仅有截止频率 Ω_c 这个参数。式中,N 为正整数,称为滤波器的阶数,当 $\Omega=\Omega_c$ 时,有

$$|H_a(j\Omega)|^2 \bigg|_{\Omega=\Omega_c} = \frac{1}{1 + \left(\dfrac{\Omega}{\Omega_c}\right)^{2N}} \bigg|_{\Omega=\Omega_c} = \frac{1}{2} \tag{5.2-13}$$

即

$$|H(j\Omega_c)| = \frac{1}{\sqrt{2}}, \quad \gamma = 20\lg\frac{A_{max}}{A_{min}} = 20\lg\left|\frac{H_a(j0)}{H_a(j\Omega_c)}\right| = -3 \text{ dB}$$

因此,Ω_c 又被称为巴特沃斯滤波器的 3 dB 截止频率或 3 dB 带宽,常常简称为带宽。由图 5.2-2 可见,对于任意阶 N,所有曲线都通过 -3 dB 截止频率点,而在滤波器阶数 N 增加时,过渡带会变窄。

在得到巴特沃斯幅度平方特性后,便可从中求取稳定的系统函数 $H_a(s)$。若 $\Omega_c=1(\text{rad/s})$,得到的是巴特沃斯归一化低通原型滤波器的系统函数,形如

$$H_a(s) = \frac{1}{A_N(s)} = \frac{1}{s^N + a_1 s^{N-1} + \cdots + a_{N-1}s + a_N} \tag{5.2-14}$$

这是一个全极点滤波器,零点全部在 $s=\infty$ 处,在 s 平面的有限范围内,只有极点,且极点均匀分布于半径为 1 的圆周上。

归一化的巴特沃斯滤波器的极点分布以及相应的系统函数、分母多项式的系数都有现成的表格可查,因此,在确定出滤波器阶数 N 后,系统函数即可通过查表得到。

表 5.2-1 列出了 $1 \leqslant N \leqslant 8$ 时的归一化巴特沃斯滤波器系统函数分母多项式系数。

表 5.2 - 1 阶数 $1 \leqslant N \leqslant 8$ 归一化巴特沃斯滤波器系统函数的系数

N	a_1	a_2	a_3	a_4	a_5	a_6	a_7	a_8
1	1.0000							
2	1.4142	1.0000						
3	2.0000	2.0000	1.0000					
4	2.6131	3.4142	2.6131	1.0000				
5	3.2361	5.2361	5.2361	3.2361	1.0000			
6	3.8637	7.4641	9.1416	7.4641	3.8637	1.0000		
7	4.4940	10.0978	14.5918	14.5918	10.0978	4.4940	1.0000	
8	5.1258	13.1371	21.8462	25.6884	21.8462	13.1372	5.1258	1.0000

一般而言，采用巴特沃斯滤波器时，由于在通带边缘，也即 $\Omega = \Omega_c$ 时的幅频特性会比 $\Omega = 0$ 处下降 3 dB，所以通带要求往往难以很高。设计时，可取前述的 3 dB 点 Ω_c 作为 Ω_p，对止带衰减的要求则是对 Ω_s 点的 $|H_a(j\Omega)|^2$（或 $|H_a(j\Omega)|$）进行考察，用改变阶数 N 的方法来满足要求。若对 Ω_p 处的幅频特性有要求，则需将 Ω_c 点取得略大于 Ω_p，同时通过增大 N 来解决，但这样做有时代价较大，要使用很高阶次的滤波器。具体的设计步骤将在 5.2.4 节中给出。

此外，注意到巴特沃斯滤波器在通带止带内均是呈单调下降的特性，也即在 $\Omega = 0$ 时，无衰减，$\Omega_c = 0$ 时衰减 3 dB，其间单调变化，在 $\Omega_c < \Omega < +\infty$ 时，衰减也越来越大。这就表明，这种滤波器不能把通带起伏和止带起伏的要求均匀分配到全部带宽上去，所以工程中也常用到另外两种滤波器。

2. 切比雪夫滤波器

如果要将滤波器通带、止带指标的精度要求均匀分布在通带或止带内，就需选择具备等波纹频率特性的切比雪夫滤波器和椭圆滤波器设计。

切比雪夫滤波器基于下式所示的切比雪夫多项式构成：

$$T_N(x) = \begin{cases} \cos(N\arccos x) & |x| \leqslant 1 \\ \cosh(N\text{arccosh} x) & |x| > 1 \end{cases} \tag{5.2-15}$$

这些多项式可以通过迭代产生，对于 $N \geqslant 1$，递推公式为

$$T_{N+1}(x) = 2x T_N(x) - T_{N-1}(x) \tag{5.2-16}$$

由式(5.2-16)可见，式(5.2-15)中的 $T_0(x) = 1$，$T_1(x) = x$。根据式(5.2-16)，可以得到切比雪夫多项式的如下性质：

(1) $|x| \leqslant 1$ 时多项式的幅度值限定为 1，$|T_N(x)| \leqslant 1$ 在 ± 1 之间振荡；$|x| > 1$，多项式随 x 单调增加。

(2) 对所有的 N，$T_N(1) = 1$。

(3) N 为偶数时 $T_N(0) = \pm 1$，N 为奇数时 $T_N(0) = 0$。

(4) $T_N(x)$ 的所有根都在区间 $-1 \leqslant x \leqslant 1$ 内。

切比雪夫滤波器有两种类型，切比雪夫 I 型滤波器是一个全极点滤波器，在通带内等波纹，在止带内单调下降。如图 5.2-3 所示，幅度平方特性函数为

$$|H_a(j\Omega)|^2 = \frac{1}{1+\varepsilon^2 T_N^2(\Omega/\Omega_c)} \tag{5.2-17}$$

其中，N 为滤波器阶数，$\Omega_c = \Omega_p$ 为通带截止频率，ε 为控制通带波纹的参数，$0<\varepsilon<1$。由于 $|\Omega|<\Omega_c$ 时 $T_N^2(\Omega/\Omega_c)$ 在 0 和 1 之间变化，所以，$|H_a(j\Omega)|^2$ 在 1 和 $1/(1+\varepsilon^2)$ 之间振荡。滤波器的阶数增加时，通带内的波动次数增加，通带和止带之间的过渡带变窄。

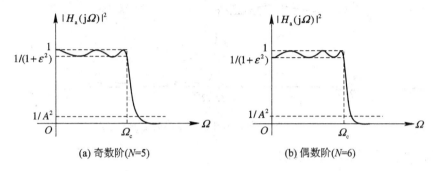

(a) 奇数阶($N=5$) 　　　　　　 (b) 偶数阶($N=6$)

图 5.2-3　阶数 $N=5$、$N=6$ 切比雪夫 I 型滤波器的频率响应

与切比雪夫 I 型滤波器正好相反，切比雪夫 II 型滤波器在通带内单调，在止带内等波纹振荡，系统函数有极点也有零点。如图 5.2-4 所示，幅度平方特性为

$$|H_a(j\Omega)|^2 = \frac{1}{1+\varepsilon^2[T_N(\Omega_s/\Omega_p)/T_N(\Omega_s/\Omega_p)]^2} \tag{5.2-18}$$

其中，N 为滤波器阶数，Ω_p 为通带截止频率，Ω_s 为止带截止频率，ε 为控制止带波纹的参数。滤波器的阶数增加时，止带内的波动次数增加，通带和止带之间的过渡带变窄。

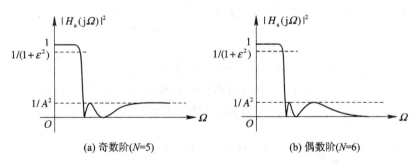

(a) 奇数阶($N=5$) 　　　　　　 (b) 偶数阶($N=6$)

图 5.2-4　阶数 $N=5$、$N=6$ 切比雪夫 II 型滤波器的频率响应

3. 椭圆滤波器

椭圆滤波器的系数函数有极点也有零点，其幅度平方特性为

$$|H_a(j\Omega)|^2 = \frac{1}{1+\varepsilon^2 U_N^2(\Omega/\Omega_p)} \tag{5.2-19}$$

其中，$U_N(\Omega/\Omega_p)$ 为雅可比(Jacobian)椭圆函数，雅可比椭圆函数 $U_N(x)$ 是阶数 N 的有理函数，有以下性质：

$$U_N\left(\frac{1}{\Omega}\right) = \frac{1}{U_N(\Omega)}$$

与巴特沃斯滤波器和切比雪夫滤波器不同，椭圆滤波器在通带和止带两个频带上的波动都

均匀分布，因此，对于给定的滤波器阶数、截止频率和通带、阻带波动，椭圆滤波器的过渡带最窄。而在相同的幅度指标下，椭圆滤波器的阶数最低。因此，从这个角度看，椭圆滤波器是最优的。但要得到好处必须付出代价，其相位的线性度在三种滤波器中是最差的，而且从幅度平方函数求取系统函数时也最为困难。一个四阶椭圆滤波器的频率响应示于图5.2－5中。

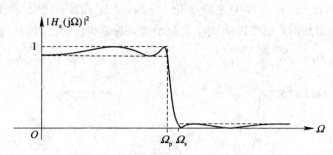

图 5.2－5　N 为偶数的椭圆滤波器频率响应幅度

5.2.4　滤波器系统函数的求取

在给定滤波器设计指标后，所须完成的任务是从满足指标要求的幅度特性出发，找出物理上可实现的系统函数 $H(s)$。如前所述，滤波器设计指标通常以幅度平方特性给出。因此，求取滤波器系统函数的设计任务由以下两部分组成：

(1) 选择适用于应用情况且满足滤波器技术指标的 $|H(j\Omega)|^2$ 表达式；

(2) 从 $|H(j\Omega)|^2$ 的表达式出发寻求物理可实现的滤波器系统函数 $H(s)$。

1. $|H(j\Omega)|^2$ 的形式

一个物理可实现的系统函数 $H(s)$ 总具有以下形式：

$$H(s) = \frac{b_0 s^m + b_1 s^{m-1} + \cdots + b_m}{a_0 s^n + a_1 s^{n-1} + \cdots + a_n} \tag{5.2-20}$$

对于实际系统，式(5.2-20)的分子分母多项式系数 $a_j(j=1, 2, \cdots, n)$ 和 $b_i(i=1, 2, \cdots, m)$ 均为实数，因此，系统 $H(s)$ 相应的单位冲激响应 $h(t)$ 也是实函数，从而

$$H^*(j\Omega) = H(-j\Omega)$$

这样就有

$$|H(j\Omega)|^2 = H(j\Omega)H(-j\Omega) = H(s)H(-s)\big|_{s=j\Omega} \tag{5.2-21}$$

由于上式是一个复数与其共轭的乘积，利用 $H(s)$ 的表达式，可以证明幅度平方特性 $|H(j\Omega)|^2$ 具有如下形式：

$$|H(j\Omega)|^2 = \frac{d_m\Omega^{2m} + d_{m-1}\Omega^{2m-2} + \cdots + d_1\Omega^2 + d_0}{c_n\Omega^{2n} + c_{n-1}\Omega^{2n-2} + \cdots + c_1\Omega^2 + c_0} \tag{5.2-22}$$

对于不同形式的滤波器，滤波器幅度平方特性的形式也不同。例如选择巴特沃斯滤波器时，上式的分子是个常数。在选定滤波器形式后，即可按照已经成熟的设计步骤，根据给定的技术指标确定出符合要求的滤波器阶数 N 及其它控制通带或止带波纹的参数，从而得到幅度平方特性函数 $|H(j\Omega)|^2$。

2. 从幅度平方函数 $|H(j\Omega)|^2$ 出发寻求稳定的 $H(s)$

把式(5.2-21)推广至整个 s 平面，可得

$$|H(s)|^2 = H(s)H(-s) \qquad (5.2-23)$$

从式(5.2-23)的代数结构可见，$|H(s)|^2$ 的极点(或零点)必然具有如图 5.2-6 所示的以原点为中心的象限对称的形式。

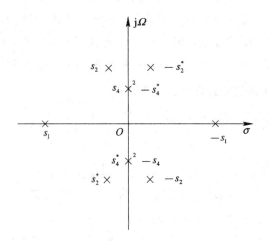

图 5.2-6　以原点为中心象限对称分布的极点

理由很明显：若 s_1 是 $H(s)$ 一个实极点，则 $-s_1$ 必使 $H(-s)=0$；若 $s_2=\sigma_2+\mathrm{j}\Omega_2$ 是 $H(s)$ 的极点，则 $-s_2=-\sigma_2-\mathrm{j}\Omega_2$ 必是 $H(-s)$ 的极点；同时，极点 $s_2^*=\sigma_2-\mathrm{j}\Omega_2$ 也一定是 $H(s)$ 的极点，进而 $-s_2^*=-\sigma_2+\mathrm{j}\Omega_2$ 是 $H(-s)$ 的极点；若虚轴上的 $s_4=\mathrm{j}\Omega_4$ 是 $H(s)$ 极点，则 $-s_4=-\mathrm{j}\Omega_4$ 必是 $H(-s)$ 的极点，与此同时 $s_4^*=-s_4=-\mathrm{j}\Omega_4$ 也是 $H(s)$ 的极点，$-s_4^*=s_4=\mathrm{j}\Omega_4$ 也是 $H(-s)$ 的极点，也即虚轴上的极点 s_4、s_4^* 将是 $|H(s)|^2$ 的一对二阶共轭极点，极点旁用数字 2 标注。注意，对于稳定系统，虚轴上没有极点，对临界稳定情况，才会出现虚轴上的极点，且一定是二阶的。

由于稳定系统的极点必须落于 s 的左半平面，所以在设计时，须将 s 左半平面的极点划归于所要设计的滤波器系统函数 $H(s)$。零点的选择不影响系统稳定性，故无此限制。如无特殊要求，可将对称的零点任意一半(共轭对)分给 $H(s)$，但如果有对设计滤波器有相位特性要求，如要求设计的滤波器具有最小相位延迟特性[①]，则须把 s 平面上左半平面的零点划归给 $H(s)$。

至此，已可得到从 $|H(s)|^2$ 中分离出稳定的 $H(s)$ 的步骤：

(1) 将选定的幅度平方函数 $|H(\mathrm{j}\Omega)^2|$ 表达式中的 Ω 以 s/j 代替，得到象限对称的 s 平面函数：$|H(s)|^2 = H(s)H(-s)$；

(2) 求出 $|H(s)|^2$ 的所有极点(和零点)；

(3) 把 $|H(s)|^2$ 左半平面的极点划归 $H(s)$，右半平面的极点划归 $H(-s)$(零点的选取可根据相位特性要求来决定)；

(4) $\mathrm{j}\Omega$ 轴上的每对二阶共轭极点(或零点)分成两对一阶共轭极点(或零点)，分划给 $H(s)$ 和 $H(-s)$ 各得一对。

_____

① 定义：一个有理系统函数，如果它的零点和极点都位于单位圆内，则称该系统有最小相位。最小相位系统有两个特性，第一，所有具有相同幅频特性的系统中，最小相位系统有最小的群延时。第二，最小相位系统有最小的能量延迟。

概括而言,就是把 $|H(s)|^2$ 在左半 s 平面上的极点划归 $H(s)$。由此得到的 $H(s)$ 就是所求的滤波器系统函数。

在滤波器设计中,设计者通常根据具体需求选用不同类型的幅度平方特性函数表达式进行逼近。鉴于椭圆滤波器的设计最为困难,而切比雪夫滤波器的幅度平方函数极点分布是在一个椭圆上,也相对比较复杂,超出了初学者的可接受范围,所以下面以最简单的巴特沃思模拟低通滤波器逼近设计为例,介绍根据幅度平方函数求取 $H(s)$ 的方法。

3. 巴特沃斯低通滤波器设计步骤及举例

将巴特沃斯低通滤波器的幅度平方函数重写于下:

$$|H(\mathrm{j}\Omega)|^2 = \frac{1}{1+\left(\dfrac{\Omega}{\Omega_\mathrm{c}}\right)^{2N}}$$

根据图 5.2-2 所示的巴特沃斯滤波器幅度平方特性,巴特沃斯滤波器逼近设计只涉及滤波器阶数 N 与 3 dB 截止频率 Ω_c 两个参数的确定,设计步骤如下:

(1) 根据滤波器技术指标,求选择因子 k 和判别因子 d。选择因子 k 和判别因子 d 是两个辅助参数。

$$d = \left[\frac{(1-\delta_\mathrm{p})^{-2}-1}{\delta_\mathrm{s}^{-2}-1}\right]^{1/2} = \frac{\varepsilon}{\sqrt{A^2-1}} \tag{5.2-24}$$

$$k = \frac{\Omega_\mathrm{p}}{\Omega_\mathrm{s}} \tag{5.2-25}$$

(2) 按照设计公式,确定满足技术指标所需的滤波器阶数 N:

$$N \geqslant \frac{\lg d}{\lg k} \tag{5.2-26}$$

(3) 设定 3 dB 截止频率 Ω_c,Ω_c 可以是以下区间内的任一个数值:

$$\Omega_\mathrm{p}\left[(1-\delta_\mathrm{p})^{-2}-1\right]^{-1/2N} \leqslant \Omega_\mathrm{c} \leqslant \Omega_\mathrm{s}\left[\delta_\mathrm{s}^{-2}-1\right]^{-1/2N} \tag{5.2-27}$$

(4) 构成幅度平方函数,并进一步构成 $|H(s)|^2$:

$$|H(s)|^2 = H_\mathrm{a}(s)H_\mathrm{a}(-s) = \frac{1}{1+(s/\mathrm{j}\Omega_\mathrm{c})^{2N}} \tag{5.2-28}$$

(5) 取 $|H(s)|^2$ 位于左半 s 平面的极点构成巴特沃斯滤波器的系统函数:

$$H_\mathrm{a}(s) = \prod_{k=0}^{N-1} \frac{-s_k}{s-s_k} \tag{5.2-29}$$

其中,

$$s_k = \Omega_\mathrm{c}\exp\left\{\mathrm{j}\frac{(N+1+2k)\pi}{2N}\right\} \qquad k=0,1,\cdots,N-1$$

【例 5.2-1】 求截止频率 $\Omega_\mathrm{c}=1$ rad/s 的三阶巴特沃斯原型低通滤波器的系统函数。

【解】 在 $N=3$ 时,由式(5.2-12)得 $|H(\mathrm{j}\Omega)|^2=1/1+\Omega^6$,令 $\Omega=s/\mathrm{j}$,代入得

$$H(s)H(-s) = \frac{1}{1+\left(\dfrac{s}{\mathrm{j}}\right)^6} = \frac{1}{1-s^6}$$

其极点为 $s=\mathrm{e}^{\mathrm{j}\frac{2k\pi}{6}}(k=0,1,2,3,4,5)$，即

$$s_1=\mathrm{e}^{\mathrm{j}0}=1$$

$$s_2=\mathrm{e}^{\mathrm{j}\frac{\pi}{3}}=\frac{1}{2}+\mathrm{j}\frac{\sqrt{3}}{2}$$

$$s_3=\mathrm{e}^{\mathrm{j}\frac{2\pi}{3}}=-\frac{1}{2}+\mathrm{j}\frac{\sqrt{3}}{2}$$

$$s_4=\mathrm{e}^{\mathrm{j}\pi}=-1$$

$$s_5=\mathrm{e}^{\mathrm{j}\frac{4}{3}\pi}=-\frac{1}{2}-\mathrm{j}\frac{\sqrt{3}}{2}$$

$$s_6=\mathrm{e}^{\mathrm{j}\frac{5}{3}\pi}=\frac{1}{2}-\mathrm{j}\frac{\sqrt{3}}{2}$$

如图 5.2 - 7 所示。

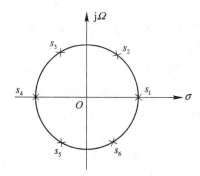

图 5.2 - 7　$N=3$ 时 $H(s)H(-s)$ 的极点分布

因此，稳定系统的三个极点应取为 s_3、s_4、s_5，故所求原型低通滤波器的系统函数为

$$H_\mathrm{p}(s)=\frac{1}{(s-s_3)(s-s_4)(s-s_5)}=\frac{1}{s^3+2s^2+2s+1}$$

模拟滤波器的设计技术成熟已久，设计手册中都给出了原型滤波器的电路结构形式及各元件参数计算公式。此题也可以直接查表 5.2 - 1 求解。若 $\Omega_\mathrm{c}\neq 1\ \mathrm{rad/s}$，则可先求解原型滤波器的系统函数 $H_\mathrm{p}(s)$ 后，再作变换 $s\to s/\Omega_\mathrm{c}$，即得截止频率为 Ω_c 的实际滤波器系统函数。

【例 5.2 - 2】　设计一个满足以下技术指标的低通巴特沃斯滤波器：

$$f_\mathrm{p}=6\ \mathrm{kHz},\ f_\mathrm{s}=10\ \mathrm{kHz},\ \delta_\mathrm{p}=\delta_\mathrm{s}=0.1$$

【解】　先计算判别因子和选择性因子：

$$d=\left[\frac{(1-\delta_\mathrm{p})^{-2}-1}{\delta_\mathrm{s}^{-2}-1}\right]^{1/2}=0.0487$$

$$k=\frac{\Omega_\mathrm{p}}{\Omega_\mathrm{s}}=\frac{f_\mathrm{p}}{f_\mathrm{s}}=0.6$$

由于

$$N\geqslant\frac{\lg d}{\lg k}=5.92$$

得到的最小滤波器阶数是 $N=6$，而

$$f_p\left[(1-\delta_p)^{-2}-1\right]^{-1/2N}=6770$$

$$f_s\left[\delta_s^{-2}-1\right]^{-1/2N}=6819$$

中心频率 f_c 可以是以下区间内的任一个数：

$$6770 \leqslant f_c \leqslant 6819$$

由 $N=6$，查表 5.2-1 求出归一化巴特沃斯滤波器的系统函数为

$$H_p(s)=\frac{1}{s^6+3.8637s^5+7.4641s^4+9.1416s^3+7.4641s^2+3.8637s+1}$$

如选择中心频率 $f_c=6800$ Hz，只需将上式中的 s 换成 $\dfrac{s}{\Omega_c}=\dfrac{s}{2\pi \cdot 6800}$，即可求得 $H_a(s)$。

5.3　无限冲激响应滤波器的设计

　　无限冲激响应数字滤波器也称无限长冲激响应滤波器或无限长脉冲响应滤波器，通常简称为 IIR 数字滤波器，其常用设计方法有两种。第一种方法基于成熟的模拟滤波器设计。其基本思路为，先设计一个模拟 IIR 滤波器，然后将其映射成一个等效的数字滤波器，也即根据设计指标先得到 $H(s)$，再将 $H(s)$ 转换为满足设计指标的 $H(z)$，这种 IIR 数字滤波器的设计方法相对比较简单，因此是一般应用中常用的方法。第二种 IIR 数字滤波器设计方法是计算机辅助设计法。这个方法涉及到利用计算机求解一组线性或非线性方程，可以用来设计那些没有模拟滤波器原型的、具有任意频率响应特征的数字滤波器，还可以设计有其它特殊要求的滤波器。

　　本书对上面所说的第二种设计方法不予涉及，而仅介绍借助模拟滤波器设计数字滤波器的方法。模拟滤波器的设计已在 5.2 节简单介绍过，所以这一节主要讨论由模拟滤波器映射为数字滤波器的方法。

　　冲激响应不变法和双线性变换法都源自模拟系统的数字化。自上世纪六七十年代始，随着数字信号处理技术的日趋成熟，原先已经存在的模拟信号处理系统和控制系统也逐步实现了数字化，或者更换为重新设计的数字系统，或者被这些模拟系统的数字仿真器所替代。在寻求已有模拟系统的数字仿真器的过程中，人们发现，在一些特定的应用情况下，冲激响应不变法和双线性变换法可以成功地将模拟滤波器转换为数字滤波器，因此这两种方法也可用来设计数字滤波器。也即，如果先将数字滤波器的指标按一定规则转换为模拟滤波器的指标，就可利用非常成熟的模拟滤波器设计技术，设计出相应的模拟滤波器，而后再用冲激响应不变法或双线性变换法将其转换为数字滤波器。由于这两种数字滤波器设计方法具有思路清晰步骤简单的好处，并可适用于一定的应用场合，因此这两种 IIR 数字滤波器设计方法至今还得到广泛的应用。

　　但是，由于这两种设计方法都源自模拟系统的数字仿真器，因此用于滤波器设计时，其应用范围会受到一定的限制。换言之，这两种数字滤波器设计方法不能普遍适用于所有应用场合，而只能在一些适用的场合下使用。这是在学习这两种 IIR 滤波器设计时需要特别注意的。

5.3.1 冲激响应不变设计

1. 设计思路

我们从寻求模拟系统 $H_a(s)$ 的数字仿真器出发。设 $H_a(s)$ 对测试信号 $x(t)$ 的输出为 $y(t)$，则此模拟系统对测试信号响应不变的数字仿真器是指当输入 $x(n)=x(t)\big|_{t=nT}$ 时使输出 $y(n)=y(t)\big|_{t=nT}$ 的数字系统 $H(z)$，如图 5.3－1 所示。

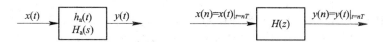

图 5.3－1　响应不变准则下的数字仿真器示意图

于是，当 $x(t)=\delta(t)$ 而 $x(n)=\delta(n)$ 时，若数字系统 $H(z)$ 的输出为 $y(n)=h_a(t)\big|_{t=nT}$，则数字系统 $H(z)$ 保证了冲激响应不变。显然，这是大部分信号处理系统最为关键的性质。在控制系统中，还常常关心阶跃响应和斜坡响应，当 $x(t)=u(t)$ 而 $x(n)=u(n)$ 时，若有 $y(n)=y(t)\big|_{t=nT}$，数字系统 $H(z)$ 可保证阶跃响应不变；当 $x(t)=r(t)=tu(t)$ 而 $x(n)=nTu(n)$ 时，若 $y(n)=y(t)\big|_{t=nT}$，则数字系统 $H(z)$ 保证了斜坡响应不变。

为求出模拟系统 $H_a(s)$ 的数字仿真器 $H(z)$，考虑如图 5.3－2 所示的系统。容易看出，若在此系统的输入端串接一个将序列变换为冲激的转换器，把序列 $x(n)$ 转换为采样数据信号 $x_s(t)$，这一系统就成为一个数字系统，其输入为 $x(n)$，输出为 $y(n)$。因此，图 5.3－2 所示的模拟系统实际上对应了一个数字系统。如果图 5.3－2 所示系统的输入是某种测试信号 $x(t)$ 的采样数据信号 $x_s(t)$，而其输出为 $H_a(s)$ 对此测试信号的输出响应的采样序列 $y(n)=y(t)\big|_{t=nT}$，则它所对应的这个数字系统就是在响应不变这一准则下所要寻求的数字仿真器。

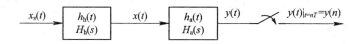

图 5.3－2　响应不变系统的组成

图 5.3－2 中，$h_h(t)$ 是一将 $x(t)$ 的采样数据信号 $x_s(t)$ 恢复为 $x(t)$ 的系统，具有这种特性的系统通常称为保持器，故用下标为 h(holder 之意)的符号 $h_h(t)$ 来表示其单位冲激响应，用 $H_h(s)$ 来表示其系统函数。容易看出，在 $x(t)=\delta(t)$ 时，$h_h(t)$ 是冲激保持器，用 $h_I(t)$ 表示，相应的 $H_h(s)$ 为 $H_I(s)$(符号下标为 I，即 Inpulse，冲激保持器)；在 $x(t)=u(t)$ 时，$h_h(t)$ 是零阶保持器，用 $h_0(t)$ 表示，相应的 $H_h(s)$ 为 $H_0(s)$(符号下标为 0，零阶保持器)；在 $x(t)=r(t)$ 时，$h_h(t)$ 是一阶保持器，也称外推器，用 $h_1(t)$ 表示，相应的 $H_h(s)$ 为 $H_1(s)$(符号下标为 1，一阶保持器)。

图 5.3－2 中，由 $H_h(s)$ 和 $H_a(s)$ 级联构成的模拟系统的单位冲激响应为

$$h(t)=h_h(t)*h_a(t)\leftrightarrow H(s) \tag{5.3－1}$$

上式中，$H(s)$ 是由 $H_h(s)$ 和 $H_a(s)$ 级联构成的模拟系统的系统函数：

$$H(s) = \begin{cases} H_1(s)H_a(s) & \text{冲激响应不变} \\ H_0(s)H_a(s) & \text{阶跃响应不变} \\ H_1(s)H_a(s) & \text{斜坡响应不变} \end{cases} \tag{5.3-2}$$

图 5.3 - 2 所示的系统中，采样器前的信号 $y(t)$ 可表示为

$$y(t) = x_s(t) * h(t) = \sum_k x(kT)\delta(t-kT) * h(t)$$

$$= \sum_k x(kT)h(t-kT) \tag{5.3-3}$$

采样后，得到的输出信号是 $y(t)$ 的采样序列：

$$y(t)\big|_{t=nT} = \sum_k x(kT)h(nT-kT) \tag{5.3-4}$$

用数字序列的符号表示，就有

$$y(n) = \sum_k x(k)h(n-k) \tag{5.3-5}$$

式(5.3 - 5)提示了一个对给定信号具有响应不变特性的数字系统 $H(z)$，这就是上述的图 5.3 - 2 系统所对应的数字系统。这样得到的这个数字系统 $H(z)$ 也就是模拟系统 $H_a(s)$ 的数字仿真器，其单位采样响应为 $h(n)$，系统函数为

$$H(z) = Z\{h(n)\} = Z\{h(t)\big|_{t=nT}\}$$

$$= Z\{L^{-1}\{H(s)\}\big|_{t=nT}\}$$

$$= Z\{L^{-1}\{H_h(s)H_a(s)\}\big|_{t=nT}\} \tag{5.3-6}$$

因此，只需根据应用需求确定 $H_h(s)$，就可得到一个基于对测试信号响应不变准则的数字仿真器 $H(z)$，也即完成了 $H_a(s)$ 到 $H(z)$ 的转换。

若 $H_a(s)$ 是模拟滤波器，取 $H_h(s) = H_1(s) = T$，则所得的 $H(z)$ 就是在冲激响应不变条件下转换得到的数字滤波器。这里，冲激保持器的系统函数取为 $H_h(s) = H_1(s) = T$，增加了一个常数因子 T，其原因是为了保证转换后得到的数字滤波器具有合理的频域性能，下一小节中将对此予以解释。

2. 性能分析

在上面所述的三种响应不变设计中，阶跃响应不变设计与斜坡响应不变设计在控制系统中有较多应用，而在频域滤波器设计中，只采用冲激响应不变设计。上一节已经得到了这种设计中数字滤波器系统函数 $H(z)$ 与模拟滤波器系统函数 $H_a(s)$ 的关系，下面由此出发对经由冲激响应不变设计得到的数字滤波器的性能进行分析。

1) 滤波器 $H(z)$ 的稳定性分析

在冲激响应不变准则下，取 $H_1(s)$，故

$$H(s) = TH_a(s) \tag{5.3-7}$$

从而

$$H(z) = Z\{L^{-1}\{TH_a(s)\}\big|_{t=nT}\} \tag{5.3-8}$$

对上式作 Z 反变换得到

$$h(n) = T \cdot h_a(t)\big|_{t=nT} \tag{5.3-9}$$

因此，除去一个常数因子 T 外，这样得到的 $H(z)$ 保证了数字滤波器的单位采样响应是模拟滤波器单位冲激响应的采样序列，也即保证了冲激响应不变。

若

$$H_a(s) = \sum_{k=0}^{N} \frac{A_k}{s + s_k} \tag{5.3-10}$$

则有

$$h_a(t) = \sum_{k=1}^{N} A_k e^{-s_k t} u(n)$$

从而

$$h(n) = T \cdot h_a(nT) = T \sum_{k=1}^{N} A_k e^{-s_k nT} u(n) \tag{5.3-11}$$

由此得到数字滤波器的系统函数为

$$H(z) = \sum_{k=1}^{N} \frac{TA_k}{1 - e^{-s_k T} z^{-1}} \tag{5.3-12}$$

由 $H_a(s)$ 与 $H(z)$ 的表达式可见，在冲激响应不变条件下，模拟滤波器在 s 域中的极点 $s = -s_k$ 与相应的数字滤波器在 z 域中的极点 $z = e^{-s_k T}$ 具有对应关系。换言之，两者的极点具有如下所示的映射关系：

$$s \text{ 域极点 } s = -s_k \rightarrow z \text{ 平面极点 } z = e^{-s_k T} \tag{5.3-13}$$

当 $\mathrm{Re}(s_k) > 0$，也即 $\mathrm{Re}(-s_k) < 0$ 时，有 $|e^{-s_k T}| < 1$。这表明 s 平面上左半平面的极点映射至 z 平面上单位圆之内，因而稳定的 $H_a(s)$ 仍得到稳定的 $H(z)$。注意，零点不存在这种映射关系。

当系统存在高阶极点时，情况会较复杂，但仍具有类似的极点映射性质。

2) 滤波器的频域性能分析

如上所述，这一方法是在单位冲激响应不变这一准则下作为原模拟滤波器 $H_a(s)$ 的数字仿真器而引入的，因此在将其作为 IIR 滤波器的设计方法时，必须从频域滤波器的功能出发对 $H(z)$ 的频域性能进行考察。

由于数字滤波器 $H(z)$ 的单位采样响应是模拟滤波器单位冲激响应的采样序列，因此在不引入因子 T，也即直接取 $H(s) = H_a(s)$ 时，数字滤波器的频率响应 $H(e^{j\omega})$ 与模拟滤波器的频率响应 $H_a(j\Omega)$ 间的关系为

$$H(e^{j\omega}) = \frac{1}{T} \sum_{k=-\infty}^{+\infty} H\left(j\frac{\omega}{T} + j\frac{2\pi}{T}k\right) = \frac{1}{T} \sum_{k=-\infty}^{+\infty} H_a\left(j\frac{\omega}{T} + j\frac{2\pi}{T}k\right) \tag{5.3-14}$$

式中，模拟频率 Ω 已经通过变换 $\omega = \Omega T$ 写为 ω/T。上式表明，用冲激响应不变法得到的数字滤波器的频率响应是模拟滤波器频率响应的周期延拓。

这样，仅当模拟滤波器 $H_a(s)$ 严格带限时，即

$$H_a(j\Omega) = 0 \qquad |\Omega| \geqslant \frac{\pi}{T} \tag{5.3-15}$$

时，才有

$$H(e^{j\omega}) = \frac{1}{T} H_a(j\Omega) \big|_{\Omega = \frac{\omega}{T}} \tag{5.3-16}$$

但实际情况通常难以做到此点。因此，采用冲激响应不变法进行数字滤波器设计时，由于实际的模拟滤波器不可能是带限的，经这一方法转换为数字滤波器后，总会产生周期延拓分量的频谱交叠，从而产生频率混叠现象，如图 5.3-3 所示。所以，只有当 $\Omega_c \ll \dfrac{\pi}{T}$ 时，才能用冲激响应不变法设计数字滤波器，否则得到的滤波器无法使用。

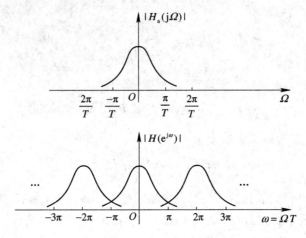

图 5.3-3 冲激响应不变法中的频率混叠现象

式(5.3-14)和式(5.3-16)还表明，$H(e^{j\omega})$ 中存在一个因子 $1/T$，在 T 较小时，此因子会很大，故在冲激响应不变法中引入了一补偿因子 T，以抵消 $1/T$ 带来的影响，这就是为什么冲激响应不变设计中取 $H(s)=TH_a(s)$ 的缘故。

3. 冲激响应不变法设计举例

下面举例说明冲激响应不变法的数字滤波器设计方法，并通过实例对这一滤波器设计方法所固有的频谱混叠失真情况进行说明。

【例 5.3-1】 导出截止频率为 Ω_c 的三阶巴特沃斯模拟低通滤波器相应的数字滤波器的系统函数 $H(z)$。

【解】 三阶巴特沃斯模拟低通滤波器的幅度平方特性为

$$|H(j\Omega)|^2 = \frac{1}{1+\left(\dfrac{\Omega}{\Omega_c}\right)^6}$$

令 $\Omega^2 = -s^2$，即 $s=j\Omega$，则有

$$H_a(s)H_a(-s) = \frac{1}{1-(s^6/\Omega_c^6)}$$

求得极点为

$$\frac{s}{\Omega_c} = e^{j\frac{2k\pi}{6}} \qquad k=0,1,2,\cdots,5$$

选取左半平面 $k=2,3,4$ 时的三个极点构成稳定系统 $H_a(s)$：

$$H_a(s) = \frac{\Omega_c^3}{(s+\Omega_c)(s-\Omega_c e^{j\frac{2}{3}\pi})(s-\Omega_c e^{-j\frac{2}{3}\pi})}$$

部分分式展开后得

$$H_a(s) = \frac{\Omega_c}{(s+\Omega_c)} + \frac{-\dfrac{\Omega_c}{\sqrt{3}}e^{-j\frac{\pi}{6}}}{s+\dfrac{1-j\sqrt{3}}{2}\Omega_c} + \frac{-\dfrac{\Omega_c}{\sqrt{3}}e^{+j\frac{\pi}{6}}}{s+\dfrac{1+j\sqrt{3}}{2}\Omega_c}$$

按极点映射规律，可得相应的数字滤波器系统函数：

$$H(z) = \frac{T\Omega_c}{1-e^{-\Omega_c T}z^{-1}} + \frac{-\dfrac{\Omega_c}{\sqrt{3}}Te^{-j\frac{\pi}{6}}}{1-e^{\frac{1-j\sqrt{3}}{2}\Omega_c T}z^{-1}} + \frac{-\dfrac{\Omega_c}{\sqrt{3}}Te^{+j\frac{\pi}{6}}}{1-e^{\frac{1+j\sqrt{3}}{2}\Omega_c T}z^{-1}}$$

将后两项作共轭项合并，并代入 $\Omega_c T = \omega_c$，得

$$H(z) = \frac{\omega_c}{1-e^{-\omega_c}z^{-1}} + \frac{A+Bz^{-1}}{1-2r\cos\theta z^{-1}+r^2 z^{-2}}$$

式中，A、B、r、θ 均是 ω_c 的函数，也即 $H(z)$ 仅与 Ω_c、T 有关，且仅与 $\Omega_c T$ 的乘积有关，因此，不同应用下的滤波器只要 $\Omega_c T$ 相同，就可使用同一个数字滤波器。例如，$f_c = 1$ kHz、$f_s = 4$ kHz 与 $f_c = 10$ kHz、$f_s = 40$ kHz 的 ω_c 相同，因此如通带波纹、止带最小衰减的指标相同，就可使用同一个数字滤波器。

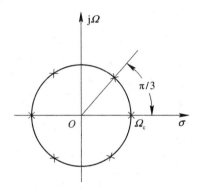

图 5.3 - 4　例 5.3 - 1 的极点图

此例中，若 $\omega_c = \Omega_c T = 2\pi f_c \cdot \dfrac{1}{f_s} = 0.5\pi$，计算可得

$$H(z) = \frac{1.571}{1-0.2079z^{-1}} + \frac{-1.571+0.5541z^{-1}}{1-0.1905z^{-1}+0.2079z^{-2}}$$

这是一个一阶节与一个二阶节的并联，可采用第 3 章所介绍的并联结构实现，至于二阶节采用何种结构，还需根据有限精度实现时极点位置的可能误差确定。

【例 5.3 - 2】　设模拟滤波器的系统函数为

$$H_a(s) = \frac{2}{s^2+4s+3} = \frac{1}{s+1} - \frac{1}{s+3}$$

试利用冲激响应不变法将 $H_a(s)$ 转换成 IIR 数字滤波器的系统函数 $H(z)$。

【解】　直接利用式 (5.3 - 13) 所示的极点映射规律，可得到数字滤波器的系统函数为

$$H(z) = \frac{T}{1-z^{-1}e^{-T}} - \frac{T}{1-z^{-1}e^{-3T}} = \frac{Tz^{-1}(e^{-T}-e^{-3T})}{1-z^{-1}(e^{-T}+e^{-3T})+z^{-2}e^{-4T}}$$

设 $T=1$，则有

$$H(z) = \frac{0.318z^{-1}}{1-0.4177z^{-1}+0.01831z^{-2}}$$

模拟滤波器的频率响应 $H_a(j\Omega)$ 以及数字滤波器的频率响应 $H(e^{j\omega})$ 分别为

$$H_a(j\Omega)=\frac{2}{(3-\Omega^2)+j4\Omega}$$

$$H(e^{j\omega})=\frac{0.3181e^{-j\omega}}{1-0.4177e^{-j\omega}+0.01831e^{-j2\omega}}$$

图 5.3-5 中画出了 $|H_a(j\Omega)|$ 和 $|H(e^{j\omega})|$，由图可看出，由于 $H_a(j\Omega)$ 不是充分限带的，所以 $H(e^{j\omega})$ 在较高的频率处产生了严重的频谱混叠失真，即使在 $\omega=\pi$ 时仍不能有很大的衰减，从而使得通过冲激响应不变设计所得到的数字滤波器无法使用。

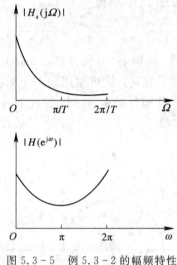

图 5.3-5　例 5.3-2 的幅频特性

4. 优点与缺点

冲激响应不变法保证了数字滤波器的单位采样响应是模拟滤波器的单位冲激响应的采样序列，因此时域性能良好。此外，模拟域频率 Ω 与数字域频率 ω 之间呈线性关系 $\omega=\Omega \cdot T$，因而一个相位特性较好的模拟滤波器通过冲激响应不变法得到的数字滤波器仍能保持这种较好的相位特性。

冲激响应不变法的最大缺点是无法避免频谱混叠现象，这一缺点限制了它只能适用于限带充分的模拟滤波器。对于限带不够充分的情况，虽可通过添加一个保护滤波器使其成为限带较好的滤波器，然后再采用冲激响应不变法转换为相应的数字滤波器，但这样做将会增加设计的复杂性，不甚实用。

5.3.2　双线性变换

1. 设计思路

双线性变换是另一种得到广泛使用的 IIR 数字滤波器设计方法，其基本出发点仍然是寻找将 $H_a(s)$ 转化为 $H(z)$ 的方法。

$H_a(s)$ 是 s 的有理分式函数，可表示为

$$H_a(s)=\frac{b_0s^M+b_1s^{M-1}+\cdots+b_M}{s^N+a_1s^{N-1}+\cdots+a_N}\qquad M\leqslant N \qquad\qquad(5.3-17)$$

实现时并不使用微分器 s，而使用积分器 $1/s$。将上式的分子分母同除以 s^N 得

$$H_a(s)=\frac{b_0+b_1\dfrac{1}{s}+\cdots+b_M\dfrac{1}{s^M}}{1+a_1\dfrac{1}{s}+\cdots+a_N\dfrac{1}{s^N}}\cdot\frac{1}{s^{N-M}} \quad\quad (5.3-18)$$

其中，$1/s^k$ 表示 k 个积分器 $1/s$ 的级联。为方便计，不妨设 $M=N$，则式 (5.3-18) 的直接实现结构如图 5.3-6 所示。

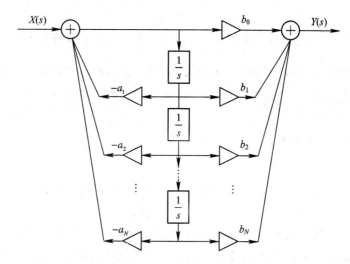

图 5.3-6 $H_a(s)$ 的直接实现结构

与数字滤波器的结构相对照，可以看出，在图 5.3-6 所示结构中，仅积分器 $1/s$ 的运算需作改变以适应数字滤波器的要求，而图中的相加器、标量乘法器在数字滤波器中同样存在。为此，以下考察积分器 $1/s$ 的数字仿真器 $H_1(z)$。

如图 5.3-7 所示，由于 $u(t)\leftrightarrow 1/s$，因此积分器的单位冲激响应为 $h(t)=u(t)$。于是，对于任意输入 $x(t)$，积分器的输出为

$$y(t)=x(t)*u(t)=\int_{-\infty}^{\infty}x(\tau)u(t-\tau)\mathrm{d}\tau=\int_{-\infty}^{t}x(\tau)\mathrm{d}\tau \quad\quad (5.3-19)$$

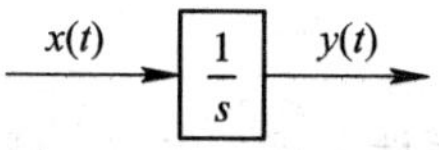

$$x(t) \longrightarrow \boxed{\dfrac{1}{s}} \longrightarrow y(t)$$

图 5.3-7 积分器框图

对于 $t_1<t<t_2$，有

$$y(t_2)-y(t_1)=\int_{t_1}^{t_2}x(\tau)\mathrm{d}\tau\approx\frac{t_2-t_1}{2}\left[x(t_1)+x(t_2)\right] \quad\quad (5.3-20)$$

取 $t_2=nT$，$t_1=(n-1)T$，则有

$$y(nT)-y(nT-T)\approx\frac{T}{2}\left[x(nT)+x(nT-T)\right] \quad\quad (5.3-21)$$

在上式中，用数字序列符号 $x(n)$ 和 $y(n)$ 代替 $x(nT)$ 和 $y(nT)$，两边取 Z 变换后即可得到积分器 $1/s$ 的数字仿真器 $H_1(z)$ 为

$$H_1(z)=\frac{Y(z)}{X(z)}=\frac{T}{2}\frac{1+z^{-1}}{1-z^{-1}} \qu\quad\quad (5.3-22)$$

因此，如将模拟系统中的 $1/s$ 以 $\dfrac{T}{2}\cdot\dfrac{1+z^{-1}}{1-z^{-1}}$ 替换，就得到了原模拟滤波器在变换：

$$\frac{1}{s}=\frac{T}{2}\frac{1+z^{-1}}{1-z^{-1}}\quad\text{或}\quad s=\frac{2}{T}\cdot\frac{1-z^{-1}}{1+z^{-1}} \tag{5.3-23}$$

下的数字滤波器，也即

$$H(z)=H_a(s)\,\big|_{s=\frac{2}{T}\cdot\frac{1-z^{-1}}{1+z^{-1}}} \tag{5.3-24}$$

2. 性能分析

(1) $s=\dfrac{2}{T}\cdot\dfrac{1-z^{-1}}{1+z^{-1}}$ 是一双线性变换，请注意，尽管名称中有"线性"字样，但这是一有理变换，是非线性的。"双线性"指的是在此变换下，s 的有理分式函数仍得到 z^{-1} 的有理分式函数，反之亦然。这样，在此变换下，s 的有理分式函数可以保证得到 z^{-1} 的有理分式函数，符合 $H(z)$ 所应满足的要求。

(2) 对于 z 平面上的单位圆 $z=\mathrm{e}^{\mathrm{j}\omega}(0\leqslant\omega\leqslant 2\pi)$ 有

$$s=\frac{2}{T}\cdot\frac{1-\mathrm{e}^{-\mathrm{j}\omega}}{1+\mathrm{e}^{-\mathrm{j}\omega}}=\frac{2}{T}\cdot\mathrm{j}\,\frac{\sin\left(\dfrac{\omega}{2}\right)}{\cos\left(\dfrac{\omega}{2}\right)}=\mathrm{j}\,\frac{2}{T}\tan\left(\frac{\omega}{2}\right) \tag{5.3-25}$$

这是一个纯虚数，也即 $s=\mathrm{j}\Omega(-\infty<\Omega<+\infty)$。这表明 s 平面上的虚轴被映射为 z 平面上的单位圆。而从映射的走向可见，s 平面上的左半平面被映射至 z 平面上的单位圆内，故在此变换下，稳定的 $H_a(s)$ 被转换成稳定的 $H(z)$。实际上，如果将式(5.3-23)表达为 z 关于 s 的函数，就可以发现当 $\mathrm{Re}(s)<0$ 时，相应的 $|z|<1$。读者对此可自行验证。

(3) 由式(5.3-25)可得模拟频率 Ω 与数字频率 ω 的关系为

$$\Omega=\frac{2}{T}\tan\left(\frac{\omega}{2}\right) \tag{5.3-26}$$

这是一个一一对应的变换，$\Omega\to+\infty$ 相当于 $\omega\to\pi$，$\Omega\to-\infty$ 相当于 $\omega\to-\pi$，因此在此变换下不会有频率混叠现象出现。但由式(5.3-26)可见，模拟频率与数字频率之间存在着严重的非线性关系。

这一关系也可解释为频率的非线性压缩。先将 s 域中整个虚轴 $\mathrm{j}\Omega$ 及左半平面压缩到 s_1 平面上 $-\pi/T\sim\pi/T$ 之间的横带内，再用 $z=\mathrm{e}^{s_1 T}$ 将 s_1 平面上的虚轴及其左侧横带区域转换到 z 平面上，如图 5.3-8 所示。

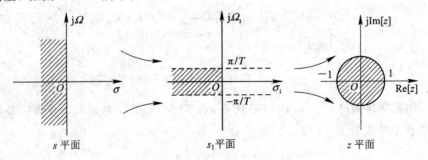

图 5.3-8 双线性变换下的 Ω 与 ω 之间的映射关系

(4) 由于 $\Omega \sim \omega$ 之间不具线性关系，因此 $H(j\Omega)$ 与 $H(e^{j\omega})$ 之间会有频率响应的畸变存在，所以这种方法仅适用于幅度响应为逐段恒定的数字滤波器设计。所谓逐段恒定，就是指某一频率段的幅频响应近似等于某一常数，如近似理想的低通、高通、带通、带阻型频率响应特性。如幅频响应不恒定，变换后的数字滤波器 $H(e^{j\omega})$ 相对于原模拟滤波器 $H_a(j\Omega)$ 会有幅度特性的斜率变化，如图 5.3-9 所示。

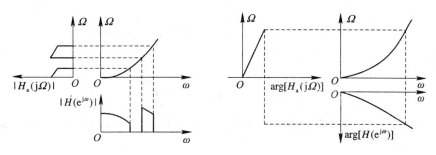

图 5.3-9　双线性变换法的频率畸变

(5) 由于双线性变换法的 $\Omega \sim \omega$ 之间关系不具线性关系，存在着频率畸变，因此在设计滤波器时，需采用频率预畸来加以纠正，也即需要用式(5.3-26)所示的频率关系将数字域设计指标转换成模拟域设计指标，进行频率预畸变，以保证经双线性变换后获得所需设计的数字频率域范围。

3. 设计步骤与举例

双线性变换法中，由于 s 到 z 之间的变换是简单的代数关系，因此在设计和运算上比较直接和简单，可以直接将 $s = \dfrac{2}{T} \cdot \dfrac{1-z^{-1}}{1+z^{-1}}$ 代入 $H_a(s)$ 的表达式得到

$$H(z) = H_a(s) \Big|_{s = \frac{2}{T} \cdot \frac{1-z^{-1}}{1+z^{-1}}} \qquad (5.3-27)$$

这样得到的 $H(z)$ 就是所要设计的数字滤波器。

下面以带通滤波器设计(如图 5.3-10 所示)为例说明双线性变换法的设计步骤。

(1) 频率预畸。

频率预畸需分为两种情况进行：

① 若给出的是所要设计的带通滤波器的数字域频率 ω_1、ω_2、ω_3、ω_4 及采样频率 $1/T$，则可直接使用式(5.3-26)进行频率预畸，也即由下式：

$$\Omega = \frac{2}{T} \tan\left(\frac{\omega}{2}\right)$$

得到预畸的模拟域频率 Ω_1、Ω_2、Ω_3、Ω_4。据此得到的模拟滤波器 $H_a(s)$ 经双线性变换后，就能映射成数字域频率为 ω_1、ω_2、ω_3、ω_4 的数字滤波器 $H(z)$。

② 若给出的是待设计带通滤波器的模拟域频率 f_1、f_2、f_3、f_4 及采样频率 $1/T$，则首先要用 $\omega = 2\pi fT$ 把模拟域中的设计频率转换为数字域频率，然后再利用式(5.3-26)所示的频率关系，也即

$$\Omega = \frac{2}{T} \tan\left(\frac{\omega}{2}\right)$$

把转换得到的数字域频率再次转换为模拟域频率 Ω_1、Ω_2、Ω_3、Ω_4。这样得到的模拟滤波器 $H_a(s)$ 经双线性变换后，才能映射成数字域频率为 ω_1、ω_2、ω_3、ω_4 的数字滤波器 $H(z)$，符合最初给定的模拟域设计频率 f_1、f_2、f_3、f_4。

(2) 按 Ω_1、Ω_2、Ω_3、Ω_4 等指标设计模拟滤波器 $H_a(s)$。

(3) 将 $s = \dfrac{2}{T} \cdot \dfrac{1-z^{-1}}{1+z^{-1}}$ 代入 $H_a(s)$，得到所设计的 $H(z)$ 为

$$H(z) = H_a(s) \mid_{s=\frac{2}{T} \cdot \frac{1-z^{-1}}{1+z^{-1}}} = H_a\left(\frac{2}{T} \cdot \frac{1-z^{-1}}{1+z^{-1}}\right)$$

其频率响应为

$$H(e^{j\omega}) = H_a(j\Omega) \mid_{\Omega = \frac{2}{T}\tan(\frac{\omega}{2})} = H_a\left[j\frac{2}{T}\tan\left(\frac{\omega}{2}\right)\right]$$

显然，在将 $H_a(s)$ 转换为 $H(z)$ 时，双线性变换法比前一节介绍的脉冲响应不变法设计滤波器更为方便。

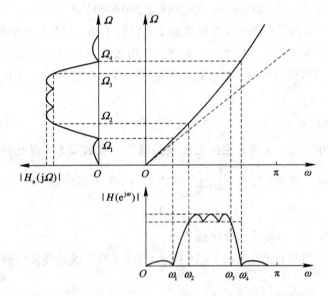

图 5.3-10 带通滤波器双线性变换时的频率预畸

【**例 5.3-3**】 设计一个一阶数字低通滤波器，3 dB 截止频率为 $\omega_c = 0.25\pi$，将双线性变换应用于下面的模拟巴特沃斯滤波器：

$$H_a(s) = \frac{1}{1+(s/\Omega_c)}$$

【**解**】 数字低通滤波器的截止频率为 $\omega_c = 0.25\pi$，相应的巴特沃斯模拟滤波器的 3 dB 截止频率是 Ω_c，故有

$$\Omega_c = \frac{2}{T}\tan\left(\frac{\omega_c}{2}\right) = \frac{2}{T}\tan\left(\frac{0.25\pi}{2}\right) = \frac{0.828}{T}$$

模拟滤波器的系统函数为

$$H_a(s) = \frac{1}{1+\dfrac{s}{\Omega_c}} = \frac{1}{1+\dfrac{sT}{0.828}}$$

将双线性变换应用于模拟滤波器，有

$$H(z) = H_a(s)\Big|_{s=\frac{2}{T}\frac{1-z^{-1}}{1+z^{-1}}} = \cfrac{1}{1 + \cfrac{2}{0.828}\left(\cfrac{1-z^{-1}}{1+z^{-1}}\right)}$$

$$= 0.2920\,\frac{1+z^{-1}}{1-0.4159z^{-1}}$$

此题提示了，在将模拟滤波器的系统函数 $H_a(s)$ 转换为数字滤波器系统函数 $H(z)$ 这个步骤中，参数 T 并不参与最终的设计结果。也即，在双线性变换法中用 $s = \dfrac{1-z^{-1}}{1+z^{-1}}$，$\Omega = \tan\left(\dfrac{\omega}{2}\right)$ 进行上述转换与用 $s = \dfrac{2}{T}\dfrac{1-z^{-1}}{1+z^{-1}}$，$\Omega = \dfrac{2}{T}\tan\left(\dfrac{\omega}{2}\right)$ 进行转换得到的结果一致。

【例 5.3 - 4】　用双线性变换法设计一个三阶巴特沃斯数字低通滤波器，采样频率为 $f_s = 4\ \text{kHz}$（即采样周期为 $T = 250\ \mu s$），其 3 dB 截止频率为 $f_c = 1\ \text{kHz}$。三阶模拟巴特沃斯滤波器为

$$H_a(s) = \cfrac{1}{1 + 2\left(\dfrac{s}{\Omega_c}\right) + 2\left(\dfrac{s}{\Omega_c}\right)^2 + \left(\dfrac{s}{\Omega_c}\right)^3}$$

【解】　首先，确定数字域截止频率为

$$\omega_c = 2\pi f_c T = 0.5\pi$$

第二步，频率预畸：

$$\Omega_c = \frac{2}{T}\tan\left(\frac{\omega_c}{2}\right) = \frac{2}{T}\tan\left(\frac{0.5\pi}{2}\right) = \frac{2}{T}$$

第三步，将 Ω_c 代入三阶模拟巴特沃斯滤波器 $H_a(s)$，得

$$H_a(s) = \cfrac{1}{1 + 2\left(\dfrac{sT}{2}\right) + 2\left(\dfrac{sT}{2}\right)^2 + \left(\dfrac{sT}{2}\right)^3}$$

最后，将双线性变换关系代入就得到数字滤波器的系统函数：

$$H(z) = H_a(s)\Big|_{s=\frac{2}{T}\frac{1-z^{-1}}{1+z^{-1}}}$$

$$= \cfrac{1}{1 + 2\left(\dfrac{1-z^{-1}}{1+z^{-1}}\right) + 2\left(\dfrac{1-z^{-1}}{1+z^{-1}}\right)^2 + \left(\dfrac{1-z^{-1}}{1+z^{-1}}\right)^3}$$

$$= \frac{1}{2}\,\frac{1 + 3z^{-1} + 3z^{-2} + z^{-3}}{3 + z^{-2}}$$

注意，经过频率预畸后设计得到的 $H_a(s)$ 并不是数字滤波器所要模仿的截止频率为 $f_c = 1\ \text{kHz}$ 的滤波器，它只是由低通模拟滤波器变换到数字滤波器这一过程中的一个中间变换。

图 5.3 - 11 给出了采用双线性变换法得到的三阶巴特沃斯数字低通滤波器的幅频特性。由图可知，由于频率的非线性变换，使截止区的衰减越来越快。最后在折叠频率处形成一个三阶传输零点。这个三阶零点正是模拟滤波器在 $\Omega_c = \infty$ 处的三阶传输零点通过映射形成的。

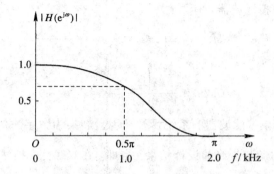

图 5.3-11　用双线性变换法设计得到的三阶巴特沃斯数字低通滤波器的频率响应

5.4　有限冲激响应滤波器的设计

　　有限冲激响应滤波器也称有限长冲激响应滤波器或有限长脉冲响应滤波器,通常简称为 FIR 滤波器。与 IIR 滤波器相比,FIR 滤波器有着两个突出的优点,第一个优点是,在滤波器的单位采样响应满足一定的对称条件时,FIR 滤波器可以具有线性相位的性质,也即滤波器的相位特性是 ω 的线性函数。线性相位滤波器的优点是,信号 $x(n)$ 通过这样的系统时,构成 $x(n)$ 的所有频率分量均产生相同的延迟,从而不存在相位失真,这是 IIR 滤波器无法做到的。正因为此,在设计 FIR 滤波器时,也总是按线性相位滤波器进行设计的。FIR 滤波器的另一个突出优点是,它不存在非零极点,所以可以采用非递归结构。这样,在用有限精度对其实现时,就不存在极点位置变动问题,从而始终是稳定的。

　　由于上述两个突出优点,FIR 滤波器比 IIR 滤波器得到了更广泛的应用。在这一节中,我们将对 FIR 滤波器的一些最基本知识进行介绍,并对两种常用的 FIR 滤波器设计方法作比较深入的分析。这两种方法是:傅里叶变换加窗也即通常所称的窗法;频率采样设计法。在此基础上,读者应能根据日后的工作需要,自行学会更多的设计方法。

5.4.1　FIR 滤波器的线性相位性质

　　一个单位采样响应长度为 N 点的因果 FIR 滤波器的系统函数为

$$H(z) = \sum_{n=0}^{N-1} h(n) z^{-n} \qquad (5.4-1)$$

在一定条件下,其频率特性可具有以下形式:

$$H(e^{j\omega}) = |H(e^{j\omega})| e^{-j\omega\alpha} \qquad (5.4-2)$$

其相位

$$\arg[H(e^{j\omega})] = -\omega\alpha \qquad (5.4-3)$$

是 ω 的线性函数,故称其具有线性相位(延迟)特性。

　　在实际应用中,FIR 滤波器的频率特性常采用下面的表示形式:

$$H(e^{j\omega}) = A(\omega) e^{-j(\alpha\omega-\beta)} \qquad (5.4-4)$$

其中,$A(\omega)$ 是幅度函数,是一个纯实数;$e^{-j\alpha\omega}$ 项是线性相位项;而 $e^{j\beta}$ 项反映了 $A(\omega)$ 的正负符号变化及 $H(e^{j\omega})$ 中可能出现的 $e^{j\pi/2}$ 因子。

为使 $H(e^{j\omega})$ 具有线性相位特性，相应的 $h(n)$ 须具有在区间 $[0，N-1]$ 上的对称性，即

$$h(n)=\pm h(N-1-n) \qquad n=0，1，\cdots，n-1 \qquad (5.4-5)$$

式中有"±"号，当取"+"号时，$h(n)$ 满足 $h(n)=h(N-1-n)$ 偶对称；当取"-"号时，$h(n)$ 满足 $h(n)=-h(N-1-n)$ 奇对称。无论 N 为奇数还是偶数，对称轴均为 $n=(N-1)/2$。

5.4.2　线性相位 FIR 滤波器及其 $h(n)$ 的对称性

由于 $h(n)$ 有上述奇对称和偶对称两种对称情况，而 $h(n)$ 的长度 N 又有偶数或奇数两种情况，因此，具有线性相位特性的 FIR 滤波器的 $h(n)$ 存在着四种对称性情况（四种类型），表 5.4-1 中列出了这四种类型的 FIR 数字滤波器 $h(n)$。

表 5.4-1　四种类型线性相位滤波器

5.4.3 四种对称性下的频率特性

下面按表 5.4 - 1 所列出的四种情况，分别讨论线性相位 FIR 滤波器幅度响应特性 $H(e^{j\omega})$。

1. $h(n)$ 为偶对称，N 为奇数

通常称此情况为第 Ⅰ 类线性相位特性 FIR 滤波器，也可称为 Ⅰ 型线性相位特性 FIR 滤波器。

此时 $h(n)$ 的对称性为 $h(n) = h(N-1-n)$，$\dfrac{N-1}{2}$ 为整数，对称轴上 $h\left(\dfrac{N-1}{2}\right)$ 存在且可以为任何实数。因此有

$$
\begin{aligned}
H(e^{j\omega}) &= \sum_{n=0}^{\frac{N-3}{2}} h(n)e^{-j\omega n} + \sum_{n=\frac{N+1}{2}}^{N-1} h(n)e^{-j\omega n} + h\left(\frac{N-1}{2}\right)e^{-j\omega\left(\frac{N-1}{2}\right)} \\
&= \sum_{n=0}^{\frac{N-3}{2}} h(n)e^{-j\omega n} + \sum_{r=0}^{\frac{N-3}{2}} h(N-1-r)e^{-j\omega(N-1-r)} + h\left(\frac{N-1}{2}\right)e^{-j\omega\left(\frac{N-1}{2}\right)} \\
&= \sum_{n=0}^{\frac{N-3}{2}} h(n)\left[e^{-j\omega n} + e^{-j\omega(N-1-n)}\right] + h\left(\frac{N-1}{2}\right)e^{-j\omega\left(\frac{N-1}{2}\right)} \\
&= e^{-j\omega\left(\frac{N-1}{2}\right)}\left\{h\left(\frac{N-1}{2}\right) + 2\sum_{n=0}^{\frac{N-3}{2}} h(n)\cos\left[\omega\left(n-\frac{N-1}{2}\right)\right]\right\} \\
&= A(\omega)e^{-j\alpha\omega}
\end{aligned}
\tag{5.4-6}
$$

由此可知，$H(e^{j\omega})$ 具有线性相位特性，相位 $\varphi(\omega)$ 为 $-\omega\left(\dfrac{N-1}{2}\right)$，$A(\omega)$ 是一实函数，在其符号改变时，将引入一个相位为 π 的相位跳变。

为便于表达这四种类型的线性相位 FIR 滤波器，对 $A(\omega)$ 和 $\varphi(\omega)$ 用数字加以数字下标，Ⅰ 型线性相位 FIR 滤波器用数字 1 表示，依次类推。这样，Ⅰ 型线性相位 FIR 滤波器的幅度响应为

$$
A_1(\omega) = h\left(\frac{N-1}{2}\right) + 2\sum_{n=0}^{\frac{N-3}{2}} h(n)\cos\left[\omega\left(n-\frac{N-1}{2}\right)\right]
\tag{5.4-7}
$$

相位响应为

$$
\varphi_1(\omega) = -\left(\frac{N-1}{2}\right)\omega
\tag{5.4-8}
$$

令 $m = \dfrac{N-1}{2} - n$，式(5.4 - 7)可写为

$$
A_1(\omega) = h\left(\frac{N-1}{2}\right) + \sum_{m=1}^{\frac{N-3}{2}} 2h(m)\cos\left[\omega\left(m-\frac{N-1}{2}\right)\right]
$$

令

$$
a(m) = \begin{cases}
h\left(\dfrac{N-1}{2}\right) & m = 0 \\[2mm]
2h\left(\dfrac{N-1}{2} - m\right) & 1 \leqslant m \leqslant \dfrac{N-1}{2}
\end{cases}
$$

则式(5.4-7)简化为

$$A_1(\omega) = \sum_{m=0}^{\frac{N-1}{2}} a(m)\cos(m\omega)$$

可见，$A_1(\omega)$ 具有如下特点：

(1) $A_1(\omega)$ 是 ω 的偶函数，由于 $\dfrac{N-1}{2}$ 为整数，因而其是以 2π 为周期的周期函数。

(2) $\omega=0$ 和 $\omega=\pi$ 时，$A_1(\omega)$ 不必为零。

(3) 由于 $\cos(m\omega)$ 对于 $\omega=0$，π，2π 皆为偶对称，所以幅度函数 $A_1(\omega)$ 对 $\omega=0$，π，2π 也呈偶对称。

图 5.4-1 画出了这种对称性下的 $A_1(\omega)$ 示意图。由图可见，由于 $\omega=0$ 和 $\omega=\pi$ 时，$A_1(\omega)$ 不必为零，Ⅰ型滤波器可以用作低通、高通、带通和带阻等各种情况下的选频滤波器。

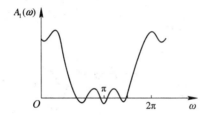

图 5.4-1　Ⅰ型线性相位 FIR 滤波器幅度函数

Ⅰ型线性相位 FIR 滤波器的系统函数 $H(z)$ 可容易地从 $H(\mathrm{e}^{\mathrm{j}\omega})$ 的结构得到：

$$H(z) = \sum_{n=0}^{\frac{N-3}{2}} h(n)\left[z^{-n} + z^{-(N-1-n)}\right] + h\left(\frac{N-1}{2}\right)z^{-\frac{N-1}{2}} \tag{5.4-9}$$

对于其它各类线性相位 FIR 滤波器，系统函数 $H(z)$ 也同样可以很容易地从 $H(\mathrm{e}^{\mathrm{j}\omega})$ 的结构得到。读者可对以下各类线性相位 FIR 滤波器，仿照式(5.4-9)的得到方式，自行写出它们的系统函数。

2. $h(n)$ 为偶对称，N 为偶数

这是第Ⅱ类也即Ⅱ型线性相位特性 FIR 滤波器。

推导过程与第Ⅰ类线性相位特性 FIR 滤波器类似，可以得到

$$H(\mathrm{e}^{\mathrm{j}\omega}) = \mathrm{e}^{-\mathrm{j}\omega\left(\frac{N-1}{2}\right)}\left\{2\sum_{n=0}^{\frac{N-3}{2}} h(n)\cos\left[\omega\left(\frac{N-1}{2}-n\right)\right]\right\} \tag{5.4-10}$$

注意，第Ⅱ类线性相位 FIR 滤波器的相位响应与第Ⅰ类相同：

$$\varphi_2(\omega) = -\left(\frac{N-1}{2}\right)\omega$$

幅度响应为

$$A_2(\omega) = \sum_{m=1}^{\frac{N}{2}} b(m)\cos\left[\omega\left(m-\frac{1}{2}\right)\right]$$

其中，

$$b(m) = 2h\left(\frac{N}{2}-m\right) \qquad 1\leqslant m\leqslant\frac{N}{2}$$

由于 N 为偶数,$\dfrac{N-1}{2}$ 为非整数, 故 $h\left(\dfrac{N-1}{2}\right)$ 不存在。

$A_2(\omega)$ 的特点为:

(1) $A_2(\omega)$ 是 ω 的偶函数, 由于 $\dfrac{N-1}{2}$ 非整数, 故其是以 4π 为周期的周期函数。

(2) 当 $\omega=0$ 时, $A_2(\omega)$ 不必为零, 当 $\omega=\pi$ 时, 由于 $\cos\left[\omega\left(m-\dfrac{1}{2}\right)\right]=\sin(m\pi)=0$, 所以 $A_2(\pi)=0$。这相当于 $H(z)$ 在 $z=-1$ 处有一个零点。

(3) 由于 $\cos\left[\omega\left(m-\dfrac{1}{2}\right)\right]$ 对 $\omega=\pi$ 奇对称, 所以 $A_2(\omega)$ 对 $\omega=\pi$ 奇对称, 对 $\omega=0$, 2π 呈偶对称。

图 5.4-2 画出了这种情况下 $A_2(\omega)$ 的示意图。由于 $A_2(\pi)=0$, 故第 Ⅱ 类滤波器不能用作高通和带阻型选频滤波器。

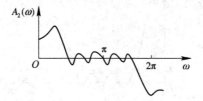

图 5.4-2 Ⅱ 型线性相位滤波器幅度函数

3. $h(n)$ 为奇对称, N 为奇数

这是第 Ⅲ 类也即 Ⅲ 型线性相位特性 FIR 滤波器。

推导过程与前类似, 可以得到

$$H(e^{j\omega}) = e^{-j\omega\left(\frac{N-1}{2}\right)} \cdot j\left\{2\sum_{n=0}^{\frac{N-3}{2}}h(n)\sin\left[\omega\left(\frac{N-1}{2}-n\right)\right]\right\} \qquad (5.4-11)$$

相位响应为

$$\varphi_3(\omega) = -\left(\frac{N-1}{2}\right)\omega + \frac{\pi}{2}$$

由于 $h(n)$ 奇对称, 由 $h(n)=-h(N-1-n)$ 可推得

$$h\left(\frac{N-1}{2}\right) = -h\left(N-1-\frac{N-1}{2}\right) = -h\left(\frac{N-1}{2}\right)$$

所以

$$h\left(\frac{N-1}{2}\right) = 0$$

也即 $h(n)$ 在对称轴上这一点处的取值必须为零。

第 Ⅲ 类线性相位特性 FIR 滤波器的幅度响应为

$$A_3(\omega) = \sum_{m=1}^{\frac{N-1}{2}}c(m)\sin(m\omega)$$

其中,

$$c(m) = 2h\left(\frac{N-1}{2}-m\right) \qquad 1\leqslant m\leqslant\frac{N-1}{2}$$

$A_3(\omega)$ 的特点为：

(1) $A_3(\omega)$ 是 ω 的奇函数，由于 $\dfrac{N-1}{2}$ 为整数，因而其是以 2π 为周期的周期函数。

(2) 由于 $\sin(n\omega)$ 在 $\omega=0$，π，2π 时都为零，因此 $A_3(\omega)$ 在 $\omega=0$，π，2π 时都必有 $A_3(\omega)=0$。也即，当 $z=\pm 1$ 时，$H(z)=0$。

(3) 由于 $\sin(n\omega)$ 在 $\omega=0$，π，2π 时都呈奇对称，故 $A_3(\omega)$ 关于 $\omega=0$，π，2π 也是奇对称的。

图 5.4 - 3 画出了 $A_3(\omega)$ 的示意图。由于 $\omega=0$，π 时，均有 $A_3(\omega)=0$，所以这类滤波器不适用于低通、高通和带阻型选频滤波器。

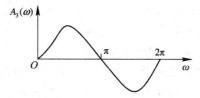

图 5.4 - 3　Ⅲ 型线性相位滤波器幅度函数

4. $h(n)$ 为奇对称，N 为偶数

这是第 Ⅳ 类也即 Ⅳ 型线性相位特性 FIR 滤波器。

类似推导得到

$$H(\mathrm{e}^{\mathrm{j}\omega}) = \mathrm{e}^{-\mathrm{j}\omega\left(\frac{N-1}{2}\right)} \cdot \mathrm{j}\left\{2\sum_{n=0}^{\frac{N-3}{2}} h(n)\sin\left[\omega\left(\frac{N-1}{2}-n\right)\right]\right\} \tag{5.4 - 12}$$

其相位响应与第 Ⅲ 类滤波器相同：

$$\varphi_3(\omega) = -\left(\frac{N-1}{2}\right)\omega + \frac{\pi}{2}$$

而幅度响应为

$$A_4(\omega) = \sum_{m=1}^{\frac{N}{2}} d(m)\sin\left[\left(m-\frac{1}{2}\right)\omega\right]$$

其中，

$$d(m) = 2h\left(\frac{N}{2}-m\right) \qquad 1 \leqslant m \leqslant \frac{N}{2}$$

由此，$A_4(\omega)$ 的特点为：

(1) $A_4(\omega)$ 是 ω 的奇函数，由于 $\dfrac{N-1}{2}$ 非整数，故其是以 4π 为周期的周期函数。

(2) 由于 $\sin\left[\left(m-\dfrac{1}{2}\right)\omega\right]$ 在 $\omega=0$，2π 时为零，所以 $A_4(\omega)\big|_{\omega=0, 2\pi}=0$，相当于 $H(z)$ 在 $z=1$ 处为零点。

(3) 在 $\omega=\pi$ 时，由于 $\sin\left[\left(m-\dfrac{1}{2}\right)\pi\right]=-\cos(m\pi)=\pm 1$，$A_4(\omega)$ 不必为零，故 $A_4(\omega)$ 在 $\omega=\pi$ 处呈偶对称。

图 5.4 - 4 是幅度响应 $A_4(\omega)$ 的示意图。由于 $A_4(0)=0$，所以这类滤波器不能用作低通和带阻型选频滤波器。

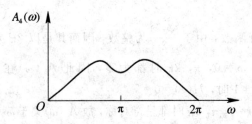

图 5.4 - 4 Ⅳ型线性相位滤波器幅度函数

通过上面的分析推导，我们可以得出结论，为使 FIR 滤波器具备线性相位特性，其单位采样响应 $h(n)$ 必须满足关于 $n=(N-1)/2$ 具有对称性这个约束条件。在下面两节有关 FIR 滤波器设计的讨论中，我们都将涉及到对称性并用到上述结论。

此外，从上面对四类线性相位 FIR 滤波器的分析中可以看出，根据它们的幅度特性，在低通、高通、带通和带阻四种选频滤波器中各有其适用范围。其中，以第 Ⅰ 类线性相位 FIR 滤波器的适用范围最广，可以用作低通、高通、带通和带阻等四种选频滤波器的任何一种；第 Ⅱ 类滤波器不能用作高通和带阻型选频滤波器；第 Ⅲ 类滤波器不适用于低通、高通和带阻型选频滤波器；而第 Ⅳ 类线性相位特性 FIR 滤波器则不能用作低通和带阻型选频滤波器。

5.4.4 FIR 滤波器的傅里叶级数展开加窗法设计

1. 设计方法

用傅里叶变换加窗这个方法也即通常所称的窗法设计线性相位 FIR 滤波器是一个得到广泛使用的滤波器逼近方法，它有着原理清晰、方法简单的优点。

设所希望得到的理想频率特性为 $H_d(e^{j\omega})$，其单位采样响应为 $h_d(n)$，则有

$$H_d(e^{j\omega}) = \sum_{n=-\infty}^{+\infty} h_d(n)e^{-j\omega n} \tag{5.4-13}$$

现欲用一个 FIR 滤波器来逼近 $H_d(e^{j\omega})$，也即构成

$$H(e^{j\omega}) = \sum_{n=0}^{N-1} a_n e^{-j\omega n} \tag{5.4-14}$$

使得 $H(e^{j\omega})$ 尽可能逼近 $H_d(e^{j\omega})$。

工程上常使用均方误差最小准则，由此，问题转化为选取合适的 a_n 以使理想频率特性 $H_d(e^{j\omega})$ 与实际频率特性之间的均方误差：

$$J_e = \int_{-\pi}^{\pi} |H_d(e^{j\omega}) - H(e^{j\omega})|^2 d\omega \tag{5.4-15}$$

为最小。

注意到 $H_d(e^{j\omega})$ 是 ω 的周期为 2π 的周期函数，则式(5.4-13)实际上就是傅里叶级数展开式，也即 $H_d(e^{j\omega})$ 可写为

$$H_d(e^{j\omega}) = \sum_{n=-\infty}^{+\infty} C_n e^{jn\Omega\omega} \tag{5.4-16}$$

其中，$\Omega = \dfrac{2\pi}{2\pi} = 1$。

根据傅里叶级数理论，用有限项正弦函数表达周期函数时，使均方误差最小的系数就

是傅里叶级数展开式的系数，也即

$$h_d(n)=a_n=C_n \tag{5.4-17}$$

但这样做的后果是，截取有限项级数来逼近周期函数会在 $H_d(e^{j\omega})$ 的间断点处产生吉布斯振荡。因为从时域而言，截取有限项傅里叶级数相当于用一个矩形窗与无限项 $h_d(n)$ 相乘，而在频域则对应了 $H_d(e^{j\omega})$ 与矩形窗频谱之间的卷积。类似的情况在第 4 章 DFT 的频谱分析讨论泄漏时已经进行过分析。改善的方法是不使用矩形窗而改用其它时窗，如前面已经介绍过的汉宁、海明、凯塞窗等。

以下通过一个实例来说明。

要求数字滤波器具线性相位，并尽可能具有如图 5.4-5 所示的理想幅度特性，因此理想频率特性为

$$H_d(e^{j\omega})=\begin{cases} e^{-j\omega\alpha} & |\omega|\leqslant\omega_c \\ 0 & \omega_c<|\omega|\leqslant\pi \end{cases} \tag{5.4-18}$$

式中，α 是一个待定的正实数。

相应的单位采样响应为

$$h_d(n)=\frac{\sin[\omega_c(n-\alpha)]}{\pi(n-\alpha)} \qquad n=0,\ \pm1,\ \pm2\cdots \tag{5.4-19}$$

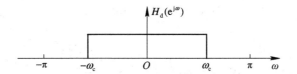

图 5.4-5　理想低通数字滤波器的幅度特性

显然，$h_d(n)$ 的波形图 5.4-6 是一个以正实数 α 为对称中心的偶对称、无限长的非因果序列。为了构造一个长度为 N 点的因果线性相位滤波器，应取 $\alpha=\dfrac{N-1}{2}$，以其为对称中心在其两边各截取长度等于 $\dfrac{N-1}{2}$ 的一段 $h_d(n)$，如图 5.4-6 所示。根据上一节的讨论，可知长度为 N 且具有这种对称性单位采样响应的因果 FIR 滤波器属于第一类或第二类线性相位 FIR 滤波器，线性相移项为 $e^{-j\omega\left(\frac{N-1}{2}\right)}$。要注意的是，在 N 为偶数时，无 $h_d\left(\dfrac{N-1}{2}\right)$ 存在。图 5.4-6 中就是这种情况。

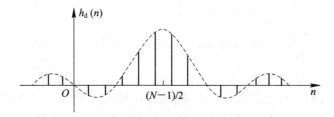

图 5.4-6　理想低通数字滤波器的单位脉冲响应

上述过程的实际操作很简单，就是用矩形窗对 $h_d(n)$ 进行截取，也即构成

$$h(n)=h_d(n)\cdot R_N(n) \tag{5.4-20}$$

图 5.4-7 示出了经矩形窗截取后所得到的有限长因果滤波器的单位采样响应。

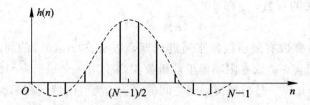

图 5.4 - 7 线性相位的因果 FIR 滤波器单位脉冲响应

这个有限长 FIR 因果滤波器的频率特性为

$$H(e^{j\omega}) = \sum_{n=0}^{N-1} h_d(n) e^{-j\omega n} \approx \sum_{n=-\infty}^{+\infty} h_d(n) e^{-j\omega n}$$

$$= \sum_{n=-\infty}^{+\infty} [h_d(n) R_N(n)] e^{-j\omega n} \tag{5.4-21}$$

式(5.4 - 20)表明,此滤波器的单位采样响应是矩形窗与理想滤波器的 $h_d(n)$ 的乘积,因此有

$$h_d(n) \cdot R_N(n) \leftrightarrow \frac{1}{2\pi} H_d(e^{j\omega}) * W_R(e^{j\omega}) \tag{5.4-22}$$

这就使 $H(e^{j\omega})$ 在 $H_d(e^{j\omega})$ 的间断点 $\omega = \omega_c$ 处会出现吉布斯振荡。

为帮助理解,下面对式(5.4 - 22)右端所示的频域卷积作进一步考察。将

$$H_d(e^{j\omega}) = A_d(\omega) e^{-j(\omega a - \beta)} \tag{5.4-23}$$

以及

$$W_R(e^{j\omega}) = e^{-j\left(\frac{N-1}{2}\omega\right)} \cdot \frac{\sin\left(\frac{\omega N}{2}\right)}{\sin\left(\frac{\omega}{2}\right)} \tag{5.4-24}$$

代入卷积分,利用 $a = \frac{N-1}{2}$,得

$$\frac{1}{2\pi} \int_{-\pi}^{\pi} H_d(e^{j\theta}) W_R(e^{j(\omega-\theta)}) d\theta$$

$$= \frac{1}{2\pi} \int_{-\pi}^{\pi} A_d(\theta) \cdot e^{-j(\theta a - \beta)} \cdot e^{-j\left[\frac{N-1}{2}(\omega-\theta)\right]} \frac{\sin\frac{(\omega-\theta)N}{2}}{\sin\frac{\omega-\theta}{2}} d\theta$$

$$= \frac{1}{2\pi} \int_{-\pi}^{\pi} A_d(\theta) \cdot \frac{\sin\frac{(\omega-\theta)N}{2}}{\sin\frac{\omega-\theta}{2}} d\theta \cdot e^{-j\left(\frac{N-1}{2}\omega-\beta\right)}$$

$$= \frac{1}{2\pi} \int_{-\pi}^{\pi} A_d(\theta) \cdot W_R(\omega-\theta) d\theta \cdot e^{-j\left(\frac{N-1}{2}\omega-\beta\right)}$$

$$= H(\omega) \cdot e^{-j\left(\frac{N-1}{2}\omega-\beta\right)} \tag{5.4-25}$$

式中,$e^{-j\left(\frac{N-1}{2}\omega-\beta\right)}$ 为 $H(e^{j\omega})$ 的相移项,此例中 $\beta=0$,线性相移项为 $e^{-j\left(\frac{N-1}{2}\omega\right)}$。

图 5.4 - 8 示出了式(5.4 - 25)最后一式中的求积部分,这是 $H_d(e^{j\omega})$ 的幅值 $A_d(\omega)$ 与 $W_R(e^{j\omega})$ 的幅值 $W_R(\omega)$ 在频域中的卷积,也就是设计得到的实际 FIR 滤波器的幅值函数。图中还就 ω 等于 $\omega_c - \frac{2\pi}{N}$,$\omega_c$,$\omega_c + \frac{2\pi}{N}$ 等几个特殊点给出了卷积情况,以说明 ω_c 附近的正负肩峰形成过程。

2. 结果分析

由图 5.4-7 可知，理想低通滤波器的单位采样响应经过矩形窗截取后，得到的滤波器频率特性 $H(e^{j\omega})$ 受到了两方面的影响。

（1）与理想特性 $H_d(e^{j\omega})$ 在其间断点 $\omega=\omega_c$ 处出现幅度从 1 到 0 的间断跳变不同，实际滤波器的频率响应 $H(e^{j\omega})$ 的幅值 $H(\omega)$ 在 $\omega=\omega_c$ 附近出现了过渡带。它主要是由窗函数频谱的主瓣引起的，因此过渡带的宽度取决于窗函数主瓣的宽度。用矩形窗作为截取时窗时，此过渡带的理论值为 $\omega_c+\dfrac{2\pi}{N}-\left(\omega_c-\dfrac{2\pi}{N}\right)=\dfrac{4\pi}{N}(\mathrm{rad})$。实际得到的过渡带宽度可以与理论值有所差别，但总与滤波器长度 N 成反比。

（2）滤波器在通带和阻带内均产生了波纹，这种现象称为吉布斯振荡，是由矩形窗函数的频谱旁瓣造成的。在 N 较大时，进一步增大 N 不会改变波纹的相对幅度。如设 $\omega=0$ 时的卷积值为 1，由吉布斯效应引入的正负肩峰为 8.95%。

矩形窗截断造成的肩峰值为 8.95%，用分贝表示为 $20\lg(8.95\%)=-21\ \mathrm{dB}$。这意味着用这一方法设计得到的低通滤波器的止带最小衰减为 $-21\ \mathrm{dB}$，这个止带衰减量在实际应用中通常是不能满足应用要求的。

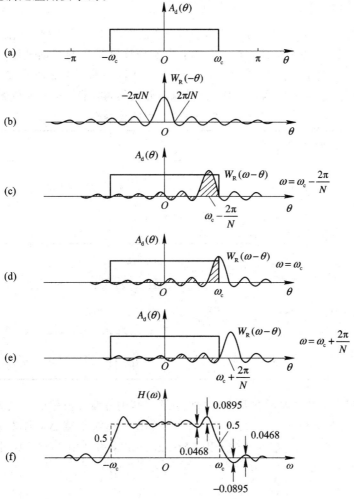

图 5.4-8　矩形窗对理想低通幅频特性的影响

3. 改进措施

要改善由于窗函数频谱对设计的 FIR 滤波器频率特性的不利影响，就需减小窗函数频谱第一旁瓣的过冲(肩峰)幅度，也即需要使用比矩形窗更好的窗函数。这与第 4 章中关于窗函数影响的分析完全相同。

总体而言，对窗函数的要求有两个：① 旁瓣高度尽可能小，即尽可能让能量集中于主瓣，以减少通带和阻带中的波纹；② 主瓣宽度尽量窄，以获得尽可能陡的过渡带。但如第 4 章中所述，这两个要求是互相矛盾的，不可能同时满足。具体来说，降低旁瓣高度必然会使主瓣变宽；反之，压窄主瓣宽度，不可避免地会使旁瓣变高。

以矩形窗为例，在 N 较大时，它的幅度函数为

$$W_R(\omega) = \frac{\sin(\omega N/2)}{\sin(\omega/2)} \approx \frac{\sin(\omega N/2)}{\omega/2} = N\frac{\sin(\omega N/2)}{N\omega/2}$$

$$= N\left(\frac{\sin x}{x}\right) \tag{5.4-26}$$

可以看出，N 较大时，窗函数长度 N 的变化不改变主瓣和旁瓣的相对比例，这个相对比例是由 $\frac{\sin x}{x}$ 决定的($x = \omega N/2$)，与 N 无关。

常用的几种窗函数有广义汉宁、凯塞窗等，在前面第 4 章已详细介绍过。表 5.4-2 列出一些常用的窗函数。但不论使用何种时窗，由于该设计方法的基础是建立在傅里叶级数展开上的，滤波器设计的逼近准则为均方误差准则，而这一准则不能使滤波器逼近误差在滤波器幅度特性的全部频率范围内均匀分配，故基于此法的滤波器设计不能得到最优的滤波器。

表 5.4-2 一些常用的窗函数

矩形窗	$w(n) = R_N(n)$
三角形窗	$w(n) = \begin{cases} \dfrac{2n}{N-1} & 0 \leqslant n \leqslant \dfrac{N-1}{2} \\ 2 - \dfrac{2n}{N-1} & \dfrac{N-1}{2} < n \leqslant N-1 \end{cases}$
汉宁窗	$w(n) = \left[0.5 - 0.5\cos\left(\dfrac{2\pi n}{N-1}\right)\right] R_N(n)$
海明窗	$w(n) = \left[0.54 - 0.46\cos\left(\dfrac{2\pi n}{N-1}\right)\right] R_N(n)$
布拉克曼窗	$w(n) = \left[0.42 - 0.5\cos\left(\dfrac{2\pi n}{N-1}\right) + 0.08\cos\left(\dfrac{4\pi n}{N-1}\right)\right] R_N(n)$

表 5.4-3 示出了六种窗函数基本参数的比较。其中旁瓣峰值幅度定义为窗函数的幅频函数的最大旁瓣的最大值相对主瓣最大值的衰减(dB)；过渡带宽 $\Delta\omega$ 定义为利用该窗函数设计的 FIR 数字滤波器的过渡带带宽；阻带最小衰减定义为利用该窗函数设计的 FIR 数字滤波器的阻带最小衰减。

表 5.4-3　六种窗函数基本参数的比较

窗　函　数	窗谱性能指标		加窗后滤波器性能指标	
	旁瓣峰值 幅度/dB	主瓣宽度/ $(2\pi/N)$	过渡带宽 $\Delta\omega$/ $(2\pi/N)$	阻带最小衰减/ dB
矩形窗	-13	2	0.9	-21
三角形窗	-25	4	2.1	-25
汉宁窗	-31	4	3.1	-44
海明窗	-41	4	3.3	-53
布拉克曼窗	-57	6	5.5	-74
凯塞窗($\beta=7.865$)			5	-80

下面将窗函数法的设计步骤归纳如下：

(1) 给定希望逼近的频率响应函数 $H_d(e^{j\omega})$。

(2) 根据给定的设计指标，如通带起伏和止带最小衰减及过渡带宽度，参照表 5.4-3，选定窗的形状，并估计窗口长度 N。但须注意，在用作高通型选频滤波器时，窗口长度 N 必须选为奇数。而在用作其它类型的选频滤波器时，窗口长度 N 选为奇数或偶数均可。选择窗函数形式的基本原则是，在保证阻带衰减满足要求的情况下，尽量选择主瓣窄的窗函数。

(3) 计算所设计的 FIR 滤波器的单位采样响应 $h(n)=h_d(n)w(n)$。

(4) 由 $h(n)$ 求得所设计的 FIR 滤波器的系统函数 $H(z)=\sum\limits_{n=0}^{N-1}h(n)z^{-n}$。

【例 5.4-1】　根据下面的技术指标设计一个 FIR 线性相位低通滤波器：
$$0.99\leqslant|H(e^{j\omega})|\leqslant1.01 \qquad 0\leqslant|\omega|\leqslant0.19\pi$$
$$|H(e^{j\omega})|\leqslant0.01 \qquad 0.21\pi\leqslant|\omega|\leqslant\pi$$

【解】　止带衰减为 $20\lg(0.01)=-40$ dB，参照表 5.4-3，我们可以选择汉宁窗，也可以采用海明窗。虽然布拉克曼窗提供了更大的止带衰减，但是止带衰减增大是以过渡带宽增加为代价的，故不宜采用。

根据题给设计指标，要求过渡带为
$$\Delta\omega=\omega_s-\omega_p=0.21\pi-0.19\pi=0.02\pi \text{ 或 } \Delta f=0.01$$

由于
$$N\Delta f=3.1$$

根据表 5.4-3，使用汉宁窗时，所需窗口长度为
$$N=\frac{3.1}{\Delta f}=310$$

选定窗函数及窗口长度后，就可对理想低通滤波器的单位采样响应进行加窗计算。

取理想低通滤波器的截止频率为
$$\omega_c=\frac{(\omega_s+\omega_p)}{2}=0.2\pi$$

延时为

$$\alpha = \frac{N}{2} = 155$$

因此单位采样响应是

$$h_d(n) = \frac{\sin[0.2\pi(n-155)]}{(n-155)\pi}$$

汉宁窗为

$$w(n) = \left[0.5 - 0.5\cos\left(\frac{2\pi n}{N-1}\right)\right] R_N(n)$$

因此，所设计的滤波器单位采样响应为

$$h(n) = h_d(n)w(n)$$

频率特性为

$$H(e^{j\omega}) = \sum_{n=0}^{N-1} h(n)e^{-j\omega n}$$

窗法设计的主要优点是简单方便，可以保证得到线性相位的滤波器。窗函数大多有闭式可循，它们的性能、参数也都有表格、资料可供参考，计算机程序编写简便，而且在 MATLAB 中，有现成的滤波器设计函数可以调用，所以很实用。缺点是通带和止带的截止频率与窗函数之间没有解析显式联系，故较难予以控制。

5.4.5 FIR 滤波器的频率采样设计

1. 设计方法

在第 4 章中已经介绍过，一个有限长序列的频率特性与其 DFT 系数具有一一对应的性质，也即

$$H(k) = H(z)\big|_{z=e^{j\frac{2\pi}{N}k}} = H(e^{j\omega})\big|_{\omega=k\frac{2\pi}{N}} = \sum_{n=0}^{N-1} h(n)e^{-j\frac{2\pi}{N}kn} \tag{5.4-27}$$

而在 FIR 滤波器情况下，滤波器的系统函数也可用 DFT 系数表示为

$$H(z) = \frac{1-z^{-N}}{N} \sum_{k=0}^{N-1} \frac{H(k)}{1-e^{j\frac{2\pi}{N}k}z^{-1}} \tag{5.4-28}$$

注意，式(5.4-28)就是第 4 章中已经学过的 FIR 滤波器的频率采样结构表达式(4.1-13)。

因此，若确定出了 DFT 系数值：

$$H(k) = H(e^{j\omega})\big|_{\omega=k\frac{2\pi}{N}} = \hat{H}(j\Omega)\big|_{\Omega=k\frac{2\pi}{NT}}$$

对 N 点 DFT 样本点作反变换(IDFT)，就得到了一个 FIR 滤波器：

$$h(n) = \frac{1}{N} \sum_{k=0}^{N-1} H(k)e^{j\frac{2\pi}{N}kn} \qquad 0 \leqslant n \leqslant N-1 \tag{5.4-29}$$

而 $H(z)$ 即可随之得到。

根据 DFT 定义，$h(n)$ 是将 $h_d(n)$ 进行周期延拓后在主周期内的取值，也即 $h(n)$ 与 $h_d(n)$ 之间的关系为

$$h(n) = \sum_{k=-\infty}^{\infty} h_d(n+kN) \qquad 0 \leqslant n \leqslant N-1 \tag{5.4-30}$$

但在实际应用中，通常只有 $H_\mathrm{d}(\mathrm{e}^{\mathrm{j}\omega})$ 的幅度指标给出，故无法得到 $h_\mathrm{d}(n)$，不能从式 (5.4-30) 求出 $h(n)$。所以不能从上述这个途径进行滤波器设计，而只能通过 (5.4-29) 得到所设计的 FIR 滤波器的 $h(n)$，然后求出其系统函数 $H(z)$。

频率采样 FIR 滤波器设计的步骤如下：

(1) 确定期望的频率特性 $H_\mathrm{d}(\mathrm{e}^{\mathrm{j}\omega})$ 在 $0\sim2\pi$ 之间在等间隔 N 点上的采样值

$$H(k)=H_\mathrm{d}(\mathrm{e}^{\mathrm{j}\omega})\mid_{\omega=k\frac{2\pi}{N}}\qquad k=0,1,\cdots,N-1 \tag{5.4-31}$$

(2) 对这 N 点 DFT 样本点作反变换 (IDFT)，就得到了一个 FIR 滤波器：

$$h(n)=\frac{1}{N}\sum_{k=0}^{N-1}H(k)\mathrm{e}^{\mathrm{j}\frac{2\pi}{N}kn}\qquad 0\leqslant n\leqslant N-1 \tag{5.4-32}$$

相应的系统函数即可得到。

注意，在给出 $H_\mathrm{d}(\mathrm{e}^{\mathrm{j}\omega})$ 的幅度指标后，由于只能从中得到 $H(k)$ 的幅值，所以在上述步骤 (1) 中，必须对每个 $H(k)$ 的幅值配置合理的 θ_k，以使相应的 $h(n)$ 满足在 $[0,N-1]$ 上的对称性，从而保证得到具有线性相位特性的 FIR 滤波器。至于步骤 (2)，则在配置好 θ_k 后，$H(k)$ 即已确定，因此式 (5.4-32) 即可求出。

因此，频率采样法设计线性相位 FIR 滤波器的核心是根据应用要求选择滤波器类型，然后据此对每个 $H(k)$ 的幅值配置相位 θ_k，以确定出 $H(k)$。

在根据 $H(k)$ 的幅值配置好 θ_k 从而确定出 $H(k)$ 后，除了用 4.1.3 节学习过的频率采样结构形式对 FIR 滤波器予以实现外，也可从式 (5.4-32) 所示的滤波器单位采样响应出发，根据式 (5.4-1) 采用直接实现结构形式予以实现。如果用频率采样结构实现，则意味着采用了递归结构，而用直接实现结构时，所采用的是非递归结构。需要注意的是，这里介绍的线性相位 FIR 滤波器的频率采样设计与 4.1.3 节中学过的 FIR 滤波器的频率采样结构所涉及的是不同的概念，此处是指滤波器设计，4.1.3 节中是指 Z 变换的频率采样公式及频率采样滤波器的结构，不要把这些不同的概念混淆起来。

2. 线性相位约束

设计的 FIR 滤波器必须具有线性相位性质，因此由 $H(\mathrm{e}^{\mathrm{j}\omega})$ 采样获得的 $H(k)$ 的幅度与相位一定要满足 5.4.2 节中所给出的四类线性相位滤波器约束条件。

为表达方便起见，这里也使用 $H(\omega)$ 和 $\theta(\omega)$ 分别表示滤波器频率特性 $H(\mathrm{e}^{\mathrm{j}\omega})$ 的幅度特性与相位特性，即

$$H(\mathrm{e}^{\mathrm{j}\omega})=H(\omega)\mathrm{e}^{\mathrm{j}\theta(\omega)} \tag{5.4-33}$$

请读者注意，$H(\mathrm{e}^{\mathrm{j}\omega})$ 的这一表示方式与前面式 (5.4-4) 使用的符号与表达稍有不同，尤其要注意的是相角表达的不同。

将 $H(\mathrm{e}^{\mathrm{j}\omega})$ 的采样值 $H(k)=H(\mathrm{e}^{\mathrm{j}\frac{2\pi}{N}k})$ 也用纯标量的幅值 H_k 与相角 θ_k 表示为

$$H(k)=H(\mathrm{e}^{\mathrm{j}\frac{2\pi}{N}k})=H_k\mathrm{e}^{\mathrm{j}\theta_k} \tag{5.4-34}$$

下面就选择 5.4.2 节中所给出的四类线性相位滤波器时相角 θ_k 的配置进行讨论。

(1) 第 I 类线性相位 FIR 滤波器：$h(n)$ 偶对称，长度 N 为奇数。

前已得到，此类线性相位 FIR 滤波器的相位特性为

$$\theta(\omega)=-\omega\left(\frac{N-1}{2}\right) \tag{5.4-35}$$

在$[0, 2\pi]$区间上等间隔均分的 N 点处，频率值为 $\omega_k = \dfrac{2\pi}{N}k$ $(k=0, 1, 2, \cdots, N-1)$，将 $\omega = \omega_k$ 代入式(5.4-35)，并将相角用 θ_k 表示，可得

$$\theta_k = -\frac{2\pi}{N}k\left(\frac{N-1}{2}\right) = -\pi k\left(1-\frac{1}{N}\right) \tag{5.4-36}$$

这就是用频率采样法设计第 I 类线性相位 FIR 滤波器时的相角配置公式。

由图 5.4-1 所示的此类线性相位特性 FIR 滤波器的幅频特性，可知 $H(\omega)$ 关于 $\omega = 0$，π，2π 为偶对称，也即有

$$H(\omega) = -H(2\pi - \omega) \tag{5.4-37}$$

实际上，由于线性相位特性要求的是 $h(n)$ 在 $[0, N-1]$ 上具有对称性，这一区间在频域上相应于 $[0, 2\pi]$，故只需关注 $H(\omega)$ 关于 $\omega = \pi$ 的对称性。此时，$H(\omega)$ 是偶对称。将 $\omega = \omega_k$ 代入式(5.4-37)，并将幅度用 H_k 表示，可得

$$H_k = H_{N-k} \tag{5.4-38}$$

因此，如果给出的滤波器长度为奇数，而 H_k 具偶对称性质，则相角 θ_k 须按式(5.4-36)的方式进行配置。

(2) 第 II 类线性相位 FIR 滤波器：$h(n)$ 偶对称，长度 N 为偶数。

这一类滤波器的相位特性与第 I 类线性相位 FIR 滤波器的相位特性相同，故相角 θ_k 配置公式仍由式(5.4-36)表达。

根据图 5.4-2 所示的幅度特性，$H(\omega)$ 关于 $\omega = \pi$ 奇对称：

$$H(\omega) = -H(2\pi - \omega) \tag{5.4-39}$$

故 H_k 具有奇对称性，即

$$H_k = -H_{N-k} \tag{5.4-40}$$

因此，如果给出的滤波器长度为偶数，且 H_k 具奇对称性质，则相角 θ_k 也应按式(5.4-36)的方式进行配置。

(3) 第 III 类线性相位 FIR 滤波器：$h(n)$ 奇对称，长度 N 为奇数。

此类滤波器应满足的相位特性比第 I 类和第 II 类滤波器多了一个固定相移项 $\pi/2$，即

$$\theta(\omega) = -\omega\left(\frac{N-1}{2}\right) + \frac{\pi}{2} \tag{5.4-41}$$

故相角 θ_k 应满足：

$$\theta_k = -\frac{2\pi}{N}k\left(\frac{N-1}{2}\right) + \frac{\pi}{2} = -\pi k\left(1-\frac{1}{N}\right) + \frac{\pi}{2} \tag{5.4-42}$$

滤波器的幅度特性 $H(\omega)$ 关于 $\omega = \pi$ 的奇对称，与第 II 类滤波器相同，因此 H_k 具奇对称，即 $H_k = -H_{N-k}$。

故当给出的滤波器长度为奇数，且 H_k 具奇对称性质，则相角 θ_k 应按式(5.4-42)的方式进行配置。

(4) 第 IV 类的线性相位 FIR 滤波器：$h(n)$ 奇对称，长度 N 为偶数。

此类滤波器的相位特性与第 III 类线性相位特性 FIR 滤波器相同，故相角 θ_k 仍由式(5.4-42)表示。

幅度特性 $H(\omega)$ 关于 $\omega = \pi$ 偶对称，与第 I 类滤波器相同，故 H_k 具偶对称性质，即 $H_k = H_{N-k}$。

因此，若给出的滤波器长度为偶数，H_k 具偶对称性质，则相角 θ_k 也按式（5.4-42）的方式进行配置。

在确定了四类线性相位 FIR 滤波器中 $H(k)$ 对相角的配置要求后，就可根据给定条件和应用需求从四类线性相位 FIR 滤波器中选择适宜的滤波器类型，按上一节所述的设计步骤用频率采样法设计出符合需求的线性相位 FIR 滤波器。表 5.4-4 总结了上述四类线性相位 FIR 滤波器的设计情况。

表 5.4-4 四种线性相位 FIR 滤波器的频率采样设计特性

滤波器类型	$h(n)$ 长度 N	$h(n)$ 对称性	H_k 关于 $\omega=\pi$ 的对称性	θ_k 配置	可适用的滤波器类型
I	奇数	偶对称	$H_k = H_{N-k}$，偶对称	$\theta_k = -\pi k\left(1-\dfrac{1}{N}\right)$	低通、高通、带通、带阻等
II	偶数	偶对称	$H_k = -H_{N-k}$，奇对称	$\theta_k = -\pi k\left(1-\dfrac{1}{N}\right)$	低通、带通
III	奇数	奇对称	$H_k = -H_{N-k}$，奇对称	$\theta_k = -\pi k\left(1-\dfrac{1}{N}\right)+\dfrac{\pi}{2}$	带通
IV	偶数	奇对称	$H_k = H_{N-k}$，偶对称	$\theta_k = -\pi k\left(1-\dfrac{1}{N}\right)+\dfrac{\pi}{2}$	高通、带通

下面给出两个例子以说明 FIR 滤波器的频率采样设计方法。

【例 5.4-2】 用频率采样法设计一线性相位滤波器，$N=15$，幅度采样值为

$$H_k = \begin{cases} 1 & k=0 \\ 0.5 & k=1,\ 14 \\ 0 & k=2,\ 3,\ \cdots,\ 13 \end{cases}$$

试设计采样值的相位 θ_k，并求出滤波器的 $h(n)$ 及 $H(e^{j\omega})$ 的表达式。

【解】 从给出的幅度采样值可见，这是一个低通滤波器，题中给出的滤波器长度为 $N=15$，是奇数，而 $H_k = H_{N-k}$，为偶对称，可以看出这符合第 I 类线性相位 FIR 滤波器的要求。所以应按表 5.4-4 中所示或式（5.4-36）对相角 θ_k 进行配置，因此有

$$\theta_k = -k\frac{2\pi}{N}\cdot\frac{N-1}{2} = -k\frac{14\pi}{15} \qquad 0\leqslant k\leqslant 14$$

从而得到此滤波器的单位采样响应为

$$h(n) = \frac{1}{N}\sum_{n=0}^{N-1}H(k)e^{j\frac{2\pi}{N}kn} = \frac{1}{N}\sum_{n=0}^{N-1}H_k e^{j\theta_k}e^{j\frac{2\pi}{N}kn}$$

$$= \frac{1}{15}\left[1 + 0.5e^{j\left(\frac{2\pi}{15}n - \frac{14}{15}\pi\right)} + 0.5e^{j\left(\frac{2\pi}{15}\cdot 14n - \frac{14\pi}{15}\cdot 14\right)}\right]$$

$$= \frac{1}{15}\left[1 - 0.5e^{j\left(\frac{2n\pi}{15}+\frac{\pi}{15}\right)} - 0.5e^{-j\left(\frac{2n\pi}{15}+\frac{\pi}{15}\right)}\right]$$

$$= \frac{1}{15}\left[1 - \cos\left(\frac{2n\pi}{15}+\frac{\pi}{15}\right)\right] \qquad 0\leqslant n\leqslant 14$$

频率特性为

$$H(e^{j\omega}) = \sum_{n=0}^{N-1} h(n)e^{-j\omega n} = \frac{1}{15} \sum_{n=0}^{14} \left[1 - 0.5e^{j\left(\frac{2n\pi}{15} + \frac{\pi}{15}\right)} - 0.5e^{-j\left(\frac{2n\pi}{15} + \frac{\pi}{15}\right)} \right] e^{-j\omega n}$$

$$= \frac{1}{15} \sin\left(\frac{15\omega}{2}\right) \left[\frac{1}{\sin\frac{\omega}{2}} + \frac{0.5}{\sin\left(\frac{\omega}{2} - \frac{\pi}{15}\right)} - \frac{0.5}{\sin\left(\frac{\omega}{2} + \frac{\pi}{15}\right)} \right] e^{-j7\omega}$$

其中，$e^{-j7\omega} = e^{-j\frac{N-1}{2}\omega}$ 是线性相移项，符合第 I 类线性相位 FIR 滤波器的线性相位要求。

在下一小节中将引入频率采样设计法得到的滤波器频率特性 $H(e^{j\omega})$ 的内插公式，借助这个内插公式，可由 $H(k)$ 直接求出 $H(e^{j\omega})$ 而不必需要先求出滤波器的单位采样响应 $h(n)$。读者不妨自行用这个内插公式重新对此例中的频率特性进行计算，并与这里所得结果进行比较。

【例 5.4-3】 用频率采样法设计一个线性相位低通 FIR 数字滤波器，其幅频特性具有理想的矩形特性：

$$|H_d(e^{j\omega})| = \begin{cases} 1 & 0 \leqslant \omega \leqslant \omega_c \\ 0 & 其它 \end{cases}$$

在 $\omega_c = 0.5\pi$，采样点数为奇数 $N = 33$ 的条件下，试求各采样点的幅值 H_k 及相位 θ_k，也即求出 $H(k)$。

【解】 由题给幅频特性要求可知，这是一低通滤波器，故应选择第 I 类或第 II 类线性相位 FIR 滤波器。但由于给定的 $N = 33$，是奇数，故须采用第 I 类线性相位 FIR 滤波器。此时有

$$H(e^{j\omega}) = H(\omega)e^{-j\omega\frac{N-1}{2}}$$

其中幅度特性具有偶对称性质：

$$H(\omega) = H(2\pi - \omega)$$

$H(e^{j\omega})$ 在 N 个等分点上的采样为

$$H(k) = H_k e^{j\theta_k} \qquad 及 \qquad H_k = H_{N-k}$$

与上例一样，按表 5.4-3 中所示或式(5.4-36)所示对相角 θ_k 进行配置，得到

$$\theta_k = -k\frac{2\pi}{N}\frac{N-1}{2} = -\frac{32\pi}{33}k \qquad 0 \leqslant k \leqslant 32$$

又 $\omega_c = 0.5\pi$，此点频率相当于

$$n = \left\lfloor \frac{\omega_c}{2\pi/33} \right\rfloor = \left\lfloor \frac{0.5\pi}{2\pi} \cdot 33 \right\rfloor = \lfloor 8.25 \rfloor = 8$$

处。故最后得到

$$H_k = \begin{cases} 1 & 0 \leqslant k \leqslant 8, 25 \leqslant k \leqslant 32 \\ 0 & 9 \leqslant k \leqslant 24 \end{cases}$$

$$H(k) = H_k e^{j\theta_k} \qquad 0 \leqslant k \leqslant 32$$

如果此例中给出的条件改为：采样点数为偶数，则应选择第 II 类线性相位 FIR 滤波器，此时 H_k 将具有奇对称性，但相角 θ_k 仍按式(5.4-36)进行配置。

这里要注意的是，不论 H_k 是奇对称还是偶对称，从幅度特性角度看并无不同。在本例

情况下，不论要求的采样点为奇或为偶，都可得到低通滤波器。但在进行滤波器设计时，滤波器的类型须按采样点数的奇偶不同来选择第Ⅰ类或第Ⅱ类线性相位 FIR 滤波器。

3. 存在问题与改进措施

频率采样设计是利用 N 个频域采样值 $H(k)$ 求得所设计 FIR 滤波器的频率特性 $H(\mathrm{e}^{\mathrm{j}\omega})$，因此，设计得到的 FIR 滤波器 $H(z)$ 只保证在给定的频率点 $\omega = k\dfrac{2\pi}{N}$ 精确地满足设计要求，而在 $\omega \neq k\dfrac{2\pi}{N}$ 处，是依靠：

$$H(z)\,|_{z=\mathrm{e}^{\mathrm{j}\omega}} = \left(\frac{1-z^{-N}}{N} \sum_{k=0}^{N-1} \frac{H(k)}{1-\mathrm{e}^{-\mathrm{j}\frac{2\pi}{N}k}z^{-1}} \right)_{z=\mathrm{e}^{\mathrm{j}\omega}} \tag{5.4-43}$$

进入插值得到的，故不能保证其能够满足滤波器的通带止带性能要求。

上式也可写成内插公式：

$$H(\mathrm{e}^{\mathrm{j}\omega}) = \sum_{k=0}^{N-1} H(k)\Phi\left(\omega - \frac{2\pi}{N}k\right) \tag{5.4-44}$$

式中，$\Phi(\omega)$ 是内插函数：

$$\Phi(\omega) = \frac{\sin(\omega N/2)}{N\sin(\omega/2)}\mathrm{e}^{-\mathrm{j}\omega\frac{N-1}{2}} \tag{5.4-45}$$

由式(5.4-44)可见，利用这个内插公式，可不必求出滤波器的单位采样响应而直接从 N 个频域采样值 $H(k)$ 求得所设计 FIR 滤波器的频率特性 $H(\mathrm{e}^{\mathrm{j}\omega})$。

在 $\omega = \omega_k = k\dfrac{2\pi}{N}(k=0, 1, 2, \cdots, N-1)$ 时，$\Phi\left(\omega - k\dfrac{2\pi}{N}\right) = 1$，因此在这些采样点上，滤波器的实际频率响应是严格地与理想频率响应数值相等的。但在各采样点之间的频率响应则是由各采样点的内插函数加权后叠加而成的，因此无法预期。从式(5.4-44)可见，经内插函数加权叠加得到的内插值与加权时的权重 $H(k)$ 有关。在频率响应变化比较平缓的区域内，也即若 $H(k)$ 在插值点附近变化缓慢，内插值就能够比较接近于理想内插；而在幅频特性曲线的不连续点附近，也即在通带与止带的交越处，就会由于权重 $H(k)$ 的急剧变化而使得加权叠加得到的插值产生肩峰和起伏。为了避免这种情况的发生，往往需人为地插入一个或多个过渡采样点，也即在通带止带之间构造一个过渡带来改善通带边缘由于 $H(k)$ 的陡然变化引起的肩峰或起伏。图 5.4-9 中插入了一个过渡采样点 A_1，在有较高要求的情况下，还可采用插入多个采样点的方法构造过渡带。这些过渡点的取值可以凭经验给定，也可用迭代的方式达到最优，使止带衰减最大或通带波动最小。

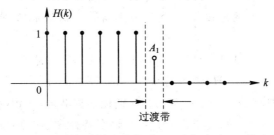

图 5.4-9　在频率采样设计中引入一个幅度为 A_1 的过渡点

5.5　本章小结与习题

5.5.1　本章小结

数字滤波器广泛使用于许多科学技术领域,与快速傅里叶变换一样,数字滤波器是数字信号处理中的有效工具,而且是在频域上进行处理,对很多应用问题来说会非常直观,因而使用非常广泛。

虽然数字滤波器是在模拟滤波器的基础上发展起来的,但其发展远非模拟滤波器所能比拟,尤其是具有线性相位特性的 FIR 滤波器是模拟滤波器不曾见过的。这里给出的内容仅仅是最为基本的部分,很多非常有价值的内容已经超越了本科生的学习要求,因而教材中未予收录。希望本章所给出的内容可以为读者提供进一步学习的基础。

本章首先介绍了数字滤波器的基本概念、数字滤波器设计的一般步骤、实际滤波器设计指标的给定等基本知识,然后介绍了 IIR 型与 FIR 型滤波器的常用设计方法。由于 IIR 数字滤波器常借助于模拟滤波器的设计,常用的两种 IIR 滤波器也都源自模拟滤波器的数字仿真,所以本章中也对模拟滤波器的最基本知识进行了介绍。在 FIR 滤波器部分,对线性相位性质以及其要求的对称性条件以及四类线性相位 FIR 滤波器的适用范围进行了讨论,在此基础上,对常用的两种最基本的 FIR 滤波器设计方法也即窗函数法和频率采样设计法进行了较为详细的介绍。

5.5.2　本章习题

5.1　设 $H_a(s) = \dfrac{3}{(s+1)(s+3)}$,设采样周期 $T = 0.5$,试用冲激响应不变法和双线性变换法将以上模拟系统函数转换为数字系统函数 $H(z)$。

5.2　用冲激响应不变法设计一个数字滤波器,模拟原型的系统函数为

$$H_a(s) = \frac{s+a}{(s+a)^2 + b^2}$$

5.3　设有一模拟滤波器:

$$H_a(s) = \frac{1}{s^2 + s + 1}$$

采样周期 $T = 2$,试用双线性变换将它转换为数字系统函数 $H(z)$。

5.4　试用冲激响应不变法设计一个巴特沃斯数字低通滤波器,以满足下面的技术指标:

$$0.9 \leqslant |H(e^{j\omega})| \leqslant 1 \qquad |\omega| \leqslant 0.2\pi$$
$$|H(e^{j\omega})| \leqslant 0.2 \qquad 0.3\pi \leqslant \omega \leqslant \pi$$

5.5　用双线性变换法设计一个一阶巴特沃斯低通滤波器,3 dB 截止频率 $\omega_c = 0.2\pi$。

5.6　设计一个数字低通滤波器,要求通带幅度特性在 $\omega \leqslant 0.3\pi$ 处的衰减在 0.75 dB 内,止带在 $\omega = 0.5\pi$ 到 π 之间的频率范围内衰减至少 25 dB。设采样周期为 $T = 1$,分别采用冲激响应不变法及双线性变换法,求取数字滤波器的系统函数。

5.7　设计一个巴特沃斯低通滤波器，3 dB 截止频率为 1.5 kHz，3.0 kHz 处的衰减为 40 dB。

5.8　用窗函数法设计一个阶数 $N=24$ 的线性相位 FIR 滤波器，以逼近以下的理想幅频特性：

$$|H_d(e^{j\omega})| = \begin{cases} 1 & |\omega| \leqslant 0.2\pi \\ 0 & 0.2\pi < |\omega| \leqslant \pi \end{cases}$$

5.9　低通滤波器的技术指标为

$$0.99 \leqslant |H(e^{j\omega})| \leqslant 1.01 \qquad 0 \leqslant |\omega| \leqslant 0.3\pi$$
$$|H(e^{j\omega})| \leqslant 0.01 \qquad\qquad 0.35\pi \leqslant \omega \leqslant \pi$$

用窗法设计一个满足这些技术指标的线性相位 FIR 滤波器。

5.10　一个模拟信号 $x_a(t)$ 通过一个模拟低通滤波器，滤波器的截止频率为 $f=2$ kHz，过渡带宽度 $\Delta f = 500$ Hz，阻带衰减 50 dB。现该滤波器须以数字方式实现，如图 5.5-1 所示。试设计一个可以满足模拟滤波器技术指标的数字滤波器，采样频率取为 $f_s = 10$ kHz。

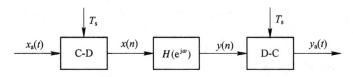

图 5.5-1　习题 5.10 图

5.11　已知图 5.5-2 中的 $h_1(n)$ 是 $N=8$，$h_2(n)$ 是 $h_1(n)$ 作周期移位右移 $N/2=4$ 位后的序列。设

$$H_1(k) = \text{DFT}[h_1(n)], \quad H_2(k) = \text{DFT}[h_2(n)]$$

(1) 问 $|H_1(k)| = |H_2(k)|$ 成立否？$\theta_1(k)$ 与 $\theta_2(k)$ 有什么关系？

(2) $h_1(n)$，$h_2(n)$ 各构成一个低通滤波器，试问它们是否是线性相位的？延时是多少？

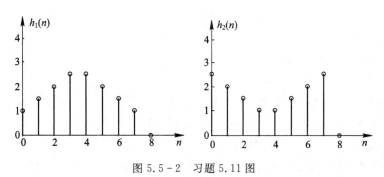

图 5.5-2　习题 5.11 图

5.12　已知 $\omega_c = 0.5\pi$，$N=51$，试用频率采样法设计一个 FIR 线性相位数字低通滤波器，并写出其频率特性。

5.6　MATLAB 应 用

数字滤波器设计是数字信号处理理论的主要应用之一，为此，MATLAB 专门提供了一个信号处理工具箱（Signal Processing Toolbox），其中提供了支持实现 FIR 滤波器和 IIR

滤波器设计方法的函数，使繁琐的程序设计简化为函数的调用，同时还简化了滤波器的表达方式和滤波器形式之间的相互转换。

再次强调，在 MATLAB 的数字信号处理工具箱中，为了避免系统采样频率的变化导致外部数据输入的变化，所有滤波器设计函数都使用关于单位频率的归一化频率。单位频率 1 规定为采样频率的二分之一。例如某一滤波器的截止频率为 30 Hz，系统采样频率为 100 Hz，则此种情况下的滤波器归一化截止频率就为

$$\frac{30}{\left(\frac{100}{2}\right)} = \frac{30}{50} = 0.6$$

实际上，采用归一化频率也提示了数字信号处理的优点。若两个信号处理问题中的归一化频率相同，则不论实际信号频率是多少，只要它们在归一化频率下的滤波要求相同，设计出来的滤波器就相同。换言之，对于这种情况，同一个滤波器可用于两个不同的实际信号处理问题之中。例如，对上面这个例子，若另一滤波器所要求的截止频率是 60 Hz，系统采样频率是 200 Hz，那么这种情况下的滤波器归一化截止频率也是 0.6，因此，只要在归一化频率下的滤波要求相同，按上述例子设计得到的数字滤波器也可用于后一种应用情况。

5.6.1 MATLAB 应用示例

1. IIR 滤波器设计

MATLAB 工具箱提供了几种模拟滤波器的原型产生函数，如巴特沃斯（Butterworth）、切比雪夫（Chebyshev）滤波器等。同时还提供了模拟低通滤波器向高通、带通和带阻的转换函数，模拟滤波器转换为数字滤波器的双线性变换法函数和冲激响应不变法函数，模拟 IIR 滤波器的阶数选择函数以及数字滤波器直接设计函数等，使用起来非常方便。

1）巴特沃斯滤波器设计函数

巴特沃斯滤波器设计函数为

[b, a] = butter(n, Wn, options)

butter( )函数在缺省的情况下，返回的是一个用有理分式表示的低通数字滤波器系统函数 $H(z)$ 的分子分母系数向量 b 和 a。设计的技术指标只需要指定一个归一化截止频率 Wn（这里 Wn 的单位为 Nyquist，频率为 1 Hz）；参数选项 options 空缺返回低通滤波器，'high'则表示返回的是高通数字滤波器。对于带通和带阻滤波器设计，则输入的 Wn 须为两个元素的向量，这时选项 options 空缺返回带通滤波器，带阻滤波器需加参数 options 为'stop'。

例如要设计一个 N 阶低通巴特沃斯滤波器时，函数调用格式为

[B, A] = butter (N, Wn)

这时将返回系统函数 $H(z)$ 的长度为 N+1 的分子系数 B 和分母系数 A。式中，Wn 为归一化截止频率，0<Wn<1.0，其中 1.0 为归一化采样率。

如要设计一个高通数字滤波器，则函数调用格式为

　　　　[B, A] = butter (N, Wn, ′high′)

　　如果使上式中 Wn = [W1 W2]，且 options 空缺，则返回一个 2N 阶的带通滤波器，其通带为 W1 ＜ W ＜ W2，而函数

　　　　[B, A] = butter (N, Wn, ′stop′)　　　Wn = [W1 W2]

表示设计的是 2N 阶的带阻滤波器。

　　如果要设计的是一个模拟滤波器，调用 butter( ) 函数必须再附加一个 options 为′s′，而指定的截止频率 Wn 单位为 rad/s。如：

　　　　butter (N, Wn, ′s′), butter (N, Wn, ′high′, ′s′)

或

　　　　butter (N, Wn, ′stop′, ′s′)。

　　2) 巴特沃斯滤波器阶次选择函数

　　工具箱提供的设计函数 buttord( ) 可用于给出满足给定频域指标要求的最小阶次滤波器的设计，其调用格式为

　　　　[n, Wn] = buttord(Wp, Ws, Rp, Rs)　　　%用于数字滤波器

　　　　[n, Wn] = buttord(Wp, Ws, Rp, Rs, ′s′)　　　%用于模拟滤波器

buttord 函数返回符合技术指标的最小阶数 N 以及巴特沃斯滤波器 3 dB 截止频率 Wn。设计要求是通带起伏不超过 Rp，阻带衰减不小于 Rs，Wp 和 Ws 分别为归一化通带和阻带截止频率。

　　【例 5.6 - 1】　设计一个数字带通滤波器，通带为 1000～2000 Hz，止带的起始位置离开通带两边 500 Hz，也即分别为 500 Hz 和 2500 Hz，设采样率为 10 kHz，通带起伏为 1 dB，止带最小衰减为 60 dB。

　　【解】　MATLAB 实现如下：

　　　　[n, Wn] = buttord([1000 2000]/5000, [500 2500]/5000, 1, 60)

得到：

　　　　n＝

　　　　　　12

　　　　Wn＝

　　　　　　　0.1951　　0.4080

因此

　　　　[b, a] = butter(n, Wn);

即给出了满足要求的最小阶次巴特沃斯带通滤波器。

　　3) IIR 模拟滤波器到数字滤波器的转换

　　模拟滤波器 H(s) 到数字滤波器 H(z) 有两种转换方法，即冲激响应不变法与双线性变换法两种。

　　MATLAB 为冲激响应不变法提供了 impinvar( ) 函数。impinvar( ) 函数的调用格式是：

　　　　[Bz, Az]＝impinvar(Bs, As, Fs)

impinvar 函数把具有[Bs, As]模拟滤波器的 H(s) 转换成了采样频率为 Fs 的数字滤波器 H(z)的[Bz，Az]。如果没有确定采样频率 Fs，函数默认为 1 Hz。

MATLAB 为双线性变换法提供了 bilinear() 函数。bilinear() 函数的调用格式有三种：

[Bz Az]= bilinear(Bs, As, Fs)

此形式的 bilinear 函数调用把具有[Bs，As]模拟滤波器的 H(s)转换成数字滤波器 H(z)的[Bz，Az]，其中，Fs 是采样频率。

[Zd Pd Kd]= bilinear(Z, P, K, Fs)

此形式的 bilinear 函数调用把模拟滤波器的零点、极点，转换成数字滤波器的零点、极点模型，其中，Fs 是采样频率。

[Ad Bd Cd Dd]= bilinear(A, B, C, D, Fs)

此形式的 bilinear 函数调用把模拟滤波器的状态方程模型转换成数字滤波器的状态方程模型，其中，Fs 是采样频率。

需要注意的是，以上的采样频率 Fs 均为实际频率，单位为 Hz。

【例 5.6 - 2】 (1)设计一个巴特沃斯模拟低通滤波器，设计指标如下：

通带 $\Omega < \Omega_p = 0.2\pi$ rad/s 内，波纹小于 10 dB；

阻带 $\Omega > \Omega_s = 0.3\pi$ rad/s 内，衰减不小于 20 dB。

(2)用双线性变换法，将上述模拟低通滤波器变换为数字低通滤波器，采样间隔分别取 $T=1$ s，1.5 s，比较设计结果。

(3)用冲激响应不变法，将上述的模拟低通滤波器变换为数字低通滤波器，采样间隔分别取 $T=1$ s，1.5 s，比较设计结果。

【解】 由于给定的设计指标是模拟滤波器的频域指标，所以，先选用 buttord( )函数进行模拟低通滤波器的最小阶数设计。命令形式为

[N, Wn] = buttord(Wp, Ws, Rp, Rs, 's')

注意这里 Wp，Ws 单位为 rad/s。此题中，已知：Wp=0.2 * pi，Ws=0.3 * pi，Rp=10，Rs=20，所以函数可直接调用：

[N, Wn]=buttord(0.2 * pi, 0.3 * pi, 10, 20, 's');

得到实现该频域指标要求的巴特沃斯低通滤波器最低阶次 N 和 3 dB 截止频率 Wn。再使用 butter( )函数，得到模拟低通滤波器的系统函数 $H_a(s)$ 的系数向量 Bs 和 As。

[Bs, As] = butter(N, Wn, 's');

根据采样间隔分别为 $T=1$ s，1.5 s，可得采样频率分别为 Fs1=1 Hz，Fs2=2/3 Hz，然后分别调用 bilinear( )函数和 impinvar( )函数，可以得到两种方法设计的相应数字滤波器的系统函数 H(z)的系数向量 Bz 和 Az，即

[Bz, Az]=bilinear(Bs, As, Fs)

或

[Bz, Az]=impinvar(Bs, As, Fs)

注意，由于低通巴特沃斯滤波器并不是带限的，因此对其用冲激响应不变法转化为数字滤波器时，将会发生频率混叠。MATLAB 实现为

% MATLAB program5.6 - 2

% Digital filter design

Wp=0.2 * pi;

```
Ws＝0.3 * pi；Rp＝10；Rs＝20；
[N，Wn]＝buttord(Wp，Ws，Rp，Rs，'s')；
[Bs，As]＝butter(N，Wn，'s')；          %可得：N＝3；Wn＝0.4382
W＝0:0.01:pi；
H＝freqs(Bs，As，W)；
mag＝20 * log10(abs(H))；
subplot(311)
plot(W，mag)；grid；                    %绘出模拟滤波器的幅频响应
axis([0 pi  -60 0])；
xlabel('{\Omega} (rad)')；ylabel('幅度(dB)')；
title('模拟滤波器频响特性')；
subplot(312)
Fs1＝1；Fs2＝2/3；wd＝0:0.01:pi；
[Bz1，Az1]＝bilinear(Bs，As，Fs1)；
hw1＝freqz(Bz1，Az1，wd)；
plot(wd，20 * log10(abs(hw1)))；
axis([0 pi -300 100])；
hold on
[Bz2，Az2]＝bilinear(Bs，As，Fs2)；
hw2＝freqz(Bz2，Az2，wd)；
plot(wd，20 * log10(abs(hw2))，'r:')；grid；
xlabel('{\omega} (rad)')；ylabel('幅度(dB)')；
title('双线性变换得到数字滤波器')；
hold off
subplot(313)
[Bz3，Az3]＝impinvar(Bs，As，Fs1)；
hw3＝freqz(Bz3，Az3，wd)；
plot(wd，20 * log10(abs(hw3)))；
axis([0 pi -60 0])；
hold on
[Bz4，Az4]＝impinvar(Bs，As，Fs2)；
hw4＝freqz(Bz4，Az4，wd)；
plot(wd，20 * log10(abs(hw4))，'r:')；grid；
xlabel('{\omega} (rad)')；
ylabel('幅度(dB)')；
title('冲激响应不变法得到数字滤波器')；
hold off
```

图 5.6－1 示出了模拟滤波器和两种方法得到的数字滤波器的幅度特性。可以看到，由于模拟低通滤波器不是限带的，冲激响应不变法得到的数字滤波器在 π 处存在频率混叠，而采样间隔 $T＝1$ s(曲线①)的混叠情况好于 $T＝1.5$ s(曲线②)的混叠情况。

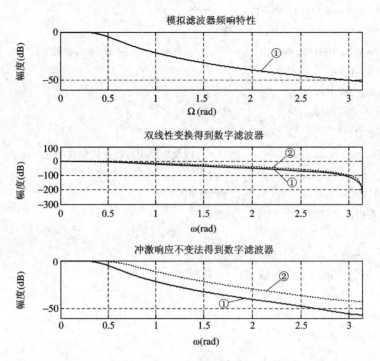

图 5.6-1 例 5.6-2 设计的滤波器频率响应

2. FIR 滤波器设计

设计 FIR 滤波器常用的简单方法是窗函数法和频率采样法。注意，为了利用 FIR 滤波器可以具备的线性相位特性，除了 cremez 函数以外，MATLAB 中所有用于 FIR 滤波器设计的函数都是用于设计线性相位的 FIR 滤波器的。

1) 窗函数法

使用窗函数设计线性相位 FIR 滤波器的常用设计函数为 fir1( )，其调用格式如下：

    b=fir1(n, Wn);
    b=fir1(n, Wn, 'ftype');
    b=fir1(n, Wn, window);
    b=fir1(n, Wn, 'ftype', window);

其中，n 为 FIR 滤波器的阶数，对于高通、带阻滤波器，n 应该取偶数；Wn 为滤波器的归一化截止频率，0<Wn<1(对于带通、带阻滤波器，Wn=[W1 W2]，且满足 W1<W2；对于多带滤波器，Wn=[W1 W2 W3···]，且满足 0<W1<W2<···<1)；b 为 FIR 滤波器的系数向量，长度为 n+1；'ftype'是滤波器的类型，默认时为低通或带通滤波器，'high'为高通滤波器，'stop'为带阻滤波器；window 为窗函数，是长度为 n+1 的列向量。MATLAB 提供的窗函数有：boxcar(矩形窗)、hamming(海明窗)、barlett(巴特莱特窗)、hanning(汉宁窗)、triang(三角窗)、Kaiser(凯塞窗)、Blackman(布莱克曼)和 chebwin(切比雪夫窗)。

【例 5.6-3】 考虑一个理想的数字低通滤波器，截止频率为 $\omega_0=0.4\pi$ rad/s。这个理想滤波器在所有的小于 ω_0 频率处，幅度为 1；在频率为 ω_0 至 π 处，幅度为 0，故它的冲激响应序列 $h(n)$ 应为

$$h(n) = \frac{1}{2\pi} \int_{-\pi}^{\pi} H(\omega) \mathrm{e}^{\mathrm{j}\omega n} \, \mathrm{d}\omega = \frac{1}{2\pi} \int_{-\omega_0}^{\omega_0} \mathrm{e}^{\mathrm{j}\omega n} \, \mathrm{d}\omega = \frac{\omega_0}{\pi} \, \mathrm{sinc}\left(\frac{\omega_0}{\pi} n\right)$$

这个理想低通滤波器不是因果可实现的,且响应是无限长的。为了创建一个有限长冲激响应,用窗截取可以得到一个线性相位 FIR 滤波器。

试比较分别用矩形窗函数、海明窗函数截断得到的数字滤波器频率响应的区别。

【解】　如取长度 51 的矩形窗截取,低通滤波器的截止频率为 ω_0,则可得到

　　　　b= 0.4 * sinc(0.4 * (−25:25));　　　　%冲激响应序列 h(n)

下面的命令将显示这个滤波器的频率响应:

　　　　[H, w] = freqz(b, 1, 512, 2);　　　　%对于 FIR 滤波器,实际 b 为 H(z)分子系数,1 为 H(z)分母系数,512 个样本,采样频率为 2 Hz

　　　　plot(w, abs(H)); grid

　　　　title('Truncated Sinc Lowpass FIR Filter');

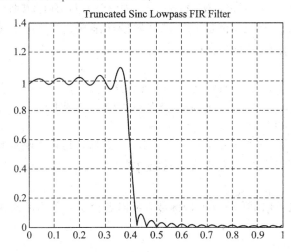

图 5.6 - 2　窗函数法得到的滤波器频率特性(矩形窗截断)

从图 5.6 - 2 幅频响应图中可以清楚地看到吉布斯(Gibbs)效应。如果改用长度 51 的海明窗,也即对 $H(z)$ 的系数乘以海明窗函数:

　　　　b = 0.4 * sinc(0.4 * (−25:25));

　　　　b = b. * hamming(51)';

　　　　[H, w] = freqz(b, 1, 512, 2);

　　　　plot(w, abs(H)), grid

　　　　title('Hamming-Windowed Truncated Sinc LP FIR Filter');

则所得的图 5.6 - 3 所示的频率响应已消除了图 5.6 - 2 中的吉布斯效应。由于吉布斯效应会造成阻带的最小衰减仅为 −21 dB,所以矩形窗在实用中通常不用。

此题也可直接使用 MATLAB 中的 FIR 滤波器设计函数 fir1( ):

　　　　b=fir1(51,0.4);　　　　% fir1( )中窗函数(window)项空缺代表使用海明窗

　　　　[H, W]=freqz(b, 1, 512);

　　　　plot(W/pi, abs(H)); grid

　　　　title('Hamming_windowed FIR LPF')

读者可自行验证,上述代码执行后,出现的图形与图 5.6 - 3 一致。

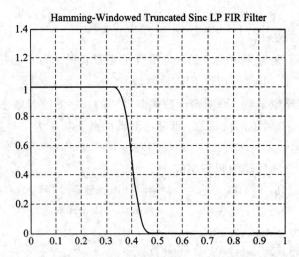

图 5.6 - 3 窗函数法得到的滤波器频率特性(海明窗截断)

MATLAB 中，函数 fir2( )也是 FIR 滤波器设计函数，它可用于设计具有任意形状频率响应的 FIR 数字滤波器。例如执行下列命令：

  N = 50;

  f = [0 0.4 0.5 1]; %给定通带、止带范围分别为[0 0.4]和[0.5 1]，1 为 Nyquist 频率

  m = [1 1 0 0]; % 给定通带，止带频率响应幅度要求

  b = fir2(n, f, m);

将返回行向量 b 为包含 n+1 个系数的 n 阶 FIR 滤波器，其频率响应幅度符合给定的 f 和 m 要求。但须注意，给定的要求并没有包括波纹指标，也不表示 f＝0.4 时，m＝1；f＝0.5 时，m＝0。

  fir2()函数同样也可以类似于 fir1()函数，可以选择窗，命令形式为

  b = fir2(n, f, m, window);

  2) 频率采样法

  利用 MATLAB 中的 ifft 函数，可以实现频率采样法设计 FIR 滤波器，也即从满足约束条件的 $H(k)$ 中求出 $h(n)$。

  【例 5.6 - 4】 用频率采样法，设计 FIR 低通数字滤波器，要求的技术指标为

$$\omega_p = 0.3\pi, R_p = 5 \text{ dB}$$
$$\omega_s = 0.4\pi, R_s = 40 \text{ dB}$$

  【解】 按给定的通带止带要求，低通滤波器的幅频特性如图 5.6 - 4 所示。

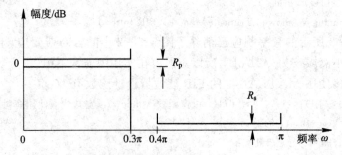

图 5.6 - 4 给定的低通滤波器幅频特性通带止带要求

于是，先从图 5.6-5 所示的理想低通滤波器特性 $|H_d(e^{j\omega})|$ 出发，采用频率采样设计法设计出通、止带要求的 FIR 滤波器。如选择 $N=21$，对图 5.6-5 中的 $|H_d(e^{j\omega})|$ 进行采样，可得图 5.6-6 所示的 $H(k)$ 样本值。

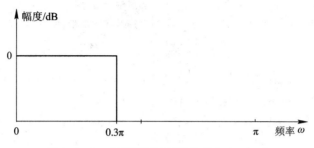

图 5.6-5　理想低通滤波器特性 $|H_d(e^{j\omega})|$

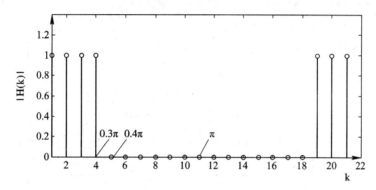

图 5.6-6　选择 $N=21$，对 $|H_d(e^{j\omega})|$ 进行采样的 $H(k)$

即有

$$|H(k)| = \{1, 1, 1, 1, 0, 0, 0, 0, 0, 0, 0, 0, 0, 0, 0, 0, 0, 0, 1, 1, 1\}$$

配置满足线性相位特性的相位约束条件为

$$\theta(k) = \begin{cases} -\dfrac{20\pi}{21}k & k=0, 1, \cdots, 10 \\[2mm] \dfrac{20\pi}{21}(21-k) & k=11, 12, \cdots, 20 \end{cases}$$

由此构成

$$H(k) = |H(k)| e^{j\theta(k)}$$

再对 $H(k)$ 求 DFT 反变换即可得到 FIR 滤波器的系数（单位采样响应）：

$$\begin{aligned} h(n) &= \mathrm{IDFT}\{H(k)\} \\ &= \{-0.0414, 0, 0.0443, 0, -0.0606, -0.0732, 0, 0.1399, 0.2767, 0.3333, \\ &\quad 0.2797, 0.1399, 0, -0.0732, -0.0606, 0, 0.0476, 0.0443, 0, -0.0414\} \end{aligned}$$

频率采样法设计的 MATLAB 实现如下

```
%
N=21; alpha=(N−1)/2; l=0:N−1; w1=(2 * pi/N) * l;
Hrs=[ones(1, 4), zeros(1, 14), ones(1, 3)];           %理想振幅响应采样
Hdr=[1, 1, 0, 0, 1, 1]; wd1=[0, 0.35, 0.35, 1.65, 1.65, 2];   %理想振幅响应
k1=0:floor((N−1)/2); k2=floor((N−1)/2)+1:N−1;         %k 取整数
angH=[−alpha * (2 * pi)/N * k1, alpha * (2 * pi)/N * (N−k2)];   %相位约束条件
```

```
H=Hrs. * exp(j * angH);                              %构成 H(k)
h=real(ifft(H, N));                    %利用 ifft 函数求 IDFT 得实际单位脉冲响应 h(n)
[db, mag, pha, w]=freqz_m(h, [1]);
[Hr, ww, a, L]=hr_type1(h);            %实际振幅响应
Rs=－round(max(db(200:1:501)))         %命令窗口显示阻带最大的衰减 Rs
subplot(221); plot(w1/pi, Hrs, '.', wd1, Hdr);
title('频率样本 H(k):N=21');
subplot(222); stem(l, h); title('实际单位脉冲响应 h(n)');
subplot(223); plot(ww/pi, Hr, w1/pi, Hrs, '.');
title('实际振幅响应 H(w)');
subplot(224); plot(w/pi, db); title('幅度响应(dB)');
```

图 5.6-7 示出了设计得到的 FIR 滤波器的 $|H(e^{j\omega})|$ 特性等图形。

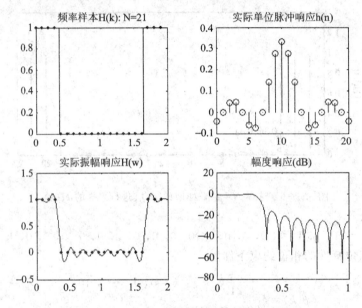

图 5.6-7　例 5.6-4 频率采样法设计低通滤波器($N=21$)

注意，这个程序中，使用了两个自编的 MATLAB 函数：hr_type1.m 和 freqz_m.m。

自编 hr_type1.m 函数用于第I类线性相位特性 FIR 滤波器幅度响应的求解，即 $H_r(\omega) = \sum_{n=0}^{(N-1)/2} a(n)\cos n\omega$。(注：这里的 $H_r(\omega)$ 就是在 5.4.3 节中用的 $A_1(\omega) = \sum_{m=0}^{(N-1)/2} a(m)\cos m\omega$。)以下是 hr_type1.m函数文件。

```
function[Hr, w, a, L]=hr_type1(h)
%计算 1 型滤波器设计的振幅响应
%Hr=振幅响应
%a=1 型滤波器的系数
%L=Hr 的阶次
%h=1 型滤波器的单位脉冲响应
N=length(h); L=(N-1)/2;
a=[h(L+1) 2 * h(L:-1:1)];
n=[0:1:L];
```

```
w=[0:1:500]' * 2 * pi/500;
Hr=cos(w * n) * a';
```

另外，freqz_m.m 也是一个自编的 MATLAB 函数，其目的是对 MATLAB 的 freqz 函数进行扩展。MATLAB 的 freqz 函数默认形式只给出 $0 \leqslant \omega < \pi$ 之间的频率响应，不包括 $\omega = \pi$ 点处的值，freqz_m 函数则可以用来求出 $0 \leqslant \omega \leqslant \pi$ 范围的频率响应，包括 $\omega = \pi$ 的频率响应。

```
function[db, mag, pha, w]=freqz_m(b, a)
%
[H, w]=freqz(b, a, 1000, 'whole');       %求出 0~2π 范围的频率响应
H=(H(1:1:501))';                          %数组 H 的第 501 个元素对应于 ω=π
w=(w(1:1:501));                           %作图时，横坐标以 π 为单位
mag=abs(H);
db=20 * log10((mag+eps)/max(mag));
pha=angle(H);
```

由图 5.6-7 可见，$N = 21$ 时，最小的阻带衰减为 14 dB，这在工程应用情况下是不能接受的。读者可以自行试验，仅仅增大采样点数，比如 $N = 61$ 时，最小的阻带衰减为 18 dB，仍然不能满足通常的止带指标要求。这时，除了 N 增大以外，还应采用在过渡带插入过渡采样点的办法来除去原始的 $|H_d(e^{j\omega})|$ 特性中的突变。图 5.6-8 实线示出了经过修改的 $|H_d(e^{j\omega})|$ 特性曲线，经过频率采样后，在 0.3π 到 0.4π 之间可以得到 $|H_d(e^{j\omega})|$ 的过渡采样点。下面，取 $N = 61$，并在 $[0.3\pi, 0.4\pi]$ 之间增加两个过渡采样点 T1，T2。

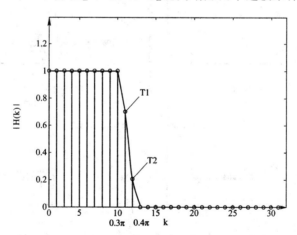

图 5.6-8　经过修改的 $|H_d(e^{j\omega})|$ 特性曲线

MATLAB 实现如下：

```
%增加过渡采样点
N=61; alpha=(N-1)/2; l=0:N-1; w1=(2 * pi/N) * l; T1=0.7; T2=0.2;
Hrs=[ones(1, 10), T1, T2, zeros(1, 38), T2, T1, ones(1, 9)];
%理想振幅响应采样
Hdr=[1, 1, 0, 0, 1, 1]; wd1=[0, 0.35, 0.35, 1.65, 1.65, 2]; %理想振幅响应
k1=0:floor((N-1)/2); k2=floor((N-1)/2)+1:N-1;
angH=[-alpha * (2 * pi)/N * k1, alpha * (2 * pi)/N * (N-k2)]; %相位约束条件
```

H＝Hrs. ＊ exp(j ＊ angH)；

h＝real(ifft(H, N))；

[db, mag, pha, w]＝freqz_m(h, [1])；

[Hr, ww, a, L]＝hr_type1(h)；

Rs＝－round(max(db(200:1:501)))　　％命令窗口显示阻带最大的衰减 Rs

％ round(x)，求最接近 x 值的整数

subplot(221)；plot(w1/pi, Hrs, '.', wd1, Hdr)；title('频率样本 H(k)：N＝61')

subplot(222)；stem(l, h)；title('实际单位脉冲响应 h(n)')；

subplot(223)；plot(ww/pi, Hr, w1/pi, Hrs, '.')；title('实际振幅响应 H(w)')；

subplot(224)；plot(w/pi, db)；title('幅度响应(dB)')；

图 5.6－9 示出了增加过渡采样点后的 FIR 滤波器幅频特性等图形。

从图 5.6－9 幅度响应曲线可见，由于增加了两个过渡采样点，当 $N＝61$ 时，最小的阻带衰减为 45 dB，已能够满足工程应用中的通常止带衰减要求。

需要说明的是，过渡带中 $|H_d(e^{j\omega})|$ 的不同形状，会有不同的 $|H(k)|$ 的过渡采样值，从而使所得到的滤波器性能不同，对此也存在着最优算法。MATLAB 中也有相应的优化设计函数，这里不予介绍。

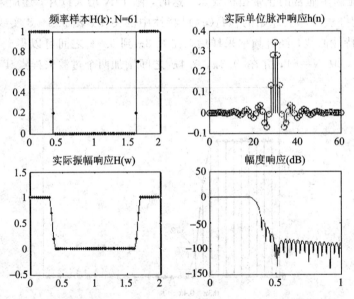

图 5.6－9　频率采样法设计低通滤波器($N＝61$，增加两个过渡采样点)

3. 滤波器设计和分析工具 FDA Tool 简介

MATLAB 提供一个名为 FDA Tool(Filter Design and Analysis Tool)的滤波器设计工具，它是以图形用户接口(GUI)形式提供的，利用该工具，可以直接从 MATLAB 工作空间输入滤波器技术指标，且能立即设计出数字 FIR 或 IIR 滤波器，还可以在工作空间对滤波器的零点和极点进行修改(增加、减少或移动)。除了滤波器设计，该工具也可以对滤波器进行分析，如分析滤波器的幅度响应、相位响应和零极点图等。

在 MATLAB 命令窗口输入 FDA Tool，立即会出现图 5.6－10 所示的界面，读者可以

根据这个滤波器设计的可视化平台，根据设计技术指标，通过选项及输入，快速地进行滤波器设计。

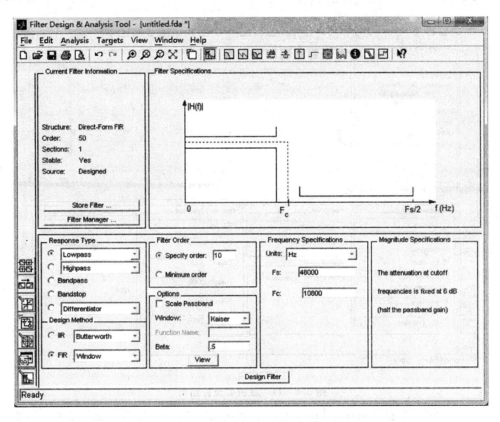

图 5.6 - 10　FDA Tool 的设计 GUI 界面

界面主要提供：

(1) 选择滤波器类型，设计频域指标输入。

例如，[Filter Type]选择滤波器类型：bandpass；

[Frequency Specification]输入频率参数：

Fs=8000，Fstop1=1000，Fpass1=1400，Fstop2=3000；

[Magnitude Specifications]中输入幅度响应指标及其单位：

Astop1=15，Apass=3，Astop2=15，Units=dB

(2) 确定设计方法。

例如，在[Design Methods]中确定设计方法：IIR，Butterworth。

(3) 选择滤波器阶数。

在[Filter Order]选择滤波器的阶：Minimum order；

准确匹配通带(Match exactly)：passband。

(4) 启动设计过程。

参数选择妥当后，点击[Design filter]按钮，很快就会得到设计结果。

(5) 设计结果显示。

设计结果会在界面上部显示，如图 5.6 - 11 所示。

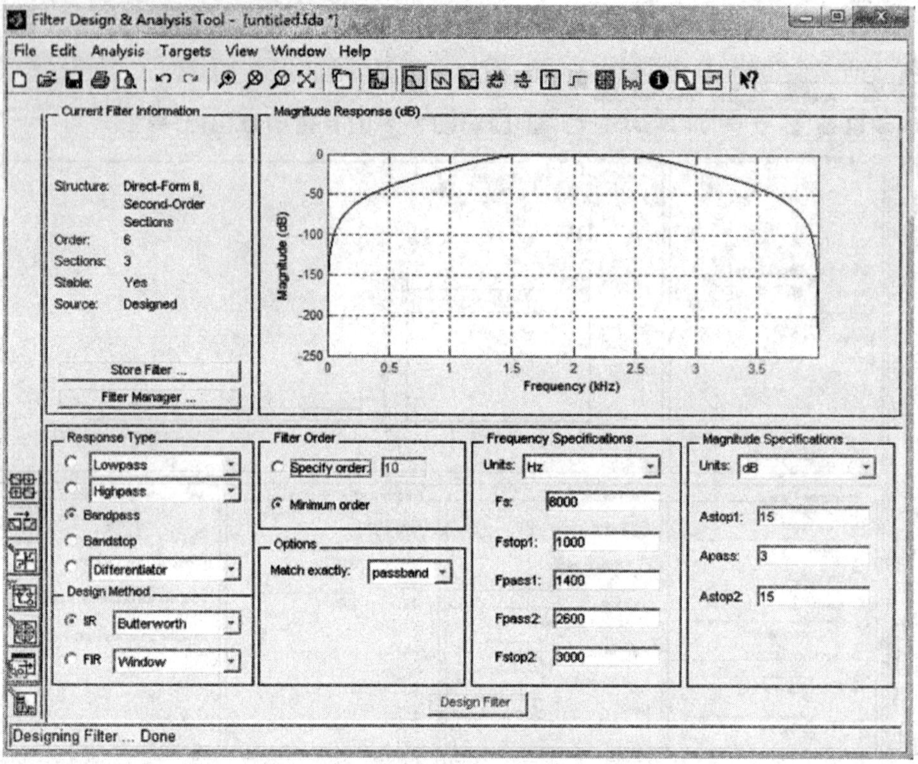

图 5.6 - 11　滤波器设计结果

图 5.6 - 11 左上角［Current Filter Information］内，用文字说明了设计结果：滤波器结构（Filter Structure）为 Direct form Ⅱ，Second - Order Section；阶（Order）为 6；级数（Sectors）为 3；稳定性（Stable）为 yes；来源（Source）为 Designed。

图 5.6 - 11 右上角则是设计结果的图形显示，可以分别点击菜单栏上的图标，切换显示：滤波器指标［Filter structure］、幅度响应［Magnitude response］、相位响应［Phase response］、幅度和相位响应［Magnitude & Phase response］、群延时响应［Group delay response］、相延时［Phase delay］、冲激响应［Impulse response］、阶跃响应［Step response］、零极点图［Pole/zero plot］、滤波器系数［filter coefficients］、滤波器信息［filter information］、幅度响应估计［Magnitude response estimation］、舍入噪声功率谱［Round - off noise power spectrum］等选择。

例如单击了滤波器系数［filter coefficients］按钮，在界面右上空间就会出现如图 5.6 - 12 所示的结果。

这些内容可以通过菜单栏上［file］的下拉菜单中的［Export］导出到 MATLAB 工作空间或指定的其它位置。

由于 FDA Tool 是图形用户界面工具，读者只要明了滤波器设计理论知识，借助软件提供的帮助文档，再通过自学及多次尝试，便可掌握该工具的使用。

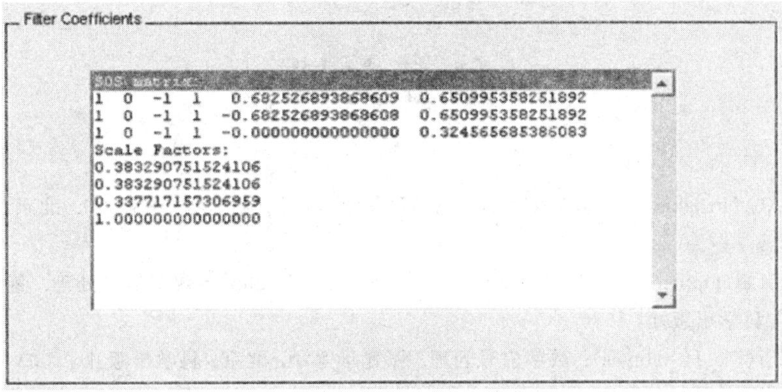

图 5.6 - 12　滤波器系数[filter coefficients]

5.6.2　MATLAB 应用练习

1. 利用 MATLAB 设计一个巴特沃斯模拟低通滤波器，设计指标为
$$f_p = 1 \text{ kHz}, f_s = 1.5 \text{ kHz}, A_p = 1 \text{ dB}, A_s = 15 \text{ dB}$$
（1）求出原型低通滤波器的系统函数 $H_p(s)$ 和所设计的低通滤波器的系统函数 $H(s)$；

（2）绘出设计的滤波器的幅频特性与相频特性曲线。

2. 设计一个工作于采样频率 80 kHz 的巴特沃斯数字低通滤波器，要求通带频率为 4 kHz，通带最大衰减为 0.5 dB，阻带频率为 20 kHz，阻带最小衰减为 45 dB。分别利用脉冲响应不变法和双线性变换法，通过 MATLAB 编程，求取数字滤波器的系统函数 $H(z)$ 的系数，并画出滤波器频率响应的幅频特性（以 dB 表示）和相频特性曲线。

3. 编写用双线性变换法设计巴特沃斯低通 IIR 数字滤波器的程序。滤波器的设计要求是：
$$\omega_p = 0.2\pi, A_p = 1 \text{ dB}, \omega_s = 0.3\pi, A_s = 15 \text{ dB}$$
其中，参数 ω_p，ω_s，A_p 和 A_s 可由键盘输入。

（1）以 $\pi/64$ 为采样间隔，画出数字滤波器在 $[0, \pi]$ 频率区间上的幅频响应曲线 $|H(e^{j\omega})|$。

（2）求出滤波器的 $H(z)$ 表达式。（即分子、分母多项式系数）

4. 用窗法设计一个 I 型线性相位 FIR 低通滤波器，要求截止频率为 $f_c = 1500$ Hz，采样频率为 $f_s = 8000$ Hz，选择阶 $M = 40$（序列 $h(n)$ 长度）。分别用矩形窗、汉宁窗（Hanning）、海明窗（Hamming）和布莱克窗（Blackman）画出 4 种结果的幅度响应曲线。

5. 用频率采样法设计一个 II 型线性相位 FIR 低通滤波器，给定滤波器的阶数 $M = N - 1 = 63$，$\omega_p = 0.5\pi$ rad，$\omega_s = 0.6\pi$ rad。参照例题 5.6 - 4，分别在过渡带设置 1 个和 2 个过渡点，比较结果，并绘出相应的归一化幅频特性图。

参考文献

[1] （美）John G. Proakis，等. 数字信号处理 原理、算法与应用（第三版. 影印版）. 北京：中国电力出版社，2004

[2] （美）奥本海姆（Oppenheim，A. V.），（美）谢弗（R. W. Schafer）. 数字信号处理. 董仕嘉，杨耀增，译. 北京：科学出版社，1980

[3] （美）海因斯（M. H. Hayes）. 数字信号处理. 张建华等译. 北京：科学出版社，2002

[4] 姚天任. 数字信号处理. 北京：清华大学出版社，2011

[5] 陈后金. 数字信号处理. 北京：高等教育出版社，2008

[6] 程佩青. 数字信号处理教程. 2版. 北京：清华大学出版社，2001

[7] 刘顺兰，吴杰. 数字信号处理. 2版. 西安：西安电子科技大学出版社，2009

[8] （美）恩格尔（Ingle，V. K.），（美）普罗克斯（Proakis，J. G.）. 数字信号处理——使用 MATLAB. 刘树棠，译. 西安：西安交通大学出版社，2002

[9] 邹理和. 数字信号处理（上册）. 北京：国防工业出版社，1985

[10] 程乾生. 信号数字处理的数学原理. 北京：石油工业出版社，1979

[11] 陈怀琛，吴大正，等. MATLAB 及在电子信息课程中的应用. 北京：电子工业出版社，2002

[12] 顾福年，胡光锐.《数字信号处理》习题解答. 北京：科学出版社，1983

[13] 陈后金，薛健，等. 数字信号处理学习指导与习题解答. 北京：高等教育出版社，2005

[14] 程佩青. 数字信号处理教程习题分析与解答. 北京：清华大学出版社，2002